高等学校地图学与地理信息系统系列教材

U0163654

地图制图学基础
Basic Cartography

主编　祁向前　李艳芳

WUHAN UNIVERSITY PRESS
武汉大学出版社

图书在版编目(CIP)数据

地图制图学基础/祁向前,李艳芳主编.—武汉:武汉大学出版社,
2023.9(2025.1重印)
高等学校地图学与地理信息系统系列教材
ISBN 978-7-307-23752-0

Ⅰ.地… Ⅱ.①祁… ②李… Ⅲ.地图制图学—高等学校—教材
Ⅳ.P282

中国国家版本馆 CIP 数据核字(2023)第 080338 号

责任编辑:胡 艳 责任校对:李孟潇 版式设计:马 佳

出版发行:**武汉大学出版社** (430072 武昌 珞珈山)
(电子邮箱:cbs22@whu.edu.cn 网址:www.wdp.com.cn)
印刷:武汉中科兴业印务有限公司
开本:787×1092 1/16 印张:16.75 字数:405 千字
版次:2023 年 9 月第 1 版 2025 年 1 月第 2 次印刷
ISBN 978-7-307-23752-0 定价:49.00 元

前　言

　　地图制图学基础是我国高等院校地学和测绘学科专业的一门专业基础课，应用范围相当广泛。地图制图学基础作为地理信息科学的重要组成部分，在制图中占据着越来越重要的位置。它既是一门综合性学科，又是一门技术性很强的应用性学科，地图学在各相关专业的课程体系中占有不可替代的地位。近年来，随着不少高新技术在地图学中的应用，在地图学的学科领域内产生了许多改革生产工艺的新技术、新方法、新理念，从而改变和扩大了地图学的应用范围。

　　为了适应教学改革不断深入发展的需要，更好地突出地图制图学基础专业基础课的特点，反映地图学的各项新成果，提高新世纪人才的专业能力与综合素质，我们在认真回顾与总结近年来国内外地图学发展及众多地图学教材编写经验和地图学的教学规律的基础上，对2012年出版的《地图学原理》进行了修订。这本新教材的指导思想如下：

　　1. 力争站在地图学发展的新高度，概括介绍地图学领域的新概念、新技术、新方法、新理论。

　　2. 处理好地图学传统知识与现代知识的衔接。地图学的发展历史悠久，长期积累所形成的地图学知识宝库相当丰富，一门学科的发展是前后继承及相通的，不可能跳跃或中途被割断。当代地图学学科既存在大量传统的、经典的内容，也不断涌现大量新兴的、现代的知识。为此，本教材在编写时特别注意处理好这两者的关系，具体体现如下：

　　（1）选择、组织好传统的教学内容。传统教材中有许多内容现在仍然是不可缺少的，但随着学科发展，需要注入新的思想，以新的视角为基点，以新的理论为指导，采用新的技术与方法，形成新的概念。编者认为，只有站在学科的前沿，从更高的视角去组织教材的编写，才有可能引导与启发读者有更活跃的思维，跟上时代的步伐，促进地图学理论及学科的进一步发展。

　　（2）不少传统、经典的知识是现代地图知识的基础，编写教材时必须给予足够的重视，并进行比较系统的阐述。以什么叫"地图"为例，可以有新的定义，引入新的概念，但不论所指的"地图"的形式是怎样的，"地图"始终具有几个最基本的特性。又如地图投影，尽管现在运用计算机可以很方便地进行显示及变换，但了解一些基本概念及基本公式还是必要的，否则以后讨论到投影的应用、变换等时，会无法理解。再如专题地图设计，更是一个典型的例子。现在，虽然完全可以通过计算机进行地理底图的制作，进行符号、色彩、注记，以及图例及图面配置的设计，但是，专题地图设计中关于资料处理及分析的方法，专题符号的特性及色彩运用的基本原则，图面和图例配置的基本方法及其原则，仍然是每个地图制作人员必须熟练掌握的知识；否则，仅仅熟谙计算机操作，是无法设计与编制出一幅符合科学性、实用性、艺术性的专题地图的。

　　（3）地图学目前正处于某些知识新老交替的过渡时期，也就是说，在目前的知识体系和地图生产过程中，这些传统知识仍然有其地位。但由于科学技术的发展，这些知识正在或有可能在将来被淘汰。对于这些内容，大部分已不再写入本教材，但视学科知识延续性的需要，有少量在本教材中予以程度不等的保留。

3. 把握好教材在培养应用型人才中的作用。作为专业基础课教材，应传授系统全面实用的知识与技能，为后续课程服务。

本教材强调"突出原理、厚新薄旧、重视基础、强调应用"的原则，竭力为推动地图学的现代化和我国国民经济建设各行业部门的地图化、数字化服务。在处理理论和实践的关系方面，既重视基本理论，又强调基本技能的培养，使理论和实践能有机结合。在处理难和易、重点和一般的关系方面，本教材从便于学习入手，精选内容，精炼语句，重视难点，突出重点。

本书主编祁向前老师在黑龙江科技大学、龙岩学院长期从事地图学教学和科研工作，既有教学经验的沉淀，又有科研成果的积累，将教学经验、科研成果和学生的学习需求紧密结合。李艳芳老师长期从事专题地图制作工作，把制图技术及应用在本教材中总结概括并表达出来，使读者更好地学习、理解。

本书在编撰过程中，得到中国矿业大学（徐州）高井祥老师，黑龙江科技大学张红华老师、许延丽老师、赵威成老师，江苏师范大学胡晋山老师，太原理工大学王建民老师，河南理工大学袁策老师、田根老师，内蒙古师范大学张巧凤老师，安徽理工大学郭庆彪老师，龙岩学院吴志杰老师，龙岩学院教务处胡志彪处长，以及诸多同行及专家的热情支持和帮助。本书不足之处敬请读者不吝赐教。

本书由龙岩学院教材出版基金资助出版，特表感谢！

编　者

2022 年 8 月

目　　录

第一章 地图基本知识

第一节 地图的基本特性和定义

地图是先于文字形成的用图解语言表达事物的工具，经历了几千年来社会的发展，人类以地图作为认识客观世界、传递时空信息的主要方式之一，不但没有被其他形式所代替，却随着科技的进步，表现形式更加多样，制作精度逐步提高，应用功能不断扩大，制图理论日渐成熟。凡具有空间区域分布的任何现象，不论具体的还是抽象的，现实的还是假想的，都可以用地图来加以体现。

为了给地图下一个科学的定义，我们首先研究地图的基本特性。

一、地图的基本特征

（一）地图是按一定数学法则建立的图形

地球或其他星球上的各种现象，不论范围大小，都需要缩小才能表示在地图上，还要将地球曲面上的事物和现象转换为平面图形。这是通过把地球曲面地理坐标系转换为地图平面直角坐标系来实现的，也就是建立起地球球面与地图平面之间点与点的一定函数关系式，这种方法称为地图投影。为了便于分析与量算，必须按一定比例缩小图形。此外，没有确定的地理方向就无法确定地理事物的方位，因此地图定向（即确定地图的地理方向）也是地图不可缺少的。因此，地图按一定数学法则确定的地图投影、地图比例尺、地图定向等构成了地图的数学基础。

（二）地图是由地图语言——符号系统表示的图形

地图语言包括地图符号和地图注记两部分。地图所表示的各种复杂的自然或社会现象，是通过特有的符号系统，包括点 线、面状符号、色彩以及文字所构成的地图语言来实现的。这种符号系统把制图对象的地理位置及范围、质量和数量特征、时空分布规律与相互关系用十分概括与抽象的符号加以表示。所以，读地图只要读图例，就可直观地读出事物的名称、性质等，而不需像读航空像片那样去判读。

（三）地图是经过取舍和概括的图形

缩小了的地图不可能表示地球上的所有现象，只能根据地图的用途表示某些主要内容。而且，随着比例尺的缩小，所表示的制图对象在图上变得越来越小。为了保持图形的清晰易读，必须舍去和概括一些次要部分，保留和突出主要的、本质的特征。这种经过分类、简化、夸张和符号化，从地理信息形成地图信息的过程，就是地图概括（制图综合）。

（四）地图是地理信息载体

作为构建地理信息系统（GIS）的最主要的数据源——地图，可以是传统概念上的纸质地图、实体模型，可以是各种可视化的屏幕影像、声像地图，也可以是触觉地图，容纳和储存了海量地理信息，这些信息不仅能被积累、复制、组合、传递，还能被使用者根据自身的需要加以理解、提取及应用。

二、地图的定义

从上述的地图基本特性可以看到，地图同遥感影像（航空影像与卫星影像）和风景绘画作品有本质区别。航空像片或卫星影像是详细记录地面所有信息的缩小影像，同地图比较，它既没有地图符号系统，也没有内容的取舍和概括。风景绘画作品虽然对绘画对象作了艺术的概括，但它没有严格的数学基础和特有的地图符号。

根据这些基本特征，可以对地图作这样的定义：

地图是遵循一定的数学法则，将客体（一般指地球，也包括其他星体）上的地理信息，通过科学的概括，并运用符号系统表示在一定载体上的图形，以传递它们的数量和质量在时间与空间上的分布规律和发展变化。

有关地图定义的讨论，国内外地图学者有着许多不同的见解。这反映了在科学与技术不同发展阶段，或者从不同的理论视角对"地图"所包含深刻内涵的认识差异。在《多种语言制图技术词典》中，地图的定义是"地球或天体表面上，经选择的资料或抽象的特征和它们的关系，有规则按比例在平面介质上的描写"。国际地图学协会（International Cartographic Association，ICA）地图学定义和地图学概念工作组的负责人博德（Board）和韦斯（Weiss）博士给出的定义，"地图是地理现实世界的表现或抽象，以视觉的、数字的或触觉的方式表现地理信息的工具"；美国地图学家罗宾逊（A. H. Robinson）认为，"地图是周围环境的图形表达"；还有些外国学者提出"地图是空间信息的图形表达"，"地图是反映自然和社会现象的形象符号模型"，"地图是信息传输的通道"，"地图是空间信息的抽象模型（符号化模型）"等。

多年来，我国地图学界对"地图"比较通用的定义是："根据一定的数学法则，运用制图综合的方法，以专门的图式符号系统把地球表面的自然现象和社会经济现象缩绘在平面上的图形，称为地图。"近年来，我国也有地图学者在讨论了地图的现代理论和生产技术特征之后，指出，"地图必须有一个可度量的、精确的数学基础；把按一定比例缩小的地表面的图形、数据和现象表示在一个平面上；这种缩小和表示都是经过了选择、简化的过程并转换成了符号"。他们给地图下了这样一个定义："地图是用符号表示的地面的概括化了的图形，它必须经过数学变换来建立在平面上，地图作为人们认识和研究客观存在的结果，可以反映各种自然、社会现象的空间分布，也可当作人们认识和研究客观存在的工具，去获得新知识。"我国还有学者提出，"地图是根据一定的数学法则，将地球（或其他星球）上的自然和社会现象，通过制图综合所形成的信息，运用符号系统缩绘到平面上的图形，以传递它们的数量和质量，在时间上和空间上的分布和发展变化"。

第二节　地图的基本内容

地图的载体有不同的介质，最常见的是纸与屏幕，它们具有共同的构成要素，地图内容可分成三个部分：数学基础、地理要素、辅助要素。

一、数学基础

任何科学的地图都应包含数学基础，它们在地图上表现为控制点、地图投影、坐标网、比例尺和地图定向。

（一）控制点

控制点分为平面控制点和高程控制点。前者又分为天文点和三角点，其中三角点是最重要的，在测图时，它们是图根控制的基础；编图时，它们成为地图内容转绘和投影变换的控制点。高程控制点指有埋石的水准点。

（二）地图投影

地图通常是平面，而作为它表示对象的地球表面却是一个不可展开的曲面，必须通过数学方法，建立地球表面与地图平面之间的关系，将地球表面的点、线、面一一对应地转移到地图平面上。

（三）坐标网

坐标网分为地理坐标网（经纬线网）和直角坐标网（方格网），它们都同地图投影有密切联系，是地图投影的具体表现形式。

（四）比例尺

比例尺确定地图内容的缩小程度。它虽然只在整饰要素中标出，但在地图制作过程和结果中其作用无处不在。

（五）地图定向

地图定向通过坐标网的方向来体现。

二、地理要素

地理要素是地图所表示内容的主体，把自然、社会经济现象中需要表示为地图内容的数量、质量、空间、时间状况，运用各类地图符号表示出来，形成图形要素。地图上的各种注记也属符号系统，它们都是图形要素的组成部分。普通地图和专题地图上表达地理要素的种类有所区别。

（一）普通地图上的地理要素

普通地图上的地理要素是地球表面上最基本的自然和人文要素，分为独立地物、居民地、交通网（主要是陆地上的道路网）、水系、地貌、土质和植被、境界线等。

（二）专题地图上的地理要素

专题地图上的地理要素分为地理基础要素和主题要素。

（1）地理基础要素，是指为了承载作为主题的专题要素而选绘的同专题要素相关的普通地理要素，它们通常要比同比例尺的普通地图简略，要素种类根据专题要素的需要进行选择，不一定都要包含普通地图上的7种要素。

（2）主题要素，是指作为专题地图主题的专题内容，它们通常要使用特殊的表示方法详细描述其数量和质量指标。

三、辅助要素

辅助要素是在一组为方便实用而附加的文字和工具性资料，常包括图廓（地形图则附有分度带）、图名、接图表、图例、坡度尺、三北方向、图解和文字比例尺、编图单位、编图时间和依据等。

第三节　地图的分类

随着经济建设和科学教育的发展，编制和应用地图的部门和学科越来越多，地图类型与品种也日益增多。为了便于了解和分析所有地图的种类，需要将地图按照地图比例尺、制图区域范围、地图功能、地图内容、地图用途、地图形式、地图图形等几个方面进行归并和区分，也就是从不同的角度对地图进行分类。

一、按比例尺分类

地图比例尺的大小决定地图内容表示详细程度，是一幅地图包括的制图范围，以及地图量测的精度。目前，我国把地图比例尺划分为以下几类：

大比例尺地图：1∶10 万及更大比例尺的地图；

中比例尺地图：介于 1∶10 万和 1∶100 万之间的地图；

小比例尺地图：1∶100 万及更小比例尺的地图。

按照地图比例尺划分只是一种相对的习惯用法，对于不同的使用对象有不同的分法。例如，在城市规划及其他工程设计部门中，把 1∶1000 及更大比例尺的地图称为大比例尺地图，1∶1 万的比例尺被认为是小比例尺；在房地产行业和地籍管理中，使用地图的比例尺为 1∶500 或更大比例尺。

二、按内容（主题）分类

地图按内容分为普通地图和专题地图两大类。

（一）普通地图

普通地图是以相对平衡的程度表示地表最基本的自然和人文现象的地图。它们以水系、居民地、交通网、地貌、土质植被、境界和各种独立目标为制图对象，随着地图比例尺的变化，其内容的详细程度有很大的差别。

普通地图又可以按不同的标志进行划分。

1. 按比例尺划分

按前面比例尺的划分规格可将普通地图划分为大、中、小比例尺地图。由于小比例尺普通地图上反映的是一个较大的区域中地理事物的基本轮廓及其分布规律，故又称其为地理图或一览图。中比例尺的普通地图介于详细表示各种地理要素的大比例尺地图和概略表示地理特征的地理图之间，称为地形地理图或地形一览图。按照这样的逻辑，大比例尺普通地图自然应当是地形图。这是一般的说法。然而，在我国对地形图赋予了特殊的含义：它们是按照国家制定的统一规格、用指定的方法测制或根据可靠的资料编制的详细表达普通地理要素的地图。

2. 国家基本比例尺地图

在我国，1∶500、1∶1000、1∶2000、1∶5000、1∶1 万、1∶2.5 万、1∶5 万、1∶10 万、1∶25 万（原来是 1∶20 万）、1∶50 万和 1∶100 万共 11 种比例尺的普通地图

都是由指定的国家机构和其他公共事业部门按照统一规格测绘或编制的，其中1∶5万及更小比例尺的地图布满整个国土，1∶2.5万地图覆盖发达地区，1∶1万及更大比例尺地图则分布在重点地区。它们称为国家基本比例尺地图。

（二）专题地图

专题地图是根据专业的需要，突出反映一种或几种主题要素的地图，其中作为主题的要素表示得很详细，其他的要素则围绕表达主题的需要，作为地理基础概略表示。主题要素可以是普通地图上固有的内容，但更多是普通地图上没有而属于专业部门特殊需要的内容，如人口、工业产值、交通运输、气候、水文等。

专题地图按内容分为以下三大类：

1. 自然地图

自然地图是以自然要素为主题的地图。根据其表达的具体内容，可分为地质图、地貌图、地势图、地球物理图、气象图、水文图、土壤图、植被图、动物地理图、景观地图等。

2. 人文地图

人文地图是以人文要素为主题的地图。根据其表达的具体内容，可分为政区图、人口图、经济图、文化图、历史图、商业地图等。

3. 其他专题地图

不能归属于上述类型而为特定需要编制的地图，如航空图、航海图、城市地图等，它们既包含自然要素，也包含人文要素，是用途很专一的地图。

三、按制图区域分类

地图按制图区域分类时，可以按自然区域和行政区两方面划分。

按自然区域，可划分为世界地图、半球地图（东半球、西半球地图）、大陆地图（如亚洲地图、欧洲地图）、大洋地图（如太平洋地图、大西洋地图），有的自然区域是以高原、平原、盆地、流域等为范围，于是可划分为青藏高原地图、黄淮平原地图、四川盆地地图、黄河流域地图等。

按政治行政区，可划分为国家地图，省（区、市）地图，市图，以及县图等；还可以按经济区划或其他标志来区分，如海南经济开发区、福建经济开发区、苏南苏北地区等。

四、按用途分类

地图按用途可分为通用地图和专用地图。

通用地图，是为广大读者提供科学或一般参考的地图，如地形图、中华人民共和国地图等。

专用地图，是为各种专门用途制作的地图，它们是各种各样的专题地图，如航海图、水利图、旅游图等。

五、按使用方式分类

桌面用图：放在桌面上在明视距离使用的地图。

挂图：挂在墙上使用的地图，又可分为近距离使用的挂图（如参考用挂图）和中远距离使用的挂图(如教学挂图)。

野外用图：在野外行进过程中，视力不稳定的状态下使用的地图。

六、按存储介质分类

地图按存储介质可分为纸质地图、胶片地图、丝绸地图、磁介质地图(光盘地图、电子地图、网络地图)等。

七、按其他标志分类

地图还可以按其他多种标志分类，例如：

按颜色分为单色地图、黑白图、彩色地图；

按外形特征分为平面地图、三维立体地图、地球仪等；

按感受方式分为视觉地图(线划地图、影像地图、屏幕地图)，触觉(盲文)地图，多感觉地图(多媒体地图、多维动态地图、虚拟现实环境)等；

按结构分为单幅地图、系列地图、地图集；

按出版形式分为印刷版地图、电子版地图、网络版地图；

按历史年代分为原始地图、古代地图、近代地图、现代地图。

第四节　地图的分幅与编号

为了便于管理和使用地图，需要将各种比例尺的地图进行统一的分幅和编号。

一、地图的分幅

分幅是用图廓线分割制图区域，其图廓线圈定的范围成为单独图幅。图幅之间沿图廓线相互拼接。一类是按经纬线分幅的梯形分幅法(又称为国际分幅)，另一类是按坐标格网分幅的矩形分幅法。

(一)梯形分幅

图廓线由经线和纬线组成，大多数情况下表现为上下图廓为曲线的梯形。地形图、大区域的分幅地图多用经纬线分幅。

(二)矩形分幅

用矩形的图廓线分割图幅，相邻图幅间的图廓线都是直线，矩形的大小根据图纸规格、用户使用方便以及编图的需要确定。

二、地图编号

编号是每个图幅的数码标记，它们应具有系统性、逻辑性和不重复性。

常见的编号方式有行列式编号和自然序数编号。

(一)行列式编号法

将区域分为行和列，可以纵向为行、横向为列，也可以相反。分别用字母或数字表示行号和列号，一个行号和一个列号标定一个唯一的图幅。

（二）自然序数编号

将图幅由左上角从左向右、自上而下用自然序数进行编号。挂图、小区域的分幅地图常用这种方法编号。

三、我国地形图的分幅与编号

我国的 8 种国家基本比例尺地形图都是在 1∶100 万比例尺地图编号的基础上进行的。20 世纪 90 年代以前，1∶100 万比例尺地图用列行式编号（列号在前、行号在后），其他比例尺地形图都是在 1∶100 万比例尺地图的基础上加自然序数。

（一）旧的地形图分幅编号

表 1-1 所示为我国 11 种比例尺地形图的图幅范围大小及相互间的数量关系。

1. 1∶100 万比例尺地形图的分幅与编号

按国际上的规定，1∶100 万的世界地图实行统一的分幅和编号，即自赤道向北或向南分别按纬差 4°分成横列，各列依次用 A，B，…，V 表示，南半球加 S，北半球加 N，由于我国领土全在北半球，N 字省略。自经度 180°开始起算，自西向东按经差 6°分成纵行，各行依次用 1，2，…，60 表示，如图 1-1 所示。每一幅图的编号由其所在的"横列-纵行"的代号组成。例如，北京某地的经度为东经 118°24′20″，纬度为 39°56′30″，则所在的 1∶100 万比例尺图的图号为 J-50。

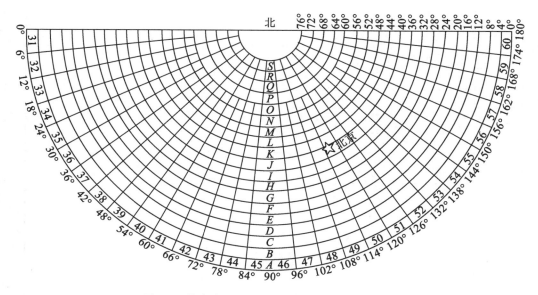

图 1-1　北半球 1∶100 万地形图国际分幅与编号

2. 1∶50 万、1∶25 万、1∶10 万比例尺地形图的分幅编号

这三种比例尺地图都是在 1∶100 万地图图号的后面加上自己的代号形成自己的编号。这三种比例尺地图的代号都是自然序数编号，它们的编号方法属行列式加自然序数编号，由"列-行-代号"构成，如图 1-2 所示。

表1-1 我国11种国家基本比例尺地形图分幅范围及相互关系数量

比例尺		1:100万	1:50万	1:25万	1:10万	1:5万	1:2.5万	1:1万	1:5000	1:2000	1:1000	1:500
图幅范围	经差	6°	3°	1°30'	30'	15'	7'30"	3'45"	1'52.5"	37.5"	18.75"	9.375"
	纬差	4°	2°	1°	20'	10'	5'	2'30"	1'15"	25"	12.5"	6.25"
行列关系	行数	1	2	4	12	24	48	96	192	576	1152	2304
	列数	1	2	4	12	24	48	96	192	576	1152	2304
数量关系		1	4 (2×2)	16 (4×4)	144 (12×12)	576 (24×24)	2304 (48×48)	9216 (96×96)	36864 (192×192)	331776 (576×576)	1327104 (1152×1152)	5308416 (2304×2304)
			1	4 (2×2)	36 (6×6)	144 (12×12)	576 (24×24)	2304 (48×48)	9216 (96×96)	82944 (288×288)	331776 (576×576)	1327104 (1152×1152)
				1	9 (3×3)	36 (6×6)	144 (12×12)	576 (24×24)	2304 (48×48)	20736 (144×144)	82944 (288×288)	331776 (576×576)
					1	4 (2×2)	16 (4×4)	64 (8×8)	256 (16×16)	2304 (48×48)	9216 (96×96)	36864 (192×192)
						1	4 (2×2)	16 (4×4)	64 (8×8)	576 (24×24)	2304 (48×48)	9216 (96×96)
							1	4 (2×2)	16 (4×4)	144 (12×12)	576 (24×24)	2304 (48×48)
								1	4 (2×2)	36 (6×6)	144 (12×12)	576 (24×24)
									1	9 (3×3)	36 (6×6)	144 (12×12)
										1	4 (2×2)	16 (4×4)
											1	4 (2×2)
												1

图幅数量关系（图幅数量＝行数×列数）

1）1：50 万比例尺地形图的分幅编号

在 1：100 万地形图的基础上，按经差 3°，纬差 2°划分，即 1：100 万地图分为 2 行 2 列 4 幅 1：50 万地图。编号方法是从左至右，从上至下用拉丁字母 A、B、C、D 加在 1：100 万图号的后面。图 1-2 所示的 1：50 万地图的编号是 J-50-A。

2）1：25 万比例尺地形图的分幅编号

在 1：100 万比例尺地形图的基础上，按经差 1°30′，纬差 1°划分，即 1：100 万地图分为 4 行 4 列共 16 幅 1：25 万地图。编号方法是从左至右、从上至下用带中括号的阿拉伯数字[1]，[2]，…，[16] 加在 1：100 万图号的后面。图 1-2 所示的 1：25 万地图的编号是 J-50-[2]。

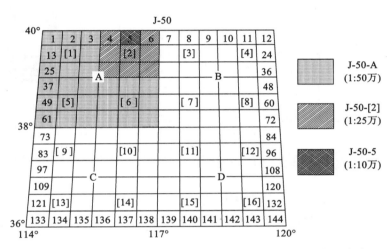

图 1-2　1：50 万、1：25 万、1：10 万比例尺地形图的分幅编号

3）1：10 万比例尺地形图的分幅编号

在 1：100 万地形图的基础上，按经差 30′，纬差 20′划分，即 1：100 万地图分为 12 行 12 列共 144 幅 1：10 万地图。编号方法是从左至右，从上至下用阿拉伯数字 1，2，3，…，144 加在 1：100 万图号的后面。图 1-2 所示的 1：10 万地图的编号是 J-50-5。

3. 1：5 万、1：2.5 万、1：1 万、1：5000 比例尺地形图的分幅编号

1）1：5 万比例尺地形图的分幅编号

在 1：10 万地形图的基础上，按经差 15′，纬差 10′划分，即 1：10 万地图分为 2 行 2 列 4 幅 1：5 万地图。编号方法是从左至右、从上至下用拉丁字母 A、B、C、D 加在 1：10 万图号的后面。图 1-3 所示的 1：5 万比例尺地图的编号为 J-50-5-B。

2）1：2.5 万比例尺地形图的分幅编号

在 1：5 万地形图的基础上，按经差 7′30″，纬差 5′划分，即 1：5 万地图又分为 2 行 2 列 4 幅 1：2.5 万地图。编号方法是从左至右、从上至下用阿拉伯数字 1，2，3，4 加在 1：5 万图号的后面。图 1-3 所示的 1：2.5 万比例尺地图的编号为 J-50-5-B-4。

3）1：1 万比例尺地形图的分幅编号

在 1：10 万地形图的基础上，按经差 3′45″，纬差 2′30″划分，即 1：10 万地图分为 8

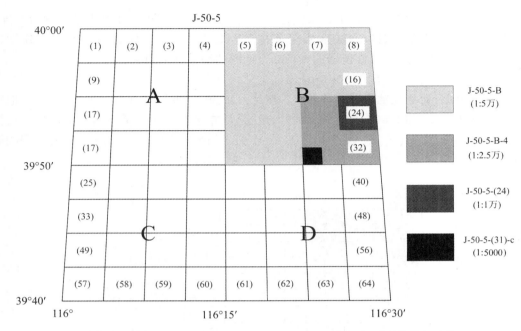

图1-3　1：5万、1：2.5万、1：1万、1：5000 比例尺地形图的分幅编号

行 8 列共 64 幅 1：1 万地图。编号方法是从左至右、从上至下用带小括号的阿拉伯数字 (1)，(2)，(3)，…，(64)加在 1：10 万图号的后面。图 1-3 所示的 1：1 万地图的编号为 J-50-5-(24)。

4)1：5000 比例尺地形图的分幅编号

在 1：1 万地形图的基础上，按经差 1′52.5″，纬差 1′15″划分，即 1：1 万地图分为 2 行 2 列 4 幅 1：5000 地图。编号方法是从左至右、从上至下用小写英文字母 a，b，c，d 表示，图 1-3 所示的 1：5000 地图的编号为 J-50-5-(31)-c。

(二)新的地形图分幅编号方法

1992 年 12 月，我国颁布了《国家基本比例尺地形图分幅和编号》(GB/T13989—2012) 新标准，1993 年 3 月开始实施。新系统的分幅没有作任何变动，但编号方法有了较大变化。新标准的 1：100 万比例尺地图用行列式编号法，其他比例尺地形图均在其后再叠加行列号。

1.1：100 万比例尺地形图的编号

1：100 万地形图的编号没有实质性的变化，只是由"列-行"式变为"行-列"式，把行号放在前面，列号放在后面，中间不用连接号。但同旧系统相比，列和行对换了，新系统中横向为行、纵向为列，因此，其结果并没有大的变化。例如，北京所在的 1：100 万地图的图号为 J50。

2.1：50 万~1：5000 比例尺地图的编号

这 7 种比例尺地图的编号都是在 1：100 万地图的基础上进行的，它们的编号都由 10 个代码组成，其中前三位是所在的 1：100 万地图的行号(1 位)和列号(2 位)，第 4

位是比例尺代码，如表 1-2 所示，每种比例尺有一个特殊的代码。后面 6 位分为两段，前三位是图幅的行号数字码，后三位是图幅的列号数字码。行号和列号的数字码编码方法是一致的，行号从上而下，列号从左到右顺序编排，不足三位时前面加"0"，如图 1-4 所示。

表 1-2　比例尺代码

比例尺	1∶50 万	1∶25 万	1∶10 万	1∶5 万	1∶2.5 万	1∶1 万	1∶5000
代码	B	C	D	E	F	G	H

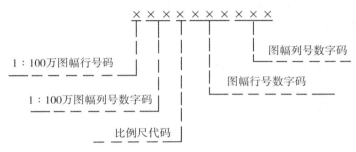

图 1-4　1∶50 万~1∶5000 比例尺地形图编号构成

这样，任何一个特定的图幅都可以有一个唯一的编号。新分幅编号系统的主要优点是编码系列统一于一个根部，编码长度相同，便于计算机处理。

四、地形图查询

(一)查询地形图编号

1. 1∶100 万地形图图幅编号的计算

$$\left.\begin{array}{l} a = \left[\dfrac{\varphi}{4°}\right] + 1 \\[2mm] b = \left[\dfrac{\lambda}{6°}\right] + 31 \quad \left(\text{西经范围用 } b = 30 - \left[\dfrac{\lambda}{6°}\right]\right) \end{array}\right\} \tag{1.1}$$

式中：［　］——商取整；

a——1∶100 万地图形图幅所在纬度带字符码所对应的数字码；

b——1∶100 万地图形图幅所在经度带的数字码；

λ——图幅内某点的经度或图幅西南图点的经度；

φ——图幅内某点的纬度或图幅西南图点的纬度。

例　某点经度为 114°33′45″，纬度为 29°22′30″，计算其所在的图幅编号。

$$a = \left\lceil 39°22'30''/4° \right\rceil + 1 = 10(\text{字符码})$$
$$b = \left\lceil 114°33'45''/6° \right\rceil + 31 = 50$$

该点所在 1∶100 万 地形图图号为 J50。

2. 1∶50 万 0~1∶500 地形图图幅编号的计算

$$c = \frac{4°}{\Delta\varphi} - \left[\left(\frac{\varphi}{4°}\right)\Big/\Delta\varphi\right]$$

$$d = \left[\left(\frac{\lambda}{6°}\Big/\Delta\lambda\right) + 1\right] \tag{1.2}$$

式中：（ ）——商取余；

[ ]——商取整；

c—— 所求比例尺地形图所在 1：100 万地形图图号后的行号；

d—— 所求比例尺地形图所在 1：100 万地形图图号后的列号；

λ—— 图幅内某点的经度或图幅西南图点的经度；

φ—— 图幅内某点的纬度或图幅西南图点的纬度。

$\Delta\lambda$—— 所求比例尺地形图分幅的经差；

$\Delta\varphi$—— 所求比例尺地形图分幅的纬差。

例　仍以经度为 114°33′45″，纬度为 39°22′30″的某点为例，计算其所在 1：25 万、1：5 万及 1：500 比例尺地形图编号。

1：25 万地形图编号：按式(1.2)得

$$c = \frac{4°}{\Delta\varphi} - \left[\left(\frac{\varphi}{4°}\right) \div \Delta\varphi\right] = 4°/1° - \left[(39°22′30″/4°)/1°\right] = 001$$

$$d = \left[\left(\frac{\lambda}{6°}\right) \div \Delta\lambda\right] + 1 = \left[(114°33′45″/6°)/1°30′\right] = 001$$

因此，该点在 1：25 万地形图的图号是 J50C001001。

1：5 万地形图编号：按式(1.2)得

$$c = \frac{4°}{\Delta\varphi} - \left[\left(\frac{\varphi}{4°}\right) \div \Delta\varphi\right] = 4°/10′ - \left[(39°22′30″/4°)/10′\right] = 004$$

$$d = \left[\left(\frac{\lambda}{6°}\right) \div \Delta\lambda\right] + 1 = \left[(114°33′45″/6°)/15′\right] + 1 = 003$$

因此，该点在 1：5 万地形图的图号是 J50E004003。

1：500 地形图编号：按式(1.2)得

$$c = \frac{4°}{\Delta\varphi} - \left[\left(\frac{\varphi}{4°}\right) \div \Delta\varphi\right] = 4/6.25° - \left[(39°22′30″/4°)/6.25°\right] = 0360$$

$$d = \left[\left(\frac{\lambda}{6°}\right) \div \Delta\lambda\right] + 1 = \left[(114°33′45″/6°)/9.375″\right] + 1 = 0217$$

因此，该点在 1：500 地形图的图号是 J50K03600217。

(二)查询地形图经纬度

已知图幅编号，计算该图西南图廓点经纬度用以下公式：

$$\left.\begin{array}{l} \lambda = (b - 31) \times 6° + (d - 1) \times \Delta\lambda \\ \varphi = (a - 1) \times 4° + (4°/\Delta\varphi - c) \times \Delta\varphi \end{array}\right\} \tag{1.3}$$

式中：λ——图幅西南图廓点的经度；

φ——图幅西南图廓点的纬度；

a——1：100 万地图形图幅所在纬度带字符码所对应的数字码；

b——1∶100 万地图形图幅所在经度带的数字码；

c——该比例尺地形图在 1∶100 万地形图图号后的行号；

d——该比例尺地形图在 1∶100 万地形图图号后的列号；

$\Delta\lambda$——所求比例尺地形图分幅的经差；

$\Delta\varphi$——所求比例尺地形图分幅的纬差。

例　图号 J50B001001，求其西南图廓点的经度和纬度。

$$a = 10,\ b = 50,\ c = 1,\ d = 1,\ \Delta\varphi = 2°,\ \Delta\lambda = 3°$$

根据公式（1.3）得到

$$\lambda = (b - 31) \times 6° + (d - 1) \times \Delta\lambda = (50 - 31) \times 6° + (1 - 1) \times 3° = 114°$$

$$\varphi = (a - 1) \times 4° + (4°/\Delta\varphi - c) \times \Delta\varphi = (10 - 1) \times 4° + (4°/2° - 1) \times 2° = 38°$$

因此，该图幅西南图廓点的经、纬度分别为 114°、38°。

第五节　地　图　学

一、地图学的定义和现代特征

（一）地图学的定义

早期在地图学方面的研究，主要围绕地图投影、地图设计与编辑原则、编绘和整饰方法、制印技术等问题。20 世纪 50 年代，苏联、法国、西德、美国、波兰等国对地图编制过程中的制图综合（地图概括）原理与方法开始了系统研究。60 年代以后，随着国家和区域综合地图集以及成套系列地图编制的广泛开展，在专题制图和地理学综合研究的基础上，发展了专题地图与综合制图理论。

20 世纪 70 年代起，电子技术、航天技术、信息论、控制论等新兴理论与技术，以及现代数学方法不断向地图学渗透，使传统的地图学研究发生很大变化，一些地图学家先后提出了地图信息传递理论、地图模型论、地图感受论、地图符号论等新的理论；计算机辅助制图、遥感制图不断冲击传统的成图方法；地图的应用范围也在不断扩大。这些都促进了地图科学的结构和体系的变化，丰富和加深了地图学的内涵，加速了对地图学定义的不断修改与更新。

在 20 世纪 60 年代，地图学的定义和内涵大部分都被归纳为"研究地图及其制作理论、工艺技术和应用的科学"。20 世纪 70 年代，国际上许多著名的地图学家先后提出了新的看法。如苏联萨里谢夫从模型论的角度出发，认为"地图学是用特殊的形象符号模型（地图图形）来表示和研究自然和社会现象的空间分布、组合和相互联系及其在时间中变化的科学"。美国莫里逊及苏联希里亚耶夫基于信息论的观点，分别提出了地图学的定义，他们认为"地图学是空间信息图形传递的科学"以及"地图学是空间信息图形表达、存贮和传递的科学"。《多种语言制图技术术语辞典》对地图学的定义是："地图学是根据有关科学所获得的资料（野外测量、航空摄影测量、卫星图像、统计资料等）进行有关地图和图形生产时，所进行的科学、技术和艺术全部工作的总称。"我国一些地图学家对地图学所下的定义是："地图学是以地理信息传递为中心的，探讨地图的理论实质、制作技术和使用方法的综合性科学。"它与目前流行的其他一些地图学定义相比，更为概括地总结了现代地图学的学科特点及研究内容，有利于地图学基本理论及地图学学科体系的探讨。

（二）地图学的特征

1. 传统地图学特征

20世纪30年代以前，地图（制图）学以手工描绘地图图形为基础。这时，地图（制图）学研究制作地图的理论、技术和工艺。制作地图采用各种手持工具，从毛笔（西方采用羽管笔）、雕刻刀到小钢笔、针管笔、各种刻图工具等。在印刷术发明以前，提供给用户的地图都是手工绘制的，其用户面极其有限。19世纪照相术的发明以及照相术同印刷术的结合，使地图得以用比较廉价的方法大规模地被复制，地图用户数量急剧增加。到20世纪初，世界上已出现了许多地图的营业机构，地图发展为一个引人注目的行业，这就大大地促进了地图学的发展。

传统的地图学有以下三个基本特征：

（1）个人技术对地图质量有显著的影响；

（2）实践经验积累是获取知识的主要渠道；

（3）传统的师徒传授技艺起主导作用。

2. 现代地图学特征

把地图作为一门学科，对地图的理论与方法进行系统的研究，国际上实际从20世纪30年代才真正开始。以德国、法国、英国、美国和苏联在高等学校建立地图学专业和正式出版地图学教科书等作为标志。从20世纪50年代开始的计算机制图技术发展到可以投入大规模生产的阶段，技术变革和理论上的拓展构成了现代地图学的基础。20世纪70年代后，地图学理论与技术得到空前发展，制图工艺、地图形式都发生了很大变化。在众多的地图学工作者不断实践、创新、充实、完善的基础上，在20世纪的80—90年代逐渐形成了现代地图学。

同传统地图学相比，现代地图学具有以下基本特征：

（1）地图学已跨越几个科学部门。地图学同多个学科，如自然科学、社会科学、数学科学、系统科学、思维科学和人体科学有密切的联系。地图的描述对象、生产工艺和方法涉及自然科学、社会科学和数学；研究地图的视觉效果、认知规律与思维科学、人体科学有密切联系；当将地图的制作和使用当作一个信息传递系统时，无疑要使用系统科学的许多原则和方法。

（2）横断科学为地图学现代理论提供了支持。信息论、系统论、传输论作为科学研究的工具在许多学科中都得到了广泛应用，我们将其称为横断科学。从方法论的角度，可使我们在研究地图学时摆脱把复杂系统分解为简单系统，又企图用简单系统去描述原本复杂的系统这样一种"原论"的思想方法，把地图学作为一个复杂的整体，只有将整体看清楚了才能发现规律，找到地图学的生长点。地图学正是从这些学科中吸取营养，拓宽基础理论，实现了一个新的跨越。

（3）地图生产、研究、应用上的计量化。数学方法在制图中的应用，逐渐改变了地图学中以定性描述为主的特点。在制图数据整理、研究制图综合问题、寻找自然和社会规律、检测地图质量和感受效果、提高地图设计水平等各方面都广泛使用了数学计量方法。计量化不但提高了地图学的科学水平，还为数字制图提供了数据处理的基础和指导，没有计量化也就不会有自动制图综合。数学方法不仅是探求数量规律的技术手段，而且已成为一种总结和创造理论的方法，它作为理论思维的一种重要形式越来越受到重视。

（4）以计算机为主体的电子设备的应用。以计算机为主体的电子设备的应用彻底改变了制图工艺，完成了从手工制图到电子制图的跨越。这种革命性的跨越不但大大缩短了成图周期，减轻了制图人员的劳动强度，丰富了地图内容，提高了地图的标准化程度，更重要的是，数字地图的出现开辟了地图应用的新领域。可视化方法的研究，多媒体技术的应用，同 GIS、GNSS、RS 的结合，使地图的使用范围空前扩大，在社会经济和人民生活中的作用越来越大。

二、地图学的学科体系

（一）学科名称的变化

20 世纪，地图学的学科名称几经变更，标志着该学科内容的不断变化，从中体现了学科重点转移的过程。

地图学一直是在两个一级学科——测绘科学与技术、地理学中并行发展的。

在地理学领域，地图学一直是其中的一个二级学科。由于地图是地理学研究的出发点和成果的表达形式，对地图使用的研究始终是比较重视的，该学科在 20 世纪 70 年代以前一直都被称为"地图学"。20 世纪 80 年代，地理信息系统（GIS）技术逐渐成熟，在地理学研究中作为模拟地理机理、研究过程和预测的工具，起到了越来越大的作用，又由于它同地图学的天然联系，于是"地图学"改称为"地图学与地理信息系统"。从使用的角度看，完善的地理信息系统可以替代地图且更加方便和实用，所以又于 20 世纪 90 年代将该学科的本科专业名称改为"地理信息系统"，硕士和博士专业需要在地理信息可视化、地理信息系统构建方面作更深入的研究，故仍保留"地图学与地理信息系统"的名称。

在测绘学（20 世纪 90 年代改称"测绘科学与技术"）中，该学科起初名为"制图学"，为避免同机械学科的制图相混淆，20 世纪 60 年代将该学科改称"地图制图学"，在 20 世纪 70 年代国际地图学协会倡导将地图使用纳入学科领域以后，我国于 20 世纪 80 年代将该学科改称"地图学"（其实国际上一直使用"cartography"这个词），20 世纪 90 年代，测绘科学与技术中的二级学科的本科专业全部归并为"测绘工程"，培养地图制图人才的本科专业称为"测绘工程（地图制图学与地理信息工程）"，而硕士和博士专业仍然单独保留"地图制图学与地理信息工程"的名称。显然，其学科对象仍然偏重于在电子技术条件下的地图制作和地理信息系统软件开发、系统构建及应用工程等诸方面。

（二）地图学的学科体系

早期的地图（制图）学结构是在 20 世纪 40—50 年代形成的，包括数学制图学、地图编制学和地图制印学或地图学概论、数学制图学、地图编制学、地图整饰和地图制印。60—70 年代以来，地图学理论的发展，除了原有的地图投影、制图综合等理论不断充实提高外，又产生了地图传输、地图信息、地图模式、地图感受、地图符号学等新的理论；而且现代地图编制的方法技术也有很大发展，如计算机制图、遥感制图等，与传统的常规制图方法技术相比有了根本的变革。因此，传统的地图学体系已不能反映和适应现代地图学的发展。1980 年，西德弗雷塔格则把地图分为三个部分：地图学的理论、地图学的方法、地图学的实践。这三部分比较完整地反映了现代地图学的学科体系。他提出的地图学的理论包括：符号-心理理论（地图句法），符号-意义理论（地图语义），符号-效用理论（地图实用），地图传输理论；地图学的方法论包括：符号识别方法，地图学分析系统方法，地图学教学方法，地图学组织方法；地图学的实践包括：地图制图的组织，地图编辑，地图生产，地图处理，地图制图中的辅助活动，地图人员的培训。目前，国内地图学界一致认同我国地图学家廖克提出的由理论地图学、地图制图学、应用地图学三大部分构成现代地图学体系，如图 1-5 所示。

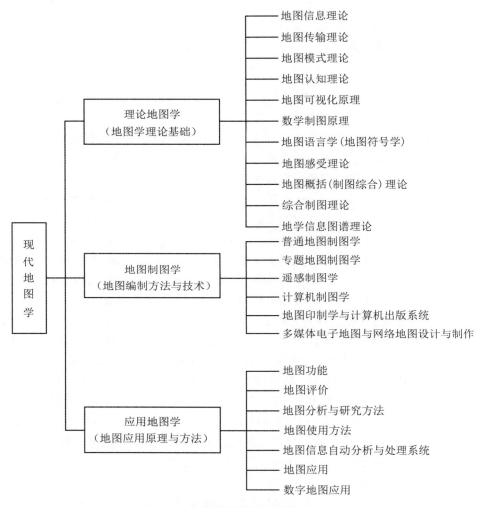

图 1-5　现代地图学体系（廖克，2003）

1. 理论地图学

理论地图学主要研究现代地图学中的理论问题，它不仅涵盖了地图投影（数学制图学）、地图符号（地图语言学）、制图综合、综合制图理论、地图发展历史等传统理论内容，以及涵盖了地图信息论、地图传输论、地图模型论、地图认知理论、地图可视化原理等现代理论，而且还把地学信息图谱理论纳入其中，反映人们对空间事物和现象更深层次认知的结果，使得地图学研究范畴得到进一步的拓展。地学信息图谱是地图学更高层次的表现形式与分析研究手段，它是由遥感、地图数据库、地理信息系统与数字地球的大量数字信息，经过图形思维与抽象概括，并以计算机多维动态可视化技术，显示地球系统及各要素和现象空间形态结构与时空变化规律的一种手段和方法。传统、现代和新兴地图学理论一起构成了地图学的理论基础，而地图信息传输理论是地图学理论基础的核心。

2. 地图制图学

地图制图学包含实际制作地图的工艺方法和应用理论的学科，其分支学科涉及地图生产中空间信息获取、信息的存储与管理、信息处理、地图制作和地图复制等各个环节所用到的方法与技术。就内容与目前的科技水平而言，它具体可以包括普通地图制图学、专题地图制图学、制图信息采集方法、遥感制图学、计算机地图制图技术、电子地图设计与制作、地图数据库、地图出版系统与地图印刷、移动制图学等分支学科。

3. 应用地图学

应用地图学主要是围绕地图应用而形成的一门基础学科。应用地图学的分支学科包括地图评价、地图分类与使用方法、地图解译、地图数据库和 GIS 应用、地图发布和地图教育等，每一分支学科因对象不同还可进一步划分，它包括模拟地图应用与数字地图应用；从面向的空间对象划分，它包括地球地图应用和外星地图应用等。相对而言，应用地图学是地图学体系中开展系统研究最迟的，因此它所属的次一级内容，更需要不断深入与完善。

这个体系将相互联系的三大部分和其次一级内容一起组成了一个完整体系。该体系完整，各分支组成比较全面，体现了现代地图学的发展特点和趋势。现代地图学体系的研究适应了当代地图科学技术的发展，也展示了地图学的广阔领域和发展前景，更重要的是，使我们拓展视野，在边缘、交叉学科领域寻找地图学新的生长点。

三、地图学与其他学科之间的关系

地图学在长期发展过程中，起初与测量学、地理学有着十分密切的联系。测量学一直是地图的信息源。包括自然地理、人文地理、经济地理在内的地地理学及其各分支学科，都把地图作为自己的第二语言，并把它当做成果表现的最重要方式。如今，地图学在数据获取以及地图的生产方式的不断变革，地图学又不断地扩大同许多传统及新兴学科的联系，特别是与地理学、测绘学、数学、符号学、艺术、心理学等传统学科以及遥感、地理信息系统、全球定位系统等新兴学科的联系更为密切。下面介绍地图学与其中几门学科的关系。

(一)地图学与地理学

地图学作为地理学的一个二级学科，同地理学的联系是不言而喻的。地理环境是地图表示的对象，地理学以自然、人文和经济地理的知识武装制图人员；地理学又利用地图作为研究的工具。地图学与地理学交叉形成许多新的边缘学科，如地貌制图学、土壤制图学、经济地图学等。

(二)地图学与测量学

地图(制图)学与测量学同是测绘科学与技术的组成学科。测量学中的大地测量学，精确测定和建立地球的平面控制网和海拔高程网，这些经纬度坐标(或平面直角坐标)与海拔高程数据是大、中比例尺地形图的数学控制基础；工程测量、地籍测量与海洋测量是普通地图、工程平面图、地籍图与航海图的基本资料来源，反过来，地图又是上述测量成果的主要表现形式；摄影测量与遥感像片是地图的主要数据源，是地图快速更新的重要依据，遥感又与地图学结合形成一门新的学科——遥感制图学；全球定位系统(GPS)不仅可以进行精确地平面控制测量，还可以同电子地图相结合，进行飞机、汽车、舰艇等交通工具的导航、跟踪、定位等。

(三)地图学与地理信息系统

地图是 GIS 最重要的数据源和输出形式，地图数据库是 GIS 数据库的核心。地图学与地理信息系统的关系有不少观点。陈述彭院士曾做了高度概括：地理信息系统脱胎于地图。王之卓院士也提出：地理信息系统是地图(制图)学中一个重要部分在信息时代的新发展。地图和地理信息系统都是信息载体，都具有存储、分析、显示功能，只是地图学更强调图形信息的传输，而 GIS 则更强调空间数据处理与分析。

(四)地图学与数学

数学是其他自然学科的基础，地图投影是以数学为基础的，制图数学模型涉及数学的许多分支学科，特别是应用数学，现在任何一门新兴的应用数学(灰色系统模型、分形分维理论、小波理论、神经网络理论)都会很快被引用于地图要素的规律、制图综合、遥感制图、地图信息提取及定量分析等领域的研究。计算机制图中的各种算法与都数学密切相关。

此外，地图学还与其他学科联系紧密。制作一幅优秀的地图，没有艺术才能是不能成功的。艺术是用艺术形象反映客观世界，制图则是在科学分类和概括的基础上借助被抽象的艺术手段反映客观世界，不能简单地认为地图就是艺术作品，但艺术装饰对于提高地图的可视化效果是非常有效的。物理学、化学、电子学的新成就对于改善地图制作技术及地图复制都非常重要。信息论、系统论、控制论不但为地图制作提供认识事物的观点和思想方法，它们的许多原理和方法也在计算机制图中得到了直接应用。地图学与相邻学科的这些关系，以及它们相互之间地位、作用、影响的变化，使原有的学科界线变得模糊，也必将促进地图学的进一步发展与成熟。

思　考　题

1. 如何理解地图的基本特性和定义？
2. 地图的构成要素有哪些？
3. 地图的分幅有几种？各有什么优缺点？
4. 地图的基本功能和作用？
5. 根据生活经验，谈一谈自己的用图情况。

第二章　地图的数学基础

地图的数学基础，是指使地球上各种地理要素与相应的地面景物之间保持一定对应关系的经纬网、坐标网、大地控制点、比例尺等数学要素。

为了解地图上这些数学要素是怎么建立起来的，首先必须搞清地球是一个怎样的形体。然后，便引出另一个问题：地球是圆的，地图是平的，究竟采取什么样的方法，才能将球面的景物精确地描绘到平面图纸上呢？这是地图学要解决的第一个问题，从而引出了经纬网、坐标网和大地控制点的概念。而讨论这些内容的目的，是要解决球面上点位的坐标与图面上相对应点位的坐标如何建立起严格的——对应的函数关系。这就是地图投影要回答的问题。

地图是地面景物的缩小表示。将地球表面的景物描绘到地图图面上，遇到的第二个问题是大与小的矛盾。要解决该问题，必须将地面景物依照一定的比例进行缩小表示。这就是比例尺所要解决的问题。

这种将地面景观从椭球面或球面转绘到平面上所采用的数学方法，称为地图投影。

第一节　地球坐标系与大地控制

一、地球椭球体

为了更好地了解地球的形状，首先让我们由远及近地观察一下地球的自然表面：从航天飞行器上观察地球表面，它近乎是一个表面光滑颜色美丽的正球体；再从飞机机舱的窗口俯视大地，展现在我们面前的大地表面是一个极其复杂的表面；如果回到地面上，做一次长距离野外考察，则能深刻体会到地球表面是多么的崎岖不平。

总而言之，测量工作是在地球的自然表面上进行的，然而地球的自然表面是一个起伏不平、十分不规则的表面。在地球表面上有29%的陆地、71%的海洋；陆地上有山地、峡谷、平原、高原、盆地等，海底也存在着高低悬殊的复杂地形。这种客观存在的高低变化，是多种成分的内、外地貌合力在漫长的地质年代里综合作用的结果。

对于地球测量而言，地表是一个无法用数学公式表达的曲面，这样的曲面不能作为测量和制图工作的基准面。因此，人们设想将静止不动的水面延伸穿过陆地，包围整个地球，从而形成一个闭合的曲面，这个曲面称为水准面；水准面的特点是面上任意一点的铅垂线都垂直于该点的曲面。位于不同高度的水准面可以有无数多个，而其中过平均海水面的那个水准面称为大地水准面，它是测量工作的基准面，由这个面所围成的几何形状称为大地球体，在一定程度上，大地球体可以代表地球的形状和大小。

但事实证明，大地水准面仍然不是一个规则的曲面。因为，当海平面静止时，自由水面必须与该面上各点的重力线方向相正交。由于地球内部质量的不均一，造成重力场的不规则分布，因而重力线方向并非恒指向地心，导致处处与重力线方向相正交的大地水准面也不是一个规则的曲面。

由于大地水准面的不规则性，决定了它的表面仍然不能用数学模型定义和表达。必须寻求一个与大地体极其接近的形体来代替大地体。人们假想，可以将大地体绕短轴（地轴）飞速旋转，就能形成一个表面光滑的球体，即旋转椭球体，或称地球椭球体。地球椭球体表面是个可以用数学模型定义和表达的曲面。测量与制图工作将以地球椭球体表面作为几何参考面，将在大地水准面上进行的大地测量结果归算到这一参考面上，如图2-1所示。

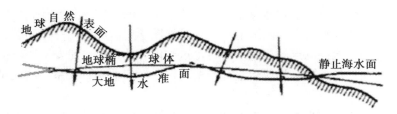

图 2-1　地球自然表面，大地水准面，地球椭球面

地球椭球体有长半径和短半径之分。长半径（a）即赤道半径，短半径（b）即极半径，$f=(a-b)/a$ 椭球体的扁率，表示椭球体的扁平程度。

由此可见，地球椭球体的形状和大小取决于 a、b、f。因此，a、b、f 被称为地球椭球体的三要素。a、b、f 的具体测定是近代大地测量工作的一项重要内容。由于实际测量工作是在大地水准面上进行，而大地水准面相对于地球椭球表面又有一定的起伏，并且重力又随纬度变化而变化，因此，必须对大地水准面的实际重力进行多地、多次的大地测量，再通过统计平均来消除偏差，即可求得表达大地水准面平均状态的地球椭球体三要素值。

由于推算的年代、使用的方法以及测定地区的不同，地球椭球体的数据并不一致。近一个世纪以来，世界上推出了几十种地球椭球体数据。美国环境系统研究所（ESRI）的 ARC/INFO 软件中提供了 30 种地球椭球体模型；Intergraph 公司的 MGE 软件提供了 24 种地球椭球体模型。常见的地球椭球体数据见表 2-1。

表 2-1　国际主要的椭球参数

椭球名称	年代	长半径(m)	扁率	备注
德兰特	1800	6 375 653	1∶334.0	法国
埃弗瑞斯	1830	6 377 276	1∶300.801	英国
贝塞尔	1841	6 377 397	1∶299.152	德国
克拉克	1866	6 378 206	1∶294.978	英国
克拉克	1880	6 378 249	1∶293.459	英国
海福特	1910	6 378 388	1∶297.0	1942 年国际第一个推荐值

续表

椭球名称	年代	长半径(m)	扁率	备注
克拉索夫斯基	1940	6 378 245	1：298.3	苏联
1967 年大地坐标系	1967	6 378 160	1：298.247	1942 年国际第一个推荐值
1975 年大地坐标系	1975	6 378 140	1：298.257	1942 年国际第一个推荐值
1980 年大地坐标系	1979	6 378 137	1：298.257	1942 年国际第一个推荐值
2000 年大地坐标系	2008	6 378 137	1：298.257	

我国在 1953 年前使用海福特椭球参数，1953 年后改用克拉索夫斯基椭球参数，1978 年开始采用 1975 年国际大地测量及地球物理联合会(IUGG/IAG)推荐的新的椭球体并结合我国大地测量成果建立了中国独立的坐标系。但建立我国的参考椭球及相应大地网并非一蹴而就，需要经过若干年大量的测算工作方能完成。

二、地理坐标系

地球表面点的定位精度问题，是一个与人类的生产活动与科学技术发展息息相关的重大问题。长期以来，人们一直在寻找一种精确的定位方法。因此，下面将讨论如何建立一个科学的球面坐标系统问题。

关于球面坐标系统的建立。首先可以假想地球绕一个想象中的轴旋转，其围绕旋转的轴称地轴。地轴的北端称为地球的北极，南端称为南极；过地心与地轴垂直的平面与椭球面的交线是一个圆，这就是地球的赤道；过英国格林尼治天文台旧址和地轴的平面与椭球面的交线称为本初子午线。以地球的北极、南极、赤道和本初子午线等作为基本要素，即可构成地球椭球面的地理坐标系统，如图 2-2 所示。其以本初子午线为基准，向东、向西各分了 180°，向东为东经，向西为西经；以赤道为基准，向南、向北各分了 90°，向北为北纬，向南为南纬。

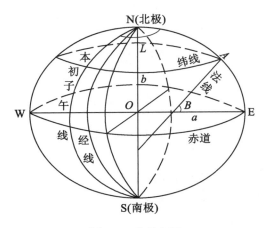

图 2-2　地理坐标

地球表面上任一点的位置的确定，实质上就是对该点而言的空间方向，通常通过纬度和经度两个角度来确定。

地理坐标系就是指用经纬度表示地面点位置的球面坐标系。在大地测量学中，对于地理坐标系统中的经纬度有三种描述：天文经纬度、大地经纬度和地心经纬度。

（一）天文经纬度

天文经度在地球上的定义，即本初子午面与过观测点的子午面所夹的二面角；天文纬度在地球上的定义，即为过某点的铅垂线与赤道平面之间的夹角。天文经纬度是通过地面天文测量的方法得到的，其以大地水准面和铅垂线为依据，精确的天文测量成果可作为大地测量中定向控制及校核数据之用。

（二）大地经纬度

地面上任意一点的位置，可以用大地经度 L 及大地纬度 B 表示。大地经度是指过参考椭球面上某一点的大地子午面与本初子午面之间的二面角，大地纬度是指过参考椭球面上某一点的法线与赤道面的夹角。大地经纬度是以地球椭球面和法线为依据，在大地测量中得到广泛采用。

（三）地心经纬度

地心，即地球椭球体的质量中心。地心经度等同大地经度，地心纬度是指参考椭球面上任一点和椭球中心连线与赤道面之间的夹角。

由于实际工作的需要不同，考虑地球形状精确程度亦各异，因而便出现上述几种有关经纬度的提法。图 2-3 中，由 OP 定义的经纬度为地心经纬度；由椭球表面垂直线（或称法线）定义的经纬度为大地经纬度。但从前面关于天文经纬度的定义可以看出，天文经纬度只能在天球上定义，因为铅垂线既不过地心，通常也不与地轴共面，因而天文经度难以用两面角定义。由此可见，在大地经纬网上各点的天文经纬度与大地经纬度是不相同的。而天文经度及天文纬度相同点的轨迹，却呈现为在大地经纬线附近摆动的非平面曲线。如图 2-3 所示，由于 θ 通常很小，因而这种摆动也是很小的。

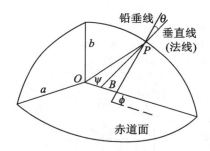

图 2-3 三种经纬度关系示意图

在大地测量学中，常以天文经纬度定义地理坐标。但在地图学中，认为以大地经纬度来定义地理坐标更好。这是因为天文经纬度定义的地理坐标，其经纬度的地面等值线均扭曲成非平面曲线，而以大地经纬度定义的地理坐标，是在规整的椭球面上构建的，每条经纬线投影到平面上皆呈直线或平滑曲线，因此便于地图投影。但由于各国采用的大地原点和大地经纬网坐标值皆以本国规定的参考椭球为基准，于是出现世界各国间的不一致性。

为此，目前世界各国的地理经度均采用天文经度。

地理学研究和小比例尺地图制图中对精度要求不高，通常把椭球体当做正球体看待，地理坐标采用地球球面坐标，经纬度均用地心经纬度。

三、我国的大地坐标系统

大地坐标的主要任务是确定地面点在地球椭球体上的位置。这种位置包括两个方面：一是点在地球椭球面上的平面位置；二是点到大地水准面的高度，即高程。

（一）我国的大地坐标系

世界各国采用的大地坐标系不同。在一个国家或地区，不同时期也可能采用不同的坐标系。我国目前沿用了三种坐标系，即 1954 年北京坐标系、1980 年国家大地坐标系和 2000 国家大地坐标系。

1. 1954 年北京坐标系

1954 年，我国将苏联采用克拉索夫斯基椭球元素建立的坐标系，联测并经平差计算引申到了我国，以北京为全国的大地坐标原点，确定了过渡性的大地坐标系，称 1954 北京坐标系。其缺点是，椭球体面与我国大地水准面不能很好地符合，产生的误差较大，加上 1954 年北京坐标系的大地控制点坐标多为局部平差逐次获得的，不能连成一个统一的整体，这对于我国经济和空间技术的发展都是不利的。

2. 1980 年国家大地坐标系

我国在 30 年测绘资料的基础上，采用 1975 年第十六届国际大地测量及地球物理联合会（IUGG/IAG）推荐的新的椭球体参数，以陕西省西安市以北泾阳县永乐镇某点为国家大地坐标原点，进行定位和测量工作，通过全国天文大地网整体平差计算，建立了全国统一的大地坐标系，即 1980 年国家大地坐标系。其主要优点在于，椭球体参数精度高；定位采用的椭球体面与我国大地水准面符合好；天文大地坐标网传算误差和天文重力水准路线传算误差都不太大，而且天文大地坐标经过了全国性整体平差，坐标统一，精度优良，可以满足 1：5000 比例尺，甚至更大比例尺测图的要求等。

3. 2000 国家大地坐标系

面对空间技术、信息技术及其应用技术的迅猛发展和广泛普及，在创建数字地球、数字中国的过程中，需要一个以全球参考基准框架为背景的、全国统一的、协调一致的坐标系统来处理国家、区域、海洋与全球化的资源、环境、社会和信息等问题。单纯采用目前参心、二维、低精度、静态的大地坐标系统和相应的基础设施作为我国现行应用的测绘基准，必然会带来越来越多不协调问题，产生众多矛盾，制约高新技术的应用，因此采用地心坐标系势在必行。

国务院批准自 2008 年 7 月 1 日启用我国的地心坐标系——2000 国家大地坐标系（China Geodetic Coordinate System 2000，CGCS2000）。

2000 国家大地坐标系采用的地球椭球参数如下：

长半轴 $a = 6378137\text{m}$；

扁率 $f = 1/298.257222101$；

地心引力常数 $GM = 3.986004418 \times 10^{14} \text{m}^3/\text{s}^2$；

自转角速度 $\omega = 7.292115 \times 10^{-5} \text{rad/s}$。

2000 国家大地坐标系的科学性、先进性和实用性是显而易见的。我国采用 2000 国家大地坐标系，对满足国民经济建设、社会发展、国防建设和科学研究的需求，有着十分重要的意义。

（1）采用 2000 国家大地坐标系具有科学意义。随着经济发展和社会的进步，我国航天、海洋、地震、气象、水利、建设、规划、地质调查、国土资源管理等领域的科学研究需要一个以全球参考基准为背景的、全国统一的、协调一致的坐标系统，来处理国家、区域、海洋与全球化的资源、环境、社会和信息等问题，需要采用定义更加科学、原点位于地球质量中心的三维国家大地坐标系。

（2）采用 2000 国家大地坐标系可对国民经济建设、社会发展产生巨大的社会效益。采用 2000 国家大地坐标系有利于应用于防灾减灾、公共应急与预警系统的建设和维护。

（3）采用 2000 国家大地坐标系将进一步促进遥感技术在我国的广泛应用，发挥其在资源和生态环境动态监测方面的作用。比如汶川大地震发生后，以国内外遥感卫星等科技手段为抗震救灾分析及救援提供了大量的基础信息，显示出科技抗震救灾的重要作用，而这些遥感卫星资料都是基于地心坐标系。

（4）采用 2000 国家大地坐标系也是保障交通运输、航海等安全的需要。车载、船载实时定位获取的精确的三维坐标，能够准确地反映其精确地理位置，配以导航地图，可以实时确定位置、选择最佳路径、避让障碍，保障交通安全。随着我国航空运营能力的不断提高和港口吞吐量的迅速增加，采用 2000 国家大地坐标系可保障航空和航海的安全。

（5）卫星导航技术与通信、遥感和电子消费产品不断融合，将会创造出更多新产品和新服务，市场前景更为看好。现已有相当一批企业介入到相关制造及运营服务业，并可望在近期形成较大规模的新兴高技术产业。卫星导航系统与 GIS 的结合使得计算机信息为基础的智能导航技术，如车载 GPS 导航系统和移动目标定位系统应运而生。移动手持设备如移动电话和 PDA 已经有了非常广泛的使用。

2008 年 7 月 1 日后新生产的各类测绘成果及新建设的地理信息系统应采用 2000 国家大地坐标系。

（二）高程系

确定地面点的高低位置是用高程表示的。地面点沿铅垂线方向到大地水准面的距离，称为该点的绝对高程或海拔。如图 2-4 所示，用 H_A 和 H_B 来表示地面点 A 和 B 的高程。海水面由于受潮汐、风浪的影响，是一个高低不断变化的动态曲面。中华人民共和国成立后，我国采用青岛验潮站长期观测资料求得黄海平均海水面作为高程水准面，称为 1956 黄海高程系，并在青岛观象山建立水准原点，其高程为 72.289m。统一高程基准面的确立，克服了新中国成立前我国高程基准面混乱以及不同省区的地图在高程系统上普遍不能拼合的弊端。后来又将 1953—1979 年的资料进行归算，确定国家水准原点高程为 72.260m，称为 1985 年国家高程基准。

在局部地区，与国家水准点联测困难的特殊情况下，也可假设一个水准面作为高程起算面。地面点沿铅垂线方向到假定水准面的距离，称为该点的假定高程或相对高程，用 H'_A 和 H'_B 来分别表示地面点 A 和 B 的相对高程。

地面上两点的高程之差称为高差，以 h 表示，A、B 两点的高差为

$$h_{AB} = H_B - H_A = H'_B - H'_A \tag{2-1}$$

由于全球经济一体化进程的加快，每一个国家或地区的经济发展和政治生活都与周边国家和地区发生密切的关系，这种趋势必然要求建立全球统一的空间定位系统和地区性乃至全球性的基础地理信息系统。因此，除采用国际通用 ITRF 系统之外，各国的高程系统也应逐步统一起来，当然，这并不排除各个国家和地区基于自己的国情建立和使用适合自身情况的坐标系统和高程系统，但应当和全球的系统联系，以便相互转换。

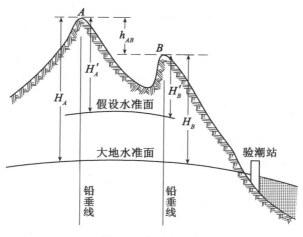

图 2-4　高程和高差

四、大地控制网

我国面积辽阔，在广阔的区域上进行测绘与制图工作，不可能一次完成，必然要由许多单位分期分批完成。为了保证测量成果的精度符合国家的统一要求，又能互相衔接，必须在全国范围内选取若干典型的、具有控制意义的点，然后精确测定其平面位置和高程位置，构成统一的大地控制网（图 2-5），作为测制地图的基础。大地控制网，简称大地网，由平面控制网和高程控制网组成。

（一）平面控制网

平面控制网的主要目的是确定控制点的平面位置，其主要方法是三角测量和导线测量。

1. 三角测量

三角测量是在平面上选择一系列控制点，并建立起相互连接的三角形，组成三角锁或三角网，测量一段精确的距离作为起始边，在这个边的两端点，采用天文观测的方法确定其点位，精确测定各三角形的内角。根据以上已知条件，利用球面三角的原理，即可推算出各三角形边长和三角形顶点坐标。三角测量为了达到逐级控制的目的，由国家测绘主管部门统一布设了一、二、三、四等三角网。一等三角锁是全国平面控制的骨干，由近于等边的三角形构成，边长为 20~25km，基本上沿经纬线方向布设（图 2-6）；二等三角网是在一等三角网的基础上扩展的，三角形平均边长约为 13km，这样可以保证在测绘 1：10 万、1：5 万比例尺地形图时，每 150km^2 内有一个大地控制点，即每幅图中至少有 3 个控制

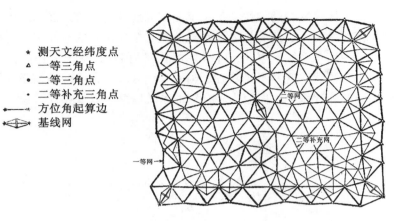

图 2-5 大地控制网(点)示意图

点；三等三角网是空间密度最大的控制网，三角形平均边长约为 8km，以保证在 1：2.5 万比例尺测图时，每 50km² 内至少有一个大地控制点，即每幅国内有 2~3 个控制点；四等三角网通常由测绘单位自行布设，边长约为 4km，保证在 1：1 万比例尺测图时，每幅图内有 1~2 个控制点，每点控制约 20km²。

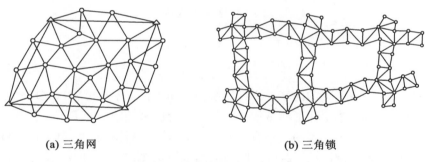

(a) 三角网   (b) 三角锁

图 2-6 三角网、三角锁示意图

2. 导线测量

导线测量是把各个控制点连接成连续的折线，然后测定这些折线的边长和转角，最后根据起算点的坐标及方位角推算其他各点的坐标。导线测量有两种形式：一种是闭和导线，即从一个高等级控制点开始测量，最后再测回到这个控制点，形成一个闭合多边形，如图 2-7(a)所示；另一种是附合导线，即从一个高等级控制点开始测量，最后附合到另一个高等级控制点，如图 2-7(b)所示。作为国家控制网的导线测量，亦分为一、二、三、四等。通常把一等和二等导线测量称为精密导线测量。一等导线主要沿交通干线布设，构成纵横交叉的导线环，环长一般为 1000~2000km，几个导线环构成导线网。导线网与一等三角锁联测，构成统一的控制网。二等导线布置在一等导线环或二等三角锁内，周长为 500~1000km。在测量条件特殊困难地区，可用精密导线测量代替一、二等三角测量，组成三角导线联合网，作为国家大地控制网的基础。

在建立大地控制网时，通常要隔一定距离选测若干大地点的天文经纬度、天文方位角

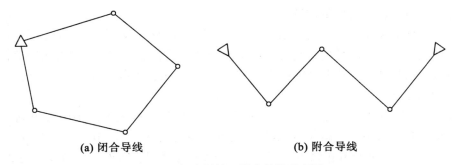

(a) 闭合导线　　　　　　　　　　　**(b) 附合导线**

图 2-7　闭合导线、附合导线示意图

和起始边长，作为定向控制及校核数据等方面使用，故大地控制网又有"天文大地控制网"之称。当前使用卫星定位的方法来布设国家的、洲际的或全世界的卫星大地控制网，使大地坐标的获取更加方便、经济和自动化。

（二）高程控制网

高程控制网是在全国范围内按照统一规范，由精确测定了高程的地面点所组成的控制网，是测定其他地面点高程的基础。建立高程控制网的目的是为了精确求算地面点到大地水准面的垂直高度，即高程。

我国国家测绘管理部门，根据统一确定的高程起算基准面，在全国布设了一、二、三、四等水准网，作为全国高程控制网，以此作为全国各地实施高程测量的控制基础。全国高程控制网水准路线的布设：一等水准路线是国家高程控制骨干，一般沿地质基础稳定、交通不甚繁忙、路面坡度平缓的交通路线布设，并构成网状；二等水准路线，沿公路、铁路、河流布设，同样也构成网状，是高程控制的全面基础；三、四等水准路线，直接提供地形测绘的高程控制点。

五、全球导航卫星系统

全球卫星导航系统也叫做全球导航卫星系统（Global Navigation Satellite System，GNSS），是能在地球表面或近地空间的任何地点为用户提供全天候的三维坐标和速度以及时间信息的空基无线电导航定位系统。它包括一个或多个卫星星座及其支持特定工作所需的增强系统。

全球卫星导航系统国际委员会公布的全球 4 大卫星导航系统供应商，包括中国的北斗卫星导航系统（BDS）、美国的全球定位系统（GPS）、俄罗斯的格洛纳斯卫星导航系统（GLONASS）和欧盟的伽利略卫星导航系统（GALILEO）。其中，GPS 是世界上第一个建立并用于导航定位的全球系统，GLONASS 经历快速复苏后，已成为全球第二大卫星导航系统，二者正处现代化的更新进程中；GALILEO 是第一个完全民用的卫星导航系统，正在试验阶段；BDS 是中国自主建设运行的全球卫星导航系统，为全球用户提供全天候、全天时、高精度的定位、导航和授时服务。

中国北斗卫星导航系统（BeiDou Navigation Satellite System，BDS）是中国自行研制的全球卫星导航系统，是继美国全球定位系统（GPS）、俄罗斯格洛纳斯卫星导航系统

(GLONASS)之后第三个成熟的卫星导航系统。BDS 和 GPS、GLONASS、GALILEO 是联合国卫星导航委员会已认定的供应商。

北斗卫星导航系统由空面段、地面段和用户段三部分组成，可在全球范围内全天候、全天时为各类用户提供高精度、高可靠定位、导航、授时服务，并具短报文通信能力，已经初步具备区域导航、定位和授时能力，定位精度 10 米，测速精度 0.2 米/秒，授时精度 10 纳秒。见表 2-2。

2018 年 12 月 26 日，"北斗三号"基本系统开始提供全球服务。2019 年 9 月，北斗系统正式向全球提供服务，在轨 39 颗卫星中包括 21 颗"北斗三号"卫星：有 18 颗运行于中圆轨道、1 颗运行于地球静止轨道、2 颗运行于倾斜地球同步轨道。2019 年 9 月 23 日 5 时 10 分，在西昌卫星发射中心用"长征三号乙"运载火箭，成功发射第四十七、四十八颗北斗导航卫星。2019 年 11 月 5 日凌晨 1 点 43 分，成功发射第 49 颗北斗导航卫星，"北斗三号"系统最后一颗倾斜地球同步轨道(IGSO)卫星全部发射完毕；12 月 16 日 15 时 22 分，在西昌卫星发射中心以"一箭双星"方式成功发射第五十二、五十三颗北斗导航卫星。至此，所有中圆地球轨道卫星全部发射完毕。

表 2-2　2020 年北斗系统计划提供的服务类型

服务类型		信号频点	卫星
基本导航服务	公开	B1I，B3I，B1C，B2a	3IGSO+24MEO
		B1I，B3I	3GEO
	授权	B1A，B3Q，B3A	—
短报文通信服务	区域	L(上行)，S(下行)	3GEO
	全球	L(上行)	14MEO
		B2b(下行)	3IGSO+24MEO
星基增强服务(区域)		BDSBAS-B1C，BDSBAS-B2a	3GEO
国际搜救服务		UHF(上行)	6MEO
		B2b(下行)	3IGSO+24MEO
精密单点定位服务(区域)		B2b	3GEO

注：GEO—地球静止轨道，IGSO—倾斜地球同步轨道，MEO—中国地球轨道。

第二节　地 图 投 影

一、地图投影的基本理论

(一)地图投影的基本概念

地球椭球体表面是曲面，而地图通常是要绘制在平面上的，因此，制图时首先要把曲面展为平面。然而，我们知道球面是个不可展的曲面，换句话说，就是把它直接展为平面时不可能不发生破裂或褶皱。若用这种具有破裂或褶皱的平面绘制地图，显然是不实用的，所以必须采用特殊的方法将曲面展开，使其成为没有破裂或褶皱的平面。

由于球面上任一点的位置是用地理坐标的经纬度（λ，φ）表示。而平面上点的位置是用直角坐（x，y）或极坐标（r，θ）来表示，所以要想将地球表面上的点转移到平面上，必须采用一定的数学方法来确定地理坐标与平面直角坐标或极坐标之间的关系。这种在球面和平面之间建立点与点之间函数关系的数学方法，称为地图投影。投影通式可以表达为

$$\begin{cases} x = f_1(\varphi, \lambda) \\ y = f_2(\varphi, \lambda) \end{cases} \tag{2-2}$$

因为地球表面上任一点的位置取决于它的经纬度，所以实际投影时先将一些经纬线交点展绘在平面上，再将相同经度的点连成经线，相同纬度的点连成纬线，构成经纬线网。有了经纬线网以后，就能将整个或部分地球表面上的景观，按其经纬度绘在平面上的相应地方。由此看来，经纬线网是绘制地图的"基础"，它是地图的主要数学要素。根据地图投影理论，采用不同的投影方法，可以得出不同的经纬线网格。

（二）地图投影的基本理论

1. 地图比例尺

要把地球表面上的地物和地貌描写在二维有限的平面上，必然要解决大与小的矛盾。解决矛盾的办法就是按照一定数学法则，运用符号系统、经过制图概括，将有用信息缩小表示。为了使地图的制作者能按实际需要的比例制图，也为了使地图的使用者能够了解地图与制图区域之间的比例关系，以便使用，在制图之前必须明确制定制图区域缩小的比例，在成图之后也应在图上表示出缩小的比例。所以说，地图是地球或制图区域按照一定的比率缩小的表示，这种缩小的比率就是地图的比例尺，比例尺代表的是地球或制图区域缩小的程度。

特别应该指出的是，由于地图投影的原因，会造成地图上各处的缩小比例的不一致性。因此，进行地图投影时，应考虑地图投影对地图比例尺的影响。

1）地图比例尺的概念

地球表面是不可展曲面，根据一定方法把地表展平到平面上时，图上各部分的比例尺必然发生分异，这种分异可能是水平方向的，也可能是垂直方向的，这种分异与制图区域的大小密切相关。在传统地图上所标明的缩小比率，都是指长度缩小的比率，下面分几种情况，讨论地图比例尺的概念。

当制图区域比较小时，球面和平面之间的差异可以忽略，这时，不论采用何种投影，图上各处长度缩小的比率都可以看成是相等的。在这种情况下，地图比例尺的含义就可以理解为图上长度与地面相应水平长度之比，即

$$1/M = d/D$$

式中，d 为地图上线段的长度，D 为地面上相应直线距离的水平长度，M 为实地距离对图上距离为 l 时的倍数，即比例尺分母。d、D、M 为 3 个变量，只要知道其中任意两个，便可推知第三个。

例 在 1：5000 的地图上，量取两点间的距离为 23mm，其代表的实地水平距离是多少？

根据 $1/M = d/D$，把已知数据代入得

$$D = M \times d = 23 \times 5000 \text{mm} = 115000 \text{mm} = 115 \text{m}$$

在实际工作中，地图的使用者可以根据给定的地图比例尺，在地图上进行各种量算工作。

而当制图区域相当大时，制图时对景观的缩小比率也相当大时，球面和平面的差异也逐渐明显，在这种情况下所采用的地图投影比较复杂，地图上的长度也因地点和方向不同而有所变化。在这种地图上所注明的比例尺实质上指的是在进行地图投影时对地球半径缩小的比率，通常称为地图的主比例尺。地图经过投影后，体现在地图上只有个别的点或线才没有长度变形。换句话说，只有在这些没有变形的点或线上，才可以用地图上注明的主比例尺进行量算，而其他大于或小于主比例尺的比例尺，称为局部比例尺。

由上可知，地图比例尺是一个比值，它没有单位，比例尺越大，图面精度越高；比例尺越小，图面精度越低，但概括性越强。当图幅大小相同时，比例尺越大，包括的地面范围越小；比例尺越小，包括的地面范围越大。比例尺赋予地图可量测计算的性质，为地图使用者提供了明确的空间尺度概念。比例尺还隐含着对地图精度和详细程度的描述。在传统的地图产品逐渐转化为数字化的今天，比例尺的传统定义已经失去了它的意义（计算机中存储的数据与距离无关），但不得不保留比例尺隐含的意义。当人们在数据库前冠以某个比例尺的数字时，实际上隐含着对数据精度与详细程度的说明。这也就说明了比例尺的重要性。人们可以借助比例尺来定义对地球观察的界限。不过，数字地图的确不同于传统的纸质地图，在制图概括、图形处理技术进一步完善的条件下，根据某一种比例尺的地图数据库，可以生成任意级别比例尺的地图，因此，也有人把这种存储数据的精度和内容的详细程度都明显高于其比例尺本身要求的地图数据库，称为无级别比例尺地图数据库。

2）地图比例尺的表示形式

（1）数字比例尺，是指用阿拉伯数字形式表示的比例尺。一般是用分子为 1 的分数形式表示，如 1/1 万、1/5 万、1/25 万等，也可写成 1：1 万、1：5 万、1：25 万等。数字比例尺的优点是简单易读、便于运算、有明确的缩小概念。

（2）文字比例尺，也叫做说明式比例尺，是指用文字注释方式表示的比例尺，如"五万分之一"，"图上 1 厘米相当于实地 1 千米"等。在使用英制长度单位的国家，常见地图上注有"1 inch to 1 mile"等。文字比例尺单位明确、计算方便、较大众化。

（3）图解比例尺，是以图形的方式来表示图上距离与实地距离关系的一种比例尺形式。它又分为直线比例尺、斜分比例尺和复式比例尺三种。

直线比例尺，如图 2-9(a)所示，是以直线线段的形式表示图上线段长度所对应的地面距离，具有能直接读出长度值而无需计算及避免因图纸伸缩而引起误差等优点。

斜分比例尺，如图 2-9(b)所示，又称为微分比例尺，它不是绘在地图上的比例尺图形，而是依据相似三角形原理，用金属或塑料制成的一种地图量算工具。用它可以准确读出基本单位的百分之一，估读出千分之一。

复式比例尺，如图 2-9(c)所示，又称为投影比例尺，是一种由主比例尺与局部比例尺组合成的图解比例尺。在小比例尺地图上，由于地图投影的影响，不同部位长度变形的程度是不同的，因此，其比例尺也就不同。在设计地图比例尺的时候，不能只设计适用于没有变形的点或线上的主比例尺，而要把不同部位的直线比例尺科学地组合起来，绘制成复式比例尺。通常是对每条纬线或经线单独设计一个直线比例尺，将各直线比例尺组合起来就成为复式比例尺。

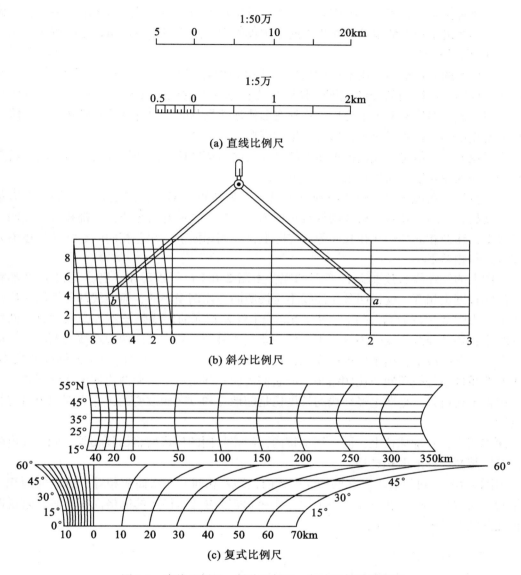

图2-9 直线比例尺、斜分比例尺、复式比例尺示意图

2. 地图投影方法

地图投影的基本方法，是在球面与投影面之间建立点与点的一一对应关系。点是基本的，因为点连续移动而成为线，线连续移动而成为面。地图投影的描写对象是地球表面，将地球表面的点、线、面描写到平面和可展平的圆柱面或圆锥面上，即可构成不同类型的投影。

地图投影的方法可以归纳为两类，即几何透视法和数学解析法。

（1）几何透视法利用透视线的关系，将地球面上的点投射到投影面上。

（2）数学解析法在球面与投影面之间，建立点与点的函数关系，在平面上确定经纬坐标网点。

几何透视法是比较原始的投影方法。随着科学技术的发展和对地图要求的提高，几何透视法已不能满足投影的要求。在当前的地图投影中，绝大多数是应用数学解析法。

3. 地图投影变形

地图投影的方法很多，用不同的投影方法得到的经纬线网形式不同（图 2-10），但不论用什么投影方法得到的经纬线网，其形式总和球面上的经纬线网不完全相同。也就是说，地图上的经纬线网发生了变形，这种变形使地面景物的几何特性受到破坏。为了能够正确地使用地图，必须了解因投影所产生的变形。

为了说明变形情况，我们把地图上的经纬线网与地球仪上的经纬线网进行比较，就会发现变形表现在长度、面积和角度三个方面。

长度变形：在地球仪上经纬线的长度具有下列特点：第一，纬线长短不等。赤道最长，纬度越高，纬线越短，极地的纬线长度为零。第二，所有的经线长度都相等。在同一条经线上，纬差相同的经线弧长相等。实际上，在椭球面上，纬差相同的经线弧长虽不完全相等，但相差很小。

地图上的经纬线长度是怎样变形的呢？由图 2-10(a) 可以看出，各条纬线长度都相等，经线长度也相等。这说明各条纬线不是按照同一比例缩小的，而经线却是按同一比例缩小的。由图 2-10(c) 可以看出，同一条纬线上经差相同的纬线弧长不等，从中央向两边逐渐缩小；各条经线长度也不等，中央的一条经线最短，从中央向两边经线逐渐增长。这说明在同一条纬线上，由于经度的变化，比例发生了变化，从中央向两边比例逐渐减小；各条经线虽也不是按照同一比例缩小，但它们的变化却是从中央向两边比例逐渐增长。

根据上述可知，地图上经纬线的长度比是随地点和方向而改变的，它表明图上具有长度变形。

面积变形：在地球仪上，同一纬度带内，经差相同的梯形网格面积相等；同一经度带内，纬度越高，梯形面积越小。

由图 2-10(a) 可以看出，在同一经度带内，纬差相同的网格面积相等，这表明面积不是按同一比例缩小的；在图 2-10(c) 上，同一纬度带内经差相同的网格面积不等，这说明面积比随经度的变化而变化。

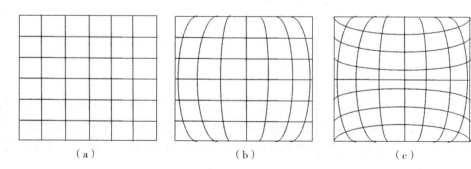

（a）　　　　　　　　（b）　　　　　　　　（c）

图 2-10　几种不同投影的经纬线网形式

由此可知，地图上的面积比随地点而改变，它表明图上具有面积变形。

角度变形：是指地图上的角度不等于球面上相应的角度。例如，在图 2-10(b) 上，只有中央经线和各纬线相交成直角，而在地球仪上经线和纬线处处都成直角相交，这说明投影后发生了角度变形。

1）变形椭圆

由上面的分析可知，地图投影中的变形是随着地点的改变而改变的，因此在一幅地图上，就很难说这张地图有什么变形，变形是多大。为此需要取地面上一小部分，例如一个微分圆(可以忽略地球曲率，把微分圆看做平面)来研究它投影后是如何变化的。

设 OX、OY 为通过圆心的一对正交直径。为了讨论方便，把它们视作通过 O 点的经线和纬线的微分线段，并在此圆周上取一点 A，如图 2-11(a) 所示。该微分圆的直径 OX、OY 投影后为 O'X'、O'Y'，A 点投影为 A'。

在一般情况下，O'X' 和 O'Y' 不一定正交，设其交角为 θ，则 O'X'、O'Y' 为斜坐标轴，如图 2-11(b) 所示。

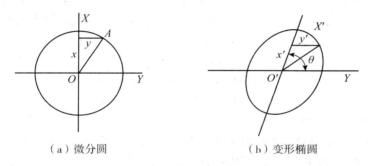

（a）微分圆　　　　　　　（b）变形椭圆

图 2-11　微分圆和变形椭圆

设 m、n 分别为沿 O'X'、O'Y' 方向的长度比(即经线和纬线投影方向长度比)，则

$$x' = mx, \quad y' = ny \quad 或 \quad x = \frac{x'}{m}, \quad y = \frac{y'}{n}$$

以 O 为圆心，以 OA 为半径的微分圆的方程式为

$$x^2 + y^2 = 1$$

令微分圆的半径 $r = 1$，则 $x^2 + y^2 = 1$，将前面 x 和 y 的值代入微分圆方程，则得到它投影后的方程式为

$$\left(\frac{x'}{m}\right)^2 + \left(\frac{y'}{n}\right)^2 = 1 \tag{2-3}$$

此式代表以 O' 为中心，以经线和纬线为二共轭直径，其交角为 θ 角的斜坐标椭圆方程式。由此可以证明，地球表面一微分圆投影到平面上一般成为微分椭圆，微分圆的任意两个互相垂直的直径，投影后为微分椭圆的共轭直径。由于这一微分椭圆可以表示投影变形的性质和大小，所以称为变形椭圆。这一理论是法国数学家底索提出的，故又称底索指线(Tissot's indicatrix)。

变形椭圆不仅在性质不同的投影中表现为不同的形状和大小，而且在同一性质的投影中在不同部位的各点上，也表现为不同的形状和大小。

2）长度比和长度变形

地图上的长度和地球面上相应长度的差值，称为长度变形，用长度比与 1 的差值表示。所谓长度比 μ，是变形椭圆上某一条直径 ds' 与微分圆直径 ds 之比，即

$$\mu = \frac{ds'}{ds}$$

长度变形为 $V_\mu = \mu - 1$

当 $\mu = 1$ 时，$V_\mu = 0$，长度没有变形；

当 $\mu > 1$ 时，$V_\mu > 0$，长度变大；

当 $\mu < 1$ 时，$V_\mu < 0$，长度缩小。

由前面的分析我们可以知道，在某一点上，长度比随方向的变化而变化。因此在研究长度比时，只是研究一些特定方向上的长度比，即最大长度比 a（变形椭圆长轴方向长度比）、最小长度比 b（变形椭圆短轴方向长度比）、经线长度比 m 和纬线长度比 n。如果投影后经纬线呈直角相交，则经纬线长度比就是最大和最小长度比。若投影后经纬线交角为 θ 时，则经纬线长度比 m、n 以及最大、最小长度比 a、b 之间具有以下关系：

$$m^2 + n^2 = a^2 + b^2 \tag{2-4}$$

$$mn\sin\theta = ab \tag{2-5}$$

或

$$(a + b)^2 = m^2 + n^2 + 2mn\sin\theta \tag{2-6}$$

$$(a - b)^2 = m^2 + n^2 - 2mn\sin\theta \tag{2-7}$$

3）面积比和面积变形

地图上的面积和地球面上相应面积的差值，称为面积变形，是面积比与 1 的差值。面积比 P 是变形椭圆面积 dF' 与微分圆面积 dF 之比，即

$$P = \frac{dF'}{dF}$$

当微分圆半径为 1 时，

$$P = \frac{\pi ab}{\pi} = ab$$

面积变形为 $V_p = P - 1$

当 $P = 1$ 时，$V_p = 0$，面积没有变形；

当 $P > 1$ 时，$V_p > 0$，面积变大；

当 $P < 1$ 时，$V_p < 0$，面积变小；

由以上可知，面积比是个相对指标，只有大于 1 或小于 l 的数，没有负数。面积变形则有正有负，面积变形为正，表明投影后面积增大；面积变形为负，表示投影后面积缩小。

4）角度变形

地图上的角度和地球面上相应的角度的差值，称为角度变形。在一个点上可以引出无数对方向线构成任意角，它们投影后产生的角度变形各不相同。因此，在讨论某一个点的角度变形时，不在于求出具体角度的变形值，而在于求出角度变形中的最大值，称为角度最大变形 ω，用它代表该点的角度变形。

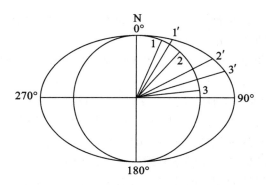

图 2-12 角度变形示意图

如图 2-12 所示，将微分圆与变形椭圆套合，先研究一个象限内的变形。由图可知沿经线方向，变形椭圆与微分圆的直径重合，即在方位角 $\alpha = 0°$ 时，投影后方向无变形。随着方位角增大，变形椭圆的方向和微分圆的相应方向的变形也增大，到 $\alpha = 90°$ 时，方向变形也是 0。这样，在第 I 象限中，可以找出一个方向变形最大的位置。设微分圆上方位角 α，投影后在变形椭圆上相应的方位角 α'，取 $\alpha'\text{-}\alpha$ 为方向变形，其值按下式计算：

$$\sin(\alpha' - \alpha) = \frac{a - b}{a + b} \tag{2-8}$$

当 $\alpha' - \alpha = 90°$ 时，式(2-8) 有最大值，称为方向最大变形。

根据变形椭圆的对称性，可知 II、III、IV 象限都有一个方向最大变形，其变形值也和 I 象限相等，为 $\alpha'\text{-}\alpha$。一个点上角度由两条方向线构成，所以角度最大变形为 $2(\alpha' - \alpha) = \omega$，式(2-8) 可以改写为

$$\sin \frac{\omega}{2} = \frac{a - b}{a + b} \tag{2-9}$$

若已知经线长度比 m、纬线长度比 n 和经纬线夹角 θ，则最大角度变形的计算公式可写为

$$\sin \frac{\omega}{2} = \sqrt{\frac{m^2 + n^2 - 2mn\sin\theta}{m^2 + n^2 + 2mn\sin\theta}} \tag{2-10}$$

由此可知，角度变形与变形椭圆的长短轴差值成正比。随着纬度增大，变形椭圆的长短轴差值增大，角度变形值也增大，变形椭圆与微分圆的形状差别也增大，因此角度变形是形状变形的具体标志。

4. 地图投影分类

地图投影的种类繁多，通常采用以下两种分类方法：

1) 按投影变形性质分类

按投影的变形性质可以把投影分为三类：等角投影、等积投影和任意投影。

(1) 等角投影。在这种投影图上没有角度变形。投影面上两方向线的夹角与球面上相应的两方向线夹角相等，也就是角度变形等于零。为了保持等角条件，只有使每一点上的最大长度比和最小长度比均相等（即 $a = b$），因此在这种投影上，变形椭圆不是椭圆，而是圆。在小区域内，投影出来的图形与实地图形是相似的。这类投影又叫正形投影。其长

度比在一点上不随方向的改变而改变，但在不同地点长度比的数值是不同的，所以从大范围来说，投影图形与实地图形并不相似。

由于这类投影没有角度变形，因此多用于绘制对方向精度要求高的航海图、洋流图和风向图等。

（2）等积投影。在这种投影图上没有面积变形。投影面上任意一块面积与球面上相应的面积相等，即面积比等于1，面积变形等于零。为了保持等积条件，只有使每一点上的最大长度比与最小长度比的乘积均等于1，即 $a \times b = 1$。因此，在这种投影图的不同地点，变形椭圆的长轴不断伸长，短轴不断缩短，投影图形形状变化较大。

由于这类投影可以保持面积没有变形，故有利于在地上进行面积比较。一般常用于绘制对面积精度要求高的自然地图和经济地图。

（3）任意投影。既不等角又不等积的投影属于任意投影。在这种投影图上面积和角度都有变形。

任意投影中，有一种比较常用的等距投影。在等距投影上主方向之一没有长度变形，即 $a = 1$ 或 $b = 1$。必须注意的是，所谓等距投影，并不是不存在长度变形，它只是在某些特定方向上没有长度变形，例如所有的经线方向或从中心向外的半径方向长度没有变形。等距投影的面积变形小于等角投影，角度变形小于等积投影。

图2-13所示是表示在各种变形性质不同的地图投影上，变形椭圆的形状。在等角投影上，球面上的微分圆投影为大小不同的圆。在等积投影和任意投影上，球面上的微分圆投影为大小不同的椭圆。通过对这些图形的分析可以看出，地图投影所产生的长度变形、面积变形和角度变形，是相互联系相互影响的。它们之间的关系是：

第一，在任何投影图上，均存在着长度变形。长度变形是影响面积变形和角度变形的因素。

第二，在等积投影上不能保持等角特性，在等角投影上不能保持等积特性，在任意投影上不能保持等积和等角的特性。

第三，等积投影的形状变化比其他投影大，等角投影的面积变形比其他投影大。

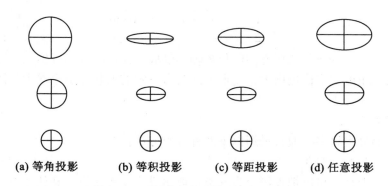

(a) 等角投影　　(b) 等积投影　　(c) 等距投影　　(d) 任意投影

图2-13　不同变形性质投影的变形椭圆

2）按投影的构成方法分类

地图投影最初建立在透视几何原理上，它把地球表面直接透视到平面上，或透视到可展开的曲面上，如圆柱面和圆锥面。圆柱面和圆锥面虽然不是平面，但却可沿其一条母线剪开而展为平面，这样就得到具有几何意义的方位、圆柱和圆锥投影。随着科学的发展，为了使地图上变形尽量减小，或者为了使地图满足某些特定要求，地图投影就逐渐跳出了原来借助于几何面构成投影的框子，而产生了一系列按照数学条件构成的投影。因此，根据构成方法，可以把地图投影分为两大类：几何投影和非几何投影。

（1）几何投影：是把球面上的经纬线投影到几何面上，然后将几何面展成平面而得到的。根据几何面的形状，可以分为下述几类：

方位投影：以平面作为投影面，使平面与球面相切或相割，将球面上的经纬线投影到平面上而成。

圆柱投影：以圆柱面作为投影面，使圆柱面与球面相切或相割，将球面上的经纬线投影到圆柱面上，然后把圆柱面展为平面而成。

圆锥投影：以圆锥面作为投影面，使圆锥面与球面相切或相割，将球面上的经纬线投影到圆锥面上，然后把圆锥面展为平面而成。

在上述投影中，由于几何面与球面的关系位置不同，又分为正轴、横轴和斜轴投影，

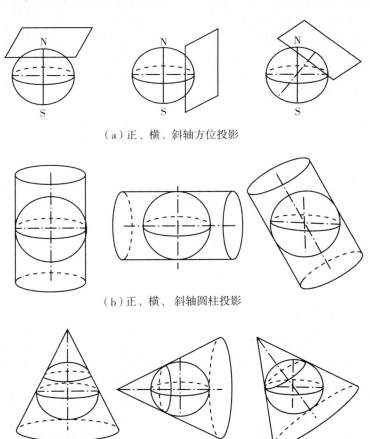

（a）正、横、斜轴方位投影

（b）正、横、斜轴圆柱投影

（c）正、横、斜轴圆锥投影

图 2-14　几何面与球面的几何关系图

如图 2-14 所示。正轴方位投影：投影平面与地轴垂直；正轴圆柱投影和正轴圆椎投影：圆柱和圆锥的轴与地轴相重合；横轴方位投影：投影平面与地轴平行；横轴圆柱投影和横轴圆锥投影，圆柱和圆锥的轴与地轴垂直；斜轴方位投影：投影平面与地轴既不垂直又不平行，与地轴斜交；斜轴圆柱投影和斜轴圆锥投影：圆柱和圆锥的轴与地轴斜交。

正轴投影的经纬线形状比较简单，称为标准网。正轴方位投影，纬线为同心圆，经线为同心圆的半径，经线间的夹角等于相应的经度差，如图 2-15 所示。正轴圆柱投影，纬线为一组平行直线，经线为与纬线垂直且间隔相等的平行直线，如图 2-16 所示。正轴圆锥投影，纬线为同心圆弧，经线为同心圆弧的半径，经线间的夹角与相应的经差成正比，如图 2-17 所示。

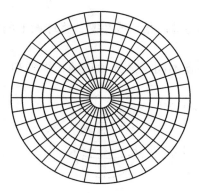

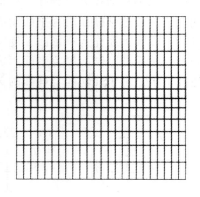

图 2-15 正轴方位投影经纬线形状 　　　　图 2-16 正轴圆柱投影经纬线形状

（2）非几何投影：不借助于几何面，根据某些条件用数学解析法确定球面与平面之间点与点的函数关系。在这类投影中，一般按经纬线形状又分为下述几类：

伪方位投影：纬线为同心圆，中央经线为直线，其余的经线均为对称于中央经线的曲线，且相交于纬线的共同圆心，如图 2-18 所示。

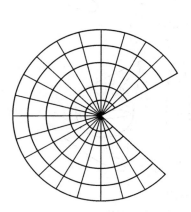

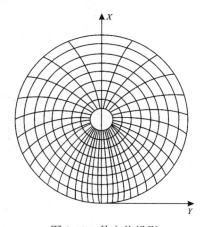

图 2-17 正轴圆锥投影经纬线形状 　　　　图 2-18 伪方位投影

　　伪圆柱投影：纬线为平行直线，中央经线为直线，其余的经线均为对称于中央经线的曲线，如图 2-19 所示。

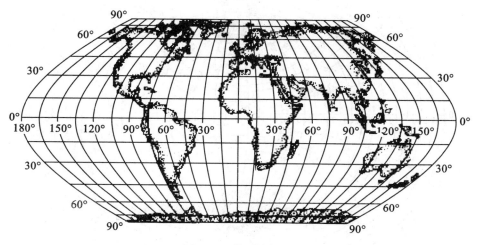

图 2-19　伪圆柱投影

　　伪圆锥投影：纬线为同心圆弧，中央经线为直线，其余的经线均为对称于中央经线的曲线，如图 2-20 所示。

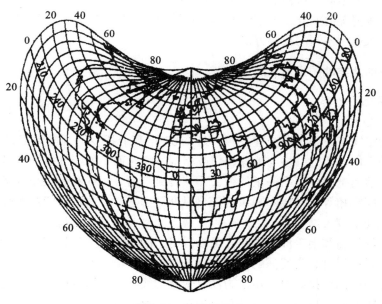

图 2-20　伪圆锥投影

　　多圆锥投影：假想借助多个圆锥表面与球体相切而设计成的投影。纬线为同轴圆弧，其圆心都位于中央经线上，其余的经线均为对称于中央经线的曲线(图 2-21)。

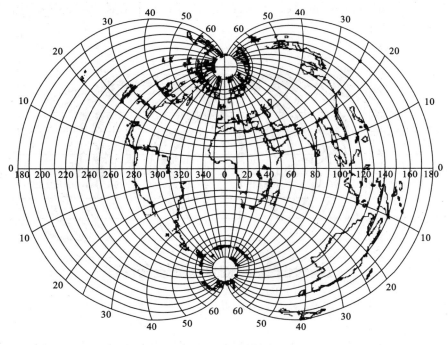

图 2-21　多圆锥投影

综上所述，按不同方法构成的投影，其经纬线网形状不同。经纬线网形状的变化，反映的是变形分布情况的差异。为了使地图上尽量减少变形，通常按照制图区域所在的地理位置和轮廓形状选用不同的投影方法。

二、常用的几类地图投影及应用

（一）世界地图投影

1. 墨卡托投影

墨卡托投影属于正轴等角圆柱投影，是 1569 年墨卡托专门为航海目的设计的。该投影设想与地轴方向一致的圆柱与地球相切或相割，将球面上的经纬线网按等角的条件投影到圆柱面上，然后把圆柱面沿一条母线剪开并展成平面。经线和纬线是两组相互垂直的平行直线，经线间隔相等，纬线间隔由赤道向两极逐渐扩大，如图 2-22 所示。图上无角度变形，但面积变形较大。

试比较格陵兰岛和南美洲的面积，可以看出，图中格陵兰岛比南美洲还大，但实际上格陵兰岛的面积只不过是南美洲的 1/9。

在正轴等角切圆柱投影中，赤道为没有变形的线，随着纬度增高，长度、面积变形逐渐增大。在正轴割圆柱投影中，两条割线为没有变形的线，离开标准纬线越远，长度、面积变形值越大，等变形线为与纬线平行的直线。

墨卡托投影的最大特点是，在该投影图上，不仅保持了方向和相对位置的正确，而且能使等角航线（又称恒向线）表示为直线，因此对航海、航空具有重要的实际应用价值。只要在图上将航行的两点间连一直线，并量好该直线与经线间夹角，一直保持这个角度航

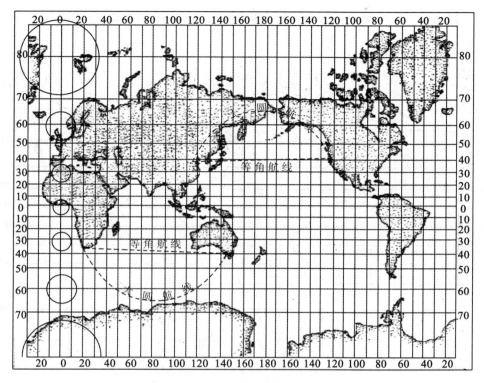

图 2-22　墨卡托投影

行，即可到达终点。

　　但是等角航线不是地球上两点间的最短距离，地球上两点间的最短距离是通过两点的大圆弧，（又称大圆航线或正航线）。大圆航线它各经线的夹角是不等的，因此它在墨卡托投影图上为曲线。

　　远航时，完全沿着等角航线航行，走的是一条较远路线，是不经济的，但船只不必时常改变方向，大圆航线是一条最近的路线，但船只航行时要不断改变方向，如从非洲的好望角到澳大利亚的墨尔本，沿等角航线航行，航程是 6020 海里，沿大圆航线航行 5450 海里，二者相差 570 海里（约 1000 千米）。实际上，在远洋航行时，一般把大圆航线展绘到墨卡托投影的海图上，然后把大圆航线分成几段，每一段连成直线，就是等角航线。船只航行时，总的情况来说，大致是沿大圆航线航行，因而走的是一条较近路线，但就每一段来说，走的又是等角航线，不用随时改变航向，从而领航十分方便。

　　2. 空间斜轴墨卡托投影

　　这是美国针对陆地卫星对地面扫描图像的需要而设计的一种近似等角的投影。这种投影与传统的地图投影不同，是在地面点地理坐标（λ，φ）或大地坐标（x，y，z）的基础上，又加入了时间维，即上述坐标是时间 t 的函数，在四维空间动态条件下建立的投影。空间斜轴墨卡托投影（简称 SOM 投影），是将空间圆柱面斜切于卫星地面轨迹，因此，卫星地面轨迹成为该投影的无变形线，其长度比近似等于 1。这条无变形线是一条不同于球面大圆线的曲线，其地面轨迹线之所以是弯曲的，是因为卫星在沿轨道运行时地球也在自转，卫星轨道对于赤道面的倾角，将卫星地面轨迹限制在约±81°之间的区域内，如图2-23所示。

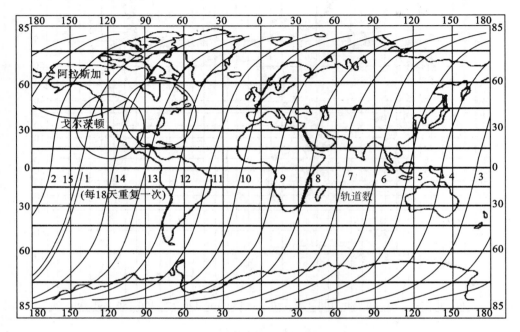

图 2-23　陆地卫星轨迹示意

这种投影，是设想空间圆柱面为了保持与卫星地面轨迹相切，必须随卫星的空间运动而摆动，并且根据卫星轨道运动、地球自转等几种主要条件，将经纬网投影到圆柱表面上。在该投影图上，卫星地面轨迹为以某种角度与赤道相交的斜线，卫星成像扫描线与卫星地面轨迹垂直，并且能正确反映上述几种运动的影响，可将地面景象直接投影到 SOM 投影面上。

3. 桑逊投影

桑逊投影是一种经线为正弦曲线的正轴等积伪圆柱投影，又称桑逊-弗兰斯蒂德（Sanson-Flamsteed projection）投影，该投影是由法国人桑逊（N. Sanson）于 1650 年所创，后于 1729 年由英国人弗兰斯蒂德（J. Flamsteed）用来编制世界地图而出名。这个投影的特点是纬线为间隔相等的平行直线，经线为对称于中央经线的正弦曲线（图2-24）。中央经线长度比为1，即 $m_0 = 1$，且 $n = 1$，$P = 1$。

桑逊投影为等面积投影，赤道和中央经线是两条没有变形的线，离开这两条线越远，长度、角度变形越大。因此，该投影中心部分变形较小，除用于编制世界地图外，更适合编制赤道附近南北延伸地区的地图，如非洲、南美洲地图等。

4. 摩尔维特投影

摩尔维特投影是一种经线为椭圆曲线的正轴等积伪圆柱投影。由德国人摩尔维特于1805 年设计而得名。该投影的中央经线为直线，离中央经线经差±90°的经线为一个圆，圆的面积等于地球面积的一半。其余的经线为椭圆曲线。赤道长度是中央经线的 2 倍。纬

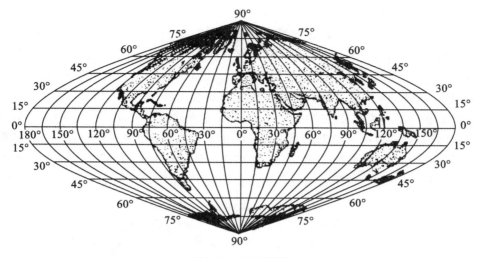

图 2-24 桑逊投影

线是间隔不等的平行直线，其间隔从赤道向两极逐渐减小。同一纬线上的经线间隔相等，如图 2-25 所示。摩尔维特投影没有面积变形，长度和角度都有变形。赤道长度比等于0.9，中央经线与南北纬 40°44′11.8″的两个交点是没有变形的点，从这两点向外变形逐渐增大，而且越向高纬，长度、角度变形增加的程度越大。

摩尔维特投影常用来编制世界或大洋图，由于离中央经线经差±90°的经线是一个圆，且圆面积恰好等于半球面积，因此，该投影也用来编制东、西半球地图。

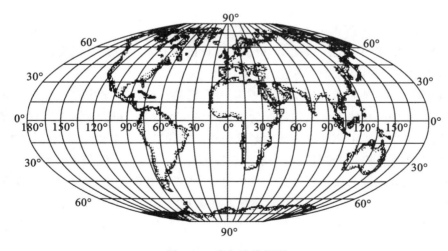

图 2-25 摩尔维特投影

5. 古德投影

从桑逊投影和摩尔维特投影这两种伪圆柱投影的变形情况来看，中央经线是一条没有变形的线，而离开它越远，变形越大。因此，为了减小远离中央经线部分的变形增大，同时使各部分的变形分布相对均匀。1923 年，美国地理学家古德(J. Paul Goode)提出了一种对伪圆柱投影进行分瓣的投影方法，即古德投影。

　　古德投影的设计思想是，对摩尔维特等积伪圆柱投影进行"分瓣投影"，就是在地图上几个主要制图区域的中央都定一条中央经线，将地图分为几个部分，按同一主比例尺及统一的经纬差展绘地图，然后沿赤道拼接起来，这样每条中央经线两侧投影范围不宽，变形就小一些。这种分瓣方法可用以上两种投影及其他伪圆柱投影。如适用于世界地图摩尔维特-古德投影，为了摆正大陆的完态性，则在海洋部分断裂；为了完态的表示海洋，则可在大陆部分断开。投影的结果是全图被分成几瓣，各瓣通过赤道连接在一起，地图上仍无面积变形，核心区域的长度、角度变形和相应的伪圆柱投影相比明显减小，但投影的图形却出现了明显的裂缝，这是古德投影的重要特征，如图 2-26 所示。

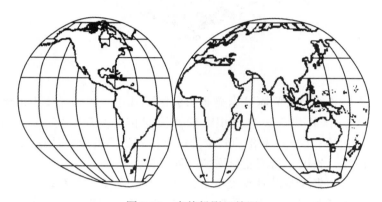

图 2-26　古德投影经纬网

　　6. 等差分纬线多圆锥投影

　　这个投影是由我国地图出版社于 1963 年设计的一种不等分纬线的多圆锥投影，是我国编制"世界地图"常用的一种投影。

　　这种投影的特点是赤道和中央纬线是互相垂直的直线，其他纬线是对称于赤道的圆弧，其圆心均在中央经线上，其他经线为对称于中央经线的曲线。每一条纬线上各经线间的间隔，随离中央经线距离的增大而逐渐缩小按等差递减；在中央经线上纬线的间隔从赤道向高纬略有放大；极点为圆弧，（一般被图廓截掉），其长度为赤道的 1/2。

　　这种投影的变形性质属任意投影。如图 2-27 所示，我国绝大部分地区的面积变形在10%以内，面积比等于 1 的等变形线自东向西横贯我国中部，中央经线和纬线±44°交点处没有角度变形，我国境内绝大部分地区的角度变形最大在 10°以内，少数地区在 13°左右，我国位于地图的中央部位，图形较正确，图形上太平洋保持完整，利于显示我国与邻近国家的水陆联系。

　　地图出版社用这一投影编制过数种比例尺的世界政区图和其他类型的世界地图。

　　7. 正切差分纬线多圆锥投影

　　该投影是 1976 年中国地图出版社拟定的另外一种不等分纬线的多圆锥投影。该投影的经纬线形状和上一个投影相同，其经线间隔从中央经线向东西两侧按与中央经线经差的

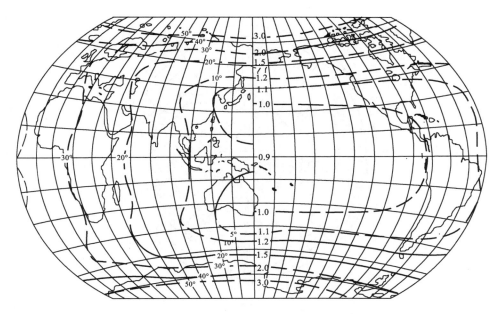

图 2-27　等差分纬线多圆锥投影及其角度面积变形线

正切函数递减。该投影属于角度变形不大的任意投影，角度无变形点位于中央经线和纬度 ±44°的交点处，从无变形点向赤道和东西方向角度变形增大较慢，向高纬增长较快。面积等变形线大致与纬线方向一致，纬度 ±30°以内面积变形为 10%～20%，在 ±60°处增至 200%。总体来看，世界大陆轮廓形状表达较好，我国的形状比较正确，大陆部分最大角度变形均在 6°以内；大部分地区的面积变形在 20%以内，少部分地区最多可达 60%左右。中国地图出版社 1981 年出版的 1∶1400 万世界地图使用的就是该投影。

（二）半球、大洲、国家及大区域地图投影

1. 等积方位投影

这种投影的三种形式：正轴的，以极为中心的正轴等积方位投影；横轴的，以赤道上一点为中心的横轴等积方位投影；斜轴的，以地球上任一点为中心的斜轴等积方位投影。

（2）正轴等积方位投影：经线是由极点向四周辐射的直线，纬线是以极为圆心的同心圆，纬圈间的距离离极渐远渐小，但两纬圈间所包含的面积与球面上实际面积相等，经线则为从圆心辐射的直线。依此投影所作的图，自中央到四周的方向与实际相符，如图 2-28 所示。

正轴等积方位投影常用来做两极的投影。

（2）横轴等积方位投影：投影面切于赤道上，面积没有变形，通过投影中心的中央经线和赤道投影为直线，其他经纬线都是对称于中央经线和赤道的曲线。其特点是在中央经线上从中心向南向北，纬线间隔是逐渐缩小的；在赤道上，自投影中心向西向东，经线间隔也是逐渐缩小的。即长度变形和角度变形将随距投影中心的远近而变化，距投影中心越远，则变形越大，如图 2-29 所示。横轴等积方位投影主要用于编制东西半球图。

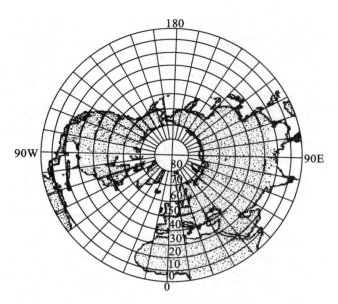

图 2-28　正轴等积方位投影

图 2-29　横轴等积方位投影

（3）斜轴等积方位投影：投影面切于两极和赤道间的任意一点上，投影的条件是面积保持不变。在这种投影中，中央经线投影为直线，其他经线投影为对称于中央经线的曲线，纬线投影为曲线。其特点是在中央经线上自投影中心向上、向下纬线间隔是逐渐缩小的，如图 2-30 所示；若中央经线上的纬线间隔相当，那就是斜轴等距方位投影，如图 2-31 所示；若间隔是逐渐增大的，则是斜轴等角方位投影。

等积和等距斜轴方位投影，常用于大洲图、水陆半球图、地震图、航空图和导弹发射图。

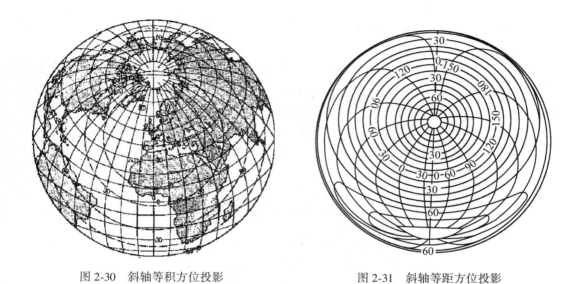

图 2-30　斜轴等积方位投影　　　　　　　　图 2-31　斜轴等距方位投影

2. 等角方位投影

等角方位投影根据投影轴的不同和等积方位投影相同，分为正轴等角方位投影、横轴等角方位投影和斜轴等角方位投影三种，其中，斜轴等角方位投影在等积方位投影中已阐述过，下面主要就正轴和横轴等角方位投影加以阐述。

（1）正轴等角方位投影：指投影后经线长度比与纬线长度比相等（$m = n$），以等角条件决定 $\rho = f(\varphi)$ 函数形式的一种方位投影。函数式中的 ρ 代表纬圈半径。该投影能使球面

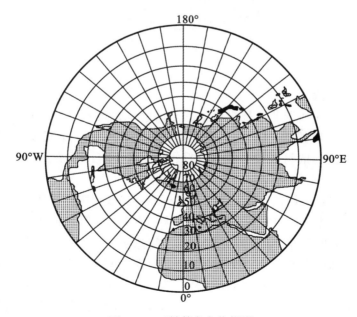

图 2-32　正轴等角方位投影

上的微分圆，经投影后仍保持正圆形状，不随方向改变而改变。但其长度变形和面积变形则随距投影中心越远而变形越大，如图 2-32 所示。为使投影区域变形能够得到改善，故多采用正轴等角割方位投影，如美国提出的通用极球面投影（UPS）。我国设计的全球百万分之一分幅地图，在 $\varphi = 84°$ 以上和 $\varphi = - 80°$ 以上系采用正轴等角方位投影。

（2）横轴等角方位投影：又名球面投影、平射投影，是一种视点在球面，切点在赤道的完全透视的方位投影（图 2-33），又称赤道投影。经纬线网形状与横轴等积方位投影的经纬线网相同。在变形方面，该投影没有角度变形，但面积变形明显。赤道上的投影切点为无变形点，长度、面积变形线以切点为圆心，呈同心圆分布，离开无变形点越远，长度、面积变形越大，到半球的边缘，面积变形可达 400%。

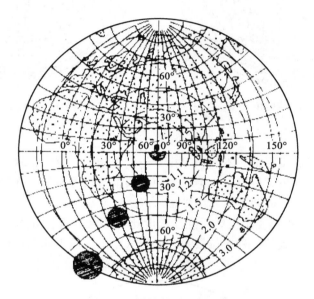

图 2-33　横轴等角方位投影

3. 正轴等距方位投影

正轴等距方位投影属于非透视投影，它是借助于正轴方位投影的方式，而附加上等距的条件，即投影后经线保持正长，经线上纬距保持相等。纬线投影后为同心圆，经线投影为交于纬线同心的直线束，经纬线投影后正交，经纬线方向为主方向，如图2-34所示。

这种投影的特点是：切点在极点，为无变形点；经线投影后保持正长，所以投影后的纬线间距相等；纬线投影后自投影中心向外扩大；有角度变形和面积变形，等变形线均以极点为中心，呈同心圆分布，离无变形点越远，变形越大。

在此投影中，球面上的微分圆投影为椭圆，且误差椭圆的长半径和纬线方向一致，短半径与经线方向一致，并且等于微分圆半径 r 又由于自投影中心，纬线扩大的程度越来越大，所以变形椭圆的长半径也越来越长，椭圆就越来越扁了。等距方位投影属于任意投影，它既不等积也不等角。

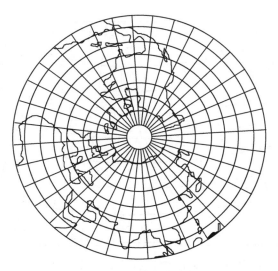

图 2-34　正轴等距方位投影

在世界地图集中，正轴等距方位投影多用于编制南、北半球地图和北极、南极区域地图。

4. 等角圆锥投影

等角圆锥投影的条件是在地图上没有角度变形，为了保持等角条件 $\omega = 0$，每一点经线长度比与纬线长度比相等，即 $m = n$。

(1) 等角切圆锥投影：相切的纬线没有变形，长度比为 1。其他纬线投影后为扩大的同心圆弧并且离开标准纬线越远，这种扩大的变形程度也就越大，标准线以北变形增加的要比以南快些。经线为过纬线圆心的一束直线。由于 $m = n$，所以在纬线方向上扩大多少，就在经线上扩大多少。这样才能使经纬线方向上的长度比相等。在等角圆锥投影上，纬线间隔从标准纬线向南向北是逐渐增大的。

(2) 等角割圆锥投影：相割的两条纬线为标准纬线。长度比为 1，没有变形。两条标准纬线之间纬线长度比小于 1，即投影后的纬线长比圆面上相应纬线缩短了，变形是离开标准纬线向负的方向增大。两条标准纬线之外，纬线长度比大于 1。经线的变形长度也是如此。所以，在等角割圆锥投影上从两条标准纬线向外，纬线间距是逐渐增大的；从两条标准纬线逐渐向里，纬线距离是缩小的。

在我国曾用过的全国统一投影兰勃特 (Lambert) 割圆锥投影就是一种正轴等角圆锥投影。如图 2-35 所示。

双标准纬线等角圆锥投影广泛应用于中纬度地区的分国地图和地区图。例如中国地图集中各分省图就是用的这种投影。世界地图集大部分分国地图采用该投影。世界上有些国家，如法国、比利时、西班牙等，也都采用此投影作为地形图的数学基础。此外，西方国家出版的许多挂图地图集中已广泛采用等角圆锥投影。

5. 等积圆锥投影

等积圆锥投影的条件是地图上面积比不变。

(1) 等积切圆锥投影：相切的纬线没有变形，长度比为 1，其他纬线投影后均扩大并

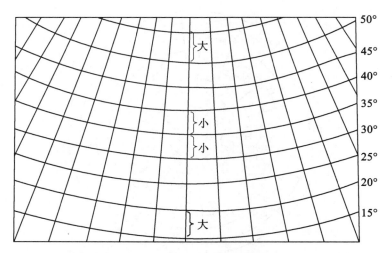

图 2-35　正割等角圆锥投影（双标准纬线等角圆锥投影）经线上纬线的放大与缩小

且离开标准纬线越远，这种变形也就越大。所以，投影后要保持面积相等，在纬线方向上变形扩大多少，那么在经线方向上就的缩小多少。在等积切圆锥投影图上，纬线间隔从标准纬线向南向北是逐渐缩小的。

（2）等积割圆锥投影：两条纬线为标准纬线其长度比等于 1，两条标准纬线之间，纬线长度比小于 1。要保持面积不变，经线长度必要相应扩大，所以在两条标准纬线之间，纬线间隔越向中间就越大。在两条标准纬线之外纬线长度比大于 1。要保持等积，经线长度相应缩小，并且经线方向上缩小的程度和相应纬线上扩大的程度相等。因此，在两条标准纬线向外，纬线间是逐渐缩小的。

等积圆锥投影上面积没有变形，但角度变形比较大，离开标准纬线越远，角度变形也就越大。

等积圆锥投影常用于编制行政区划图、人口密度图，以及社会经济地图或某些自然图。当制图区域所跨纬度较大时，常采用双双标准纬线等积圆锥投影。等积圆锥投影是绘制我国地图时常采用投影之一，其他国家出版的许多图集也采用该投影。

6. 等距圆锥投影

等距圆锥投影的条件是经线投影后保持正长，即经线方向上的长度比是 1，没有变形。在标准纬线上也均无变形。除此以外其他纬线均有变形。

（1）等距切圆锥投影：从标准纬线向南向北纬线长度比大于 1，离开标准纬线越远，纬线长度变形、面积变形、角度变形也越大。

（2）等距割圆锥投影：两条标准纬线内纬线长度比小于 1，面积变形向负方向增大，两条标准纬线之外，纬线长度比大于 1，面积变形向正方向增加。角度变形离标准纬线越远，变形越大。在面积变形方面，等距圆锥投影比等角圆锥投影要小，在角度变形上，则比等积圆锥投影要小。这种投影图上最明显的特点是纬线间隔相等。这种投影变形均匀，常用于编制各种教学用图和交通图。

7. 等积伪圆锥投影

等积伪圆锥投影由法国水利工程师彭纳（R. Bonne）于 1952 年首先提出，并应用于法国地形图，故又名彭纳投影。彭纳投影的纬线为同心圆弧，其长度比等于1，中央经线为直线其长度比等于1，其他经线为对称于中央经线的曲线。在每一条纬线上的经线间隔相等，在中央经线上纬线间隔相等，中央经线与所有的纬线正交，中央纬线与所有的经线正交。彭纳投影没有面积变形，中央经线和中央纬线是两条没有变形的线，离开这两条线越远，则变形越大，如图 2-36 所示。

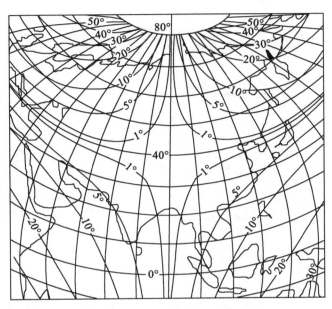

图 2-36　伪圆锥投影经线网及等变形线形状

　　彭纳投影主要用于编制中纬地区小比例尺的大洲图，如我国出版的《世界地图集》中的亚洲政区图，英国《泰晤士世界地图集》中的澳大利亚与西南太平洋地图。

　　(三)地形图投影

　　从世界范围而言，各国采用的地形图投影没有统一的标准，大约有十几种之多。就我国情况而言，大中比例尺地形图均采用高斯-克吕格投影，新编百万分之一地形图采用的则是中纬与边纬变形的绝对值相等的等角割圆锥投影。

　　1. 高斯-克吕格投影

　　世界上多数国家采用高斯-克吕格投影作为比例尺大于百万分之一的地形图投影。

　　1)高斯-克吕格投影性质

　　高斯-克吕格(Gauss-Kruger)投影简称高斯投影，又名等角横切椭圆柱投影，是地球椭球面和平面间正形投影的一种。德国数学家、物理学家、天文学家高斯(Carl FriedrichGauss)于 19 世纪 20 年代拟定，后经德国大地测量学家克吕格(Johannes Kruger)于 1912 年对投影公式加以补充，故得名。

　　设想用一个椭圆柱横切于椭球面上投影带的中央子午线，按上述投影条件，将中央子午线两侧一定经差范围内的椭球面正形投影于椭圆柱面。将椭圆柱面沿过南北极的母线剪开展平，即为高斯投影平面。取中央子午线与赤道交点的投影为原点，中央子午线的投影

为纵坐标 x 轴，赤道的投影为横坐标 y 轴，构成高斯-克吕格平面直角坐标系。该投影按照投影带中央子午线投影为直线且长度不变和赤道投影为直线的条件，确定函数的形式，从而得到高斯-克吕格投影公式。投影后，中央经线是直线，其长度与球面上实际长度相等，没有变形。中央经线左右的经线是对称凹向中央经线的曲线，较实际球面上略长；赤道是与中央经线互相垂直的直线，也较实际球面上略长，其余各纬线是南北对称凸向赤道的曲线，与经线曲线正交，如图 2-37 所示。

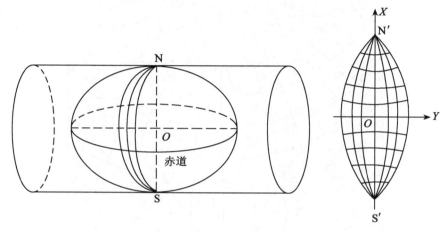

图 2-37　高斯-克吕格投影示意图

这种投影在长度和面积方面的变形很小，角度没有变形。中央经线是没有变形的线，自中央经线向投影带边缘，变形逐渐增加。变形最大之处就在这投影带内赤道的两端，但是即使在这最大变形处，其变形还是很小的，其长度变形是 0.14%，面积变形是 0.27%。所以，采用这个投影的地形图的误差是很小的。在这种投影的地形图上进行量算工作，其误差不超过绘图工作和量图工作所产生的误差数值。

2）高斯-克吕格投影分带

按一定经差将地球椭球面划分成若干投影带，这是高斯投影中限制长度变形的最有效方法。分带时，既要控制长度变形使其不大于测图误差，又要使带数不致过多以减少换带计算工作，据此原则将地球椭球面沿子午线划分成经差相等的瓜瓣形地带，以便分带投影。通常按经差 6°或 3°分为六度带或三度带。六度带自 0 度子午线起每隔经差 6°自西向东分带，带号依次编为第 1，2，…，60 带。三度带是在六度带的基础上分成的，它的中央子午线与六度带的中央子午线或分带子午线重合，即自 1.5°子午线起每隔经差 3°自西向东分带，带号依次编为三度带第 1，2，…，120 带。如图 2-38 所示。

我国的经度范围西起 73°东至 135°，可分成 6°带 11 个（13～23 号带），各带中央经线依次为（75°，81°，87°，…，117°，123°，129°，135°），或 3°带 22 个（24～45 号带），各带中央经线依次为（72°，75°，…，132°，135°）。六度带可用于中小比例尺（如 1∶25万）测图，三度带可用于大比例尺（如 1∶1 万）测图。

3）高斯-克吕格投影坐标

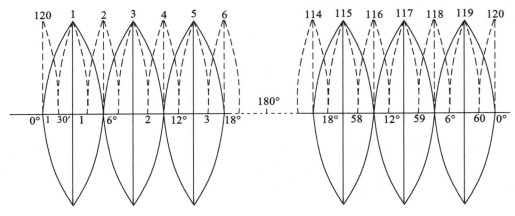

图 2-38 6°投影带和 3°投影带划分及中央经线、带号相互间关系示意

高斯-克吕格投影是按分带方法各自进行投影，故各带坐标成独立系统。以中央经线投影为纵轴 (x)，赤道投影为横轴 (y)，两轴交点即为各带的坐标原点。纵坐标以赤道为零起算，赤道以北为正，以南为负。

我国位于北半球，纵坐标均为正值。横坐标如以中央经线为零起算，中央经线以东为正，以西为负，横坐标出现负值，使用不便，故规定将坐标纵轴西移 500km 当做起始轴，凡是带内的横坐标值均加 500km。由于高斯-克吕格投影每一个投影带的坐标都是对本带坐标原点的相对值，所以各带的坐标完全相同，为了区别某一坐标系统属于哪一带，在横轴坐标前加上带号。如 (4231898m，21655933m)，其中 21 即为带号。

4) 高斯-克吕格投影与 UTM 投影

某些国外的软件，如 ARC/INFO，或国外仪器的配套软件，如多波束的数据处理软件等，往往不支持高斯-克吕格投影，但支持 UTM 投影，因此，常有把 UTM 投影坐标当做高斯-克吕格投影坐标提交的现象。

UTM 投影全称为通用横轴墨卡托投影，是等角横轴割圆柱投影，圆柱割地球于南纬 80°、北纬 84° 两条等高圈，该投影将地球划分为 60 个投影带，每带经差为 6 度，已被许多国家作为地形图的数学基础。UTM 投影与高斯投影的主要区别在南北格网线的比例系数上，高斯-克吕格投影的中央经线投影后保持长度不变，即比例系数为 1，而 UTM 投影沿每一条南北格网线比例系数为常数，在东西方向则为变数，中央格网线的比例系数为 0.9996，在南北纵行最宽部分的边缘上距离中心点大约 363km，比例系数为 1.00158。

高斯-克吕格投影与 UTM 投影可近似采用 $X_{UTM} = 0.9996 \times X_{高斯}$，$Y_{UTM} = 0.9996 \times Y_{高斯}$ 进行坐标转换。

2. 我国新编百万分之一地形图投影

我国 1:100 万地形图最早使用的是国际百万分之一地形图投影 (改良多圆锥投影)，1978 年以后采用了国际统一规定的等角圆锥投影，但标准纬线的设置位置与国际指定的稍有差别。

我国 1:100 万地形图的投影是按国际百万分之一地图的纬度划分原则分带投影的。

即从 0° 开始，每隔纬差 4° 为一个投影带，每个投影带单独计算坐标，建立数学基础。同一投影带内再按经差 6° 分幅，各图幅的大小完全相同，故只需计算经差 6°、纬差 4° 的一幅图的投影坐标即可。每幅图的直角坐标，是以图幅的中央经线作为 X 轴，中央经线与图幅南纬线交点为原点，过原点切线为 Y 轴，组成直角坐标系。为了提高投影精度，每个投影带设置两条标准纬线，其位置是：

$$\varphi_1 = \varphi_S + 35'$$
$$\varphi_2 = \varphi_N - 35'$$

该投影的变形分布规律是：没有角度变形；两条标准纬线上没有任何变形；由于采用了分带投影，每带纬差较小，因此我国范围内的变形几乎相等，长度变形在边纬线与中纬线上为 ±0.03%，面积变形为 ±0.06%（图 2-39），该投影的变形值很小。

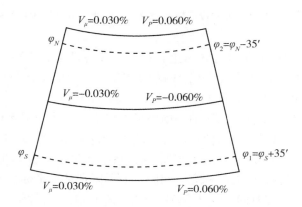

图 2-39　我国新编百万分之一地图投影变形分布图

（四）地图定向

确定地图上图形的地理方向，叫做地图定向。

1. 三北方向线

真北方向：过地面上任意一点，指向北极的方向，叫真北。其方向线称为真北方向线或真子午线，地形图上的东西内图廓线即为真子午线，其北方方向代表真北。对一幅图而言，通常是把图幅的中央经线的北方方向作为该图幅的真北方向。

磁北方向：实地上磁北针所指的方向叫磁北方向。它与指向北极的北方方向并不一致，磁偏角相等的各点连线就是磁子午线，它们收敛于地球的磁极。严格说来，实地上每个点的磁北方向也是不一致的。地图上表示的磁北方向是本图幅范围内实地上若干点测量的平均值，地形图上用南北图廓点的 P 和 P' 点的连线表示该图幅的磁子午线，其上方即该图幅的磁北方向，如图 2-40 所示。

坐标北方向：图上方里网的纵线称坐标纵线，它们平行于投影带的中央经线（投影带的平面直角坐标系的纵坐标轴），纵坐标值递增的方向称为坐标北方向。大多数地图投影的坐标北和真北方向是不完全一致的。

在图 2-40 中可以清楚地看出三个北方向。图廓外的三北方向图则示意性地表示图幅的三个北方向及其之间的关系，如图 2-41 所示。

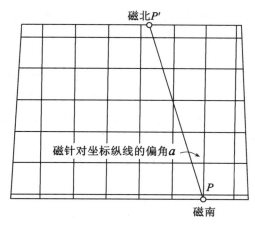

图 2-40 地形图上的磁午子线

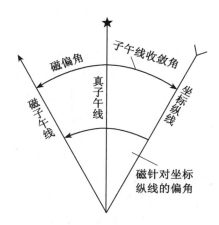

图 2-41 三北方向及三个偏角

2. 地形图的方位角

在地形图上有三种指北方向线(简称三北方向线):真子午线、磁子午线、坐标纵线,构成相应的三种方位角为真方位角、磁方位角、坐标方位角,如图 2-42 所示。

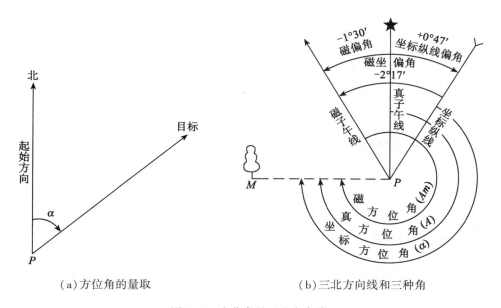

(a)方位角的量取   (b)三北方向线和三种角

图 2-42 方位角及三北方向线

1)真子午线与真方位角

真子午线即经线,它指向正南、正北方向。在地形图上,东、西图廓线以及经线都是真子午线。

从 P 点的真子午线起,顺时针到目标 M 的方向线之间的夹角,叫真方位角。

在地形图上欲求 AB 线段的真方位角，可以从 A 点作上述真子午线的平行线 AN 用量角器以 AN 为起始边，顺时针量至 AB 方向线的夹角，即得 AB 线段的真方位角，如图 2-43 所示。

2）磁子午线与磁方位角

地球本身是一个大磁体，与一切磁性物体一样，具有两个磁力最强点，叫磁极。北磁极位于北纬 74°，西经 110° 处；南磁极位于南纬 69°，东经 114° 处。指北针（又名罗盘）由于受地球北磁极和南磁极的影响，磁针一端指向北磁极，另一端指向南磁极。在某点磁针水平静止时所指的方向，就是某点的磁子午线的方向。

从 P 点的磁子午线起，顺时针到目标 M 的方向之间的夹角，叫磁方位角。

3）坐标纵线与坐标方位角

高斯平面直角坐标的纵方里线称坐标纵线，它处处与中央经线平行。

从 P 点的坐标纵线起，顺时针到目标 M 的方向线之间的夹角，称坐标方位角。

3. 三北方向角

在一般情况下，地图上的真子午线、磁子午线和坐标纵线的方向是不一致的，它们之间相互构成一定的角度，我们称之为三北方向角或偏角。

1）坐标纵线偏角（子午线收敛角）

过某点的坐标纵线与真子午线的夹角，称坐标纵线偏角，也称子午线收敛角（图 2-44），通常用 γ 表示。以真子午线为准，坐标纵线东偏为正，西偏为负。

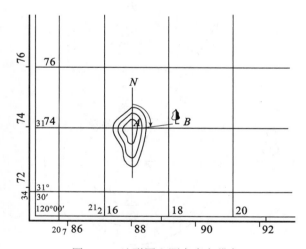

图 2-43　地形图上测定真方位角

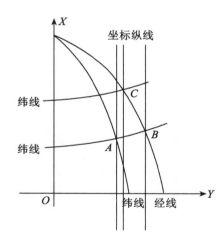

图 2-44　子午线收敛角

地形图的坐标纵线偏角（子午线收敛角）可由图幅的平均经差和平均纬度为引数从高斯坐标表中的子午线收敛角表中查得。

在一个投影带的范围内，各点的子午线收敛角是不等的，如表 2-3 所示。其变化规律是：子午线收敛角随纬度的增高而增大；随着对投影带中央经线的经差增大而加大。在中央经线和赤道上都没有子午线收敛角。采用 6° 分带投影时子午线收敛角的最大值为 ±3°。投影带的东、西部角值对应相等，符号相反。

表 2-3　一个投影带内的子午线收敛角值

γ　　L B	0°	1°	2°	3°
90°	0°00′00″	1°00′00″	2°00′00″	3°00′00″
80°	0°00′00″	0°59′05″	1°58′11″	2°57′16″
70°	0°00′00″	0°56′23″	1°52′46″	2°49′49″
60°	0°00′00″	0°51′58″	1°43′56′	2°35′54″
50°	0°00′00″	0°45′58″	1°31′56″	2°17′56″
40°	0°00′00″	0°38′34″	1°17′09″	1°55′46″
30°	0°00′00″	0°30′00″	1°00′01″	1°30′04″
20°	0°00′00″	0°20′31″	0°41′03″	1°01′37″
10°	0°00′00″	0°10′25″	0°20′50″	0°31′16
0°	0°00′00″	0°00′00″	0°20′00″	0°00′00″

2）磁偏角

地球上有北极和南极，同时还有磁北极和磁南极。地极和磁极是不一致的，而且磁极的位置不断有规律地移动，图 2-45 所示。

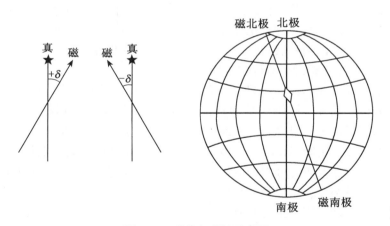

图 2-45　磁偏角磁极示意图

过某点的磁子午线对真子午线的夹角，称为磁偏角。以真子午线为准，磁子午线在真子午线以东，称为东偏，角值为正；在真子午线以西，称为西偏，角值为负。地球上各点的磁偏角是变化的，在我国范围内，正常情况下磁偏角都是西偏，只有某些发生磁力异常的区域才会表现为东偏。

地形图上所表示的磁偏角是指图幅范围内磁偏角的平均值，在图历簿中有记载或者原图上已注明。

磁偏角的值是会发生变化的，地形图上标出的磁偏角的数值是测图时的情况，但是由于磁偏角的变化比较小，而且变动有规律，一般用图时仍可使用图上标注的磁偏角值，需精密量算时，则应根据年变率和标定值推算用图时的磁偏角值。

3)磁针对坐标纵线偏角

过某点的磁子午线与坐标纵线之间的夹角,称为磁针对坐标纵线的偏角,简称磁坐偏角,以坐标纵线为准,磁子午线东偏为正,西偏为负。磁坐偏角可以用磁偏角与子午线收敛角的和求得。

第三节　地图投影的选择和变换

一、地图投影的识别

地图投影是地图的数学基础,它直接影响地图的使用,地图是地理工作者不可缺少的工具,有很多地理知识是从地图上获得的,如果在使用地图时不了解投影的特性,往往会得出错误的结论。例如,在小比例尺等角或等积投影图上量算距离,在等角投影图上对比不同地区的面积以及在等积投影图上观察各地区的形状特征等,都会得出错误结论。目前,国内外出版的地图大部分注明投影的名称。有的还附有有关投影的资料,这对于使用地图当然是很方便的。但是也有一些地图没注明投影的名称和有关说明,因此,需要我们运用有关地图投影的知识来判别投影。地图投影的识别,主要是对小比例尺地图而言,大比例尺往往是属于国家地形图系列,投影资料一般易于查知。另外,由于大比例尺地图包括的地区范围小,不管采用什么投影,变形都是很小的,使用时可忽略不计。地图投影的辨认是一项比较复杂的工作,有时比计算一个具体投影还要困难,而且也不是所有的投影都能采用辨别的方法。识别一般的常用投影,通常按下列步骤进行:

(1)根据地图上经纬线的形状确定投影类型。

首先,对地图经纬线网作一般观察,应用所学过的各类投影的特点确定其投影是属于哪一类型,如方位、圆柱、圆锥还是伪圆锥、伪圆柱投影等。判别经纬线形状的方法如下:直线只要用直尺比量便可确认。判断曲线是否为圆弧,可将透明纸覆盖在曲线之上,在透明纸上沿曲线按一定间隔定出3个以上的点,然后沿曲线移动透明纸,使这些点位于曲线的不同位置,如这些点处处都与曲线吻合,则证明曲线是圆弧,否则就是其他曲线。判别同心圆弧与同轴圆弧,可以量测相邻圆弧间的垂线距离,若处处相等则为同心圆弧,否则是同轴圆弧。正轴投影是最容易判断的,如纬线是同心圆,经线是交于同心圆的直线束,肯定是方位投影,如果经纬线都是平行直线,则是圆柱投影,若纬线是同心圆弧,经线是放射状直线,则是圆锥投影。

(2)根据图上量测的经纬线长度的数值确定其变形性质。

当已确定投影的种类后,为了进一步判定投影性质,量测和分析纬线间距的变化就能判定出投影的性质。如确定为圆锥投影,那么只需量出一条经线上纬线间隔从投影中心向南北方向的变化就可以判别变形性质,如果相等,则为等距投影;逐渐扩大为等角投影,逐渐缩短为等积投影。如果中间缩小、南北两边变大,则为等角割圆锥投影;中间变大而两边逐渐变小为等积割圆锥投影。有些投影的变化性质从经纬线网形状上分析就能看出,例如,经纬线不成直角相交,肯定不会是等角性质;在同一条纬度带内,经差相同的各个梯形面积,如果差别较大,不可能是等积投影;在一条直经线上检查相同纬差的各段经线长度若不相等,肯定不是等距投影。当然,这只是问题的一个方面,同时还必须考虑其他条件，如等角投影经纬线一定是正交的，但经纬线正交的投影不一定都是等角的。因此，要把判别经纬网形状和必要的量算工作结合起来。熟悉常用地图投影的经纬线形状特征，掌握这些资料，将大大有助于识别各种投影。

二、地图投影的选择

无论是编绘地图还是使用地图，对地图投影的选择都是非常重要的。这里所讲的地图投影选择，主要是指中小比例尺地图，不包括国家基本比例尺地图。在选择地图投影时，受到许多地图因素的影响，需要正确处理好主要矛盾和次要矛盾的关系，一般地讲，在选择投影时，需要考虑如下几个条件：

（一）制图区域的地理位置、形状和范围

制图区域的位置、形状、大小都直接影响地图投影的选择，任何一幅地图都希望变形减小到最小程度，这就要求投影的等变形线基本符合制图区域的轮廓，以保证制图中心地区和靠近中心的地区变形较小。例如，制图区域是圆形或两极地区和东、西半球图多采用方位投影；南北延伸的国家，如智利，宜采用横轴圆柱投影或多圆锥投影；东西延伸且位于中纬度地区的国家，如中国，宜采用正轴圆锥投影。赤道附近的东西延伸国家，宜采用正轴圆柱投影。

（二）制图比例尺

不同比例尺地图对精度的要求不同，导致投影选择也不相同。

（三）地图内容

地图内容不同，对地图投影要求也不一样。例如，经济图一般多采用等积投影，因为等积投影能进行地面要素面积的正确对比，从而有利于掌握经济要素的分布情况，如分布图、人口图、地质图、土壤图等多采用等积投影。航海图、航空图、军用图、气象图等多采用等角投影，因为等角投影能正确的表示方向，如风、洋流等，并且在小范围内保持图形和实地相似。

（四）地图的出版方式

对于单幅地图来说，选择投影比较简单，但如果它是地图集中的或一组图中的一幅，就需要考虑它和其余地图的相互关系，使它们比较协调一致。例如，同一地区的一组自然地图可用同一投影，地图集中的各分幅地图最好用同一系统或同类性质的地图投影。

（五）地图的用途

地图的用途不一样，对投影的要求也不同。如航海图，航空图方向正确，多采用等角投影。如航海图多采用墨卡托投影。教学挂图常要求图上各种变形都不太大，因此多采用任意投影。在教学图中也因对象不同投影的选择也不一样，例如对中小学生来说，为了给学生较完整的地理概念，一般不采用分瓣投影方案，而对于大学生来讲，应提高地图的精度，尽量减小投影变形，以便于图上量算和比较。

三、地图投影变换

在编制地图的过程中，常常会遇到原始资料地图和新编地图之间投影不统一的问题。地图投影变换就是为了解决这个问题，它主要研究从一种地图投影变换为另一种地图投影的理论和方法，其实质是建立两平面场之间点的一一对应关系。

（一）传统地图的投影变换

在传统手工编图作业中，通常采用网格转绘法或蓝图（棕图）镶嵌法来解决投影的转换问题，但这些方法在生产中效率太低，并在应用时有一定的局限性。

1. 网格转绘法

将原始资料地图投影网格和新编地图的投影网格对应加密，也就是把原始资料地图的微小网格与新编地图的微小网格一一对应，然后靠手工在微小的同名网格内逐点逐线进行转绘。

2. 蓝图（或棕图）镶嵌法

将原始资料地图按新编地图的比例尺复照后晒成蓝图（或棕图），利用纸张湿水后的伸缩性，将蓝（棕）图切块依经纬线网和控制点嵌贴在新编地图投影网格的相应位置上，实现地图投影的转换。

（二）数字地图的投影变换

随着计算机制图技术的发展，可把原始资料地图上二维点位由计算机自动转换成新编地图投影中的二维点位。具体的变换过程可以概括为：①将原始资料地图数字化，变成数字资料；②将这些数字资料，按照一定的数学方法进行投影坐标变换；③将变换后的数字资料通过绘图仪或其他输出设备输出成新投影的图形。

当前，大多数地图制图软件和专业地理信息系统软件具备投影转换功能，尽管形式不同，但地图投影的数学公式则是实现投影变换的基础。

1. 地图投影变换的基础公式

两个不同投影平面场上的点可对应写成：

$$X = F_1(x, y), \qquad Y = F_2(x, y) \tag{2-11}$$

式中，x，y 为原始资料地图投影平面上需要变换的点的直角坐标；X，Y 是新编地图投影平面上的点的直角坐标；F_1，F_2 为定域内单值、连续的函数。地图投影点的坐标变换主要方法有：

（1）解析变换法，即找出两投影间坐标变换的解析计算公式。

对原、新两种地图投影，可分别有如下表达公式

$$
\begin{aligned}
x &= f_1(\varphi, \lambda), & y &= f_2(\varphi, \lambda) \\
X &= \Phi_1(\varphi, \lambda), & Y &= \Phi_2(\varphi, \lambda)
\end{aligned}
\tag{2-12}
$$

如果根据原投影公式求反解，则有

$$\varphi = \varphi(x, y), \qquad \lambda = \lambda(x, y) \tag{2-13}$$

代入新投影方程即

$$
\begin{cases}
X = \phi_1[\varphi(x, y), \lambda(x, y)] \\
Y = \phi_2[\varphi(x, y), \lambda(x, y)]
\end{cases}
\tag{2-14}
$$

此为地图投影变换的数学模型。

（2）数值变换法，如不能确定原始资料地图投影的公式和常数，则可用多项式来建立两投影间的变换关系式。

$$
\begin{cases}
X = a_{00} + a_{10}x + a_{01}y + a_{20}x^2 + a_{02}y^2 + a_{11}xy + a_{30}x^3 + a_{03}y^3 + a_{21}x^2y + a_{12}xy^2 + \cdots \\
Y = b_{00} + b_{10}x + b_{01}y + b_{20}x^2 + b_{02}y^2 + b_{11}xy + b_{30}x^3 + b_{03}y^3 + b_{21}x^2y + b_{12}xy^2 + \cdots
\end{cases}
$$

$$\tag{2-15}$$

式中，待定系数 a_{ij} 和 b_{ij} 可由若干已知点坐标求出。由于用多项式直接将原始资料地图的直角坐标变换为新编地图的平面直角坐标均会含有误差，且无法检定，所以在具体实施投影变换时应从计算方法上加以改进。

例　由等角圆柱投影变换成等角圆锥投影。已知等角圆柱投影方程

$$x = r_k \ln U, \qquad y = r_k \lambda$$

可得

$$\ln U = \frac{x}{r_k} \text{ 或 } U = e^{\frac{x}{r_k}}, \qquad \lambda = \frac{y}{r_k}$$

式中，r_k 是等角圆柱投影中的标准纬线 φ_k 的半径，U 为等量纬度。

将其代入下列等角圆锥投影公式

$$\rho = K/U^2, \qquad \delta = \alpha\lambda, \qquad x = \rho_s - \rho\cos\delta, \qquad y = \rho\sin\delta$$

可得，

$$X = \rho_s - \frac{K}{e^{\frac{\alpha x}{r_k}}}\cos\left(\alpha \cdot \frac{y}{r_k}\right)$$

$$Y = \frac{K}{e^{\frac{\alpha x}{r_k}}}\sin\left(\alpha \cdot \frac{y}{r_k}\right)$$

式中，K 为积分常数，α 为圆锥系数，角度以弧度计。

思 考 题

1. 怎样理解参考椭球体？它与全球卫星导航系统有何联系？
2. 解释说明长度变形、角度变形和面积变形的关系。
3. 解释高斯-克吕格和 UTM 投影的特性。
4. 解释说明中国常用的地图投影。

第三章　地　图　符　号

第一节　地图符号概述

一、地图符号概述

地图符号属于表象性符号，以其视觉形象指代抽象的概念，明确直观、形象生动，容易被人们理解。客观世界的事物错综复杂，人们根据需要对它们进行归纳（分类、分级）和抽象，用比较简单的符号形象表现它们，不仅可解决描绘真实世界的困难，而且能反映出事物的本质和规律。因此，地图符号的形成实质上是一种科学抽象的过程，是对制图对象的第一次综合。

（一）地图符号的概念

符号是表达观念、传输一定信息的工具，或者说是一种标志，用来代表某种事物现象的代号。地图符号是具有空间特征的一种符号，是地图的图解语言，是传输地图信息的媒介。广义的地图符号概念是指表示地表各种事物现象的线划图形、色彩、数学语言和注记的总和。狭义的地图符号概念是指在图上表示制图对象空间分布、数量、质量等特征的标志、信息载体，包括线划符号、色彩图形和注记。

地图是运用图形符号来记载和传输地理信息的特种文化工具。地图在人类生活中起着重要作用。

地图符号也称为"图解语言"。同文字语言一样，图解语言也有"写"和"读"两个功能。"写"就是制图者把制图对象用一定的符号表现在地图上；"读"就是用图者通过对地图符号的识别，认识制图对象。和文字语言相比，图解语言更形象直观，一目了然，既可显示制图对象的空间结构，又能表示它在空间和时间中的变化。地图符号本身可以说是一种物质的对象，它用来代指抽象的概念，并且这种代指是以约定关系为基础的，这就是地图符号的本质特点。

地图上所有的符号都代表相应的事物和现象。从符号在图上的具体位置，可确定事物和现象的空间分布；从符号的大小或色调，可获得事物和现象的数量差异；从符号的形状或色彩，可辨认出所代表的事物和现象的类型或质量。所以，地图符号是地图特有的"形象语言"，有"读图的钥匙"之称。

由地图符号组合成的地图虽然有千差万别的形式，但它所表示的地理信息，无非是空间数据在性质上或量度上的差异。地图符号简化了地理事物的图形，具有极为丰富的表现力。

地面上的居民地、建筑物、道路网、水系、土质、植被、境界、地貌等各种社会要素和自然要素，在地图上是通过不同颜色的点、线和各种图形表示。地图符号不仅要表示出地面物体的位置、形状和大小，而且要反映出各种物体的数量和质量特征及其相互关系，因而可以在地图上精确地判定方位、距离、面积和高低等数据，以满足用图者的需要。

（二）地图符号的特征

地图符号的作用在于系统地表达地图的内容，是表示现代化地图的主要形式。所以，它不仅能使符号具有对各种物体和现象的概括力，数量、质量特征及类属的表现力，还可反映出不同制图区域的地理分布规律和特征，以保证地图信息的负载量。如果再配合地图注记，不但能表示实地上直观感觉到的物体，并且还能表示出用肉眼看不到的事物和现象，如名称、质量、数量等。地图符号是一种科学的人造符号，在其设计使用中具有一定的特征。

1. 综合抽象性

地图符号能表示具体的、现实存在的（如山、河、湖泊）地理事物，又能表示抽象的（如人口密度）、历史存在的（如古河道）和将要实现的（如正在修建、规划中的铁路、公路）地理事物。它能反映外部的、有形的、肉眼能看到的（如森林、草原、沼泽）地理事物，又能反映事物内部的（如城市内部结构）、无形的（如气温、气压）、看不见或感觉不到的（如地磁）地理现象。它能表示各种地理事物或现象的数量和质量（如海底的高程和地貌类型），又能反映地理事物或现象的复杂的动态变化（如城市的发展），以及对各种数量、质量、措施、条件等的综合评价（如农业区划，经济区划），等等。

2. 系统性

地图符号的系统性一方面表现为，它是由一系列线划符号、色彩符号和地图注记组成的相互关联的统一体；另一方面表现为，对于一种事物现象，能根据其性质、结构等划分为类、亚类、种、属等不同类别或级别，分别设计为互有联系的系列符号与其对应，构成某一事物现象的符号链。

3. 约定性

地图符号是建立在约定关系基础之上，即人为规定的特指关系之上的人造符号。制图者对客观事物现象进行综合、概括后，然后确定相应的符号形式以及相互之间的关系规则，形成地图符号。其过程就是建立地图符号图像与抽象概念之间一一对应关系的过程，并一经约定就成为地图符号，并对制图者和其的使用者都具有相应的约定性。

4. 传递性

在人类认识客观世界的活动中，地图符号是将客观转化为主观的手段；在用图的实践活动中，地图符号又是将主观转化为客观的必不可少的工具，所以地图符号是主体和客体相互联结、相互转化，有以传递地学信息的媒介物。

5. 时空性

地图符号既可以表达地表事物现象的空间特征，也可以表达地表事物现象的时间特征。地图符号是在客观时空变化中，体现着人类图形思维能力的结晶。

（三）地图符号的分类

总的来说，地图符号是一个开放的大系统，随着地图内容的扩展、地图形式的多样化地图符号还在不断变革、补充和完善，地图符号的类别也更多。现代地图符号可以从不同的角度进行分类。

1. 按制图对象的几何特征分类

按地图符号的几何性质可将符号分为点状符号、线状符号和面状符号，如图 3-1 所示。这里点、线、面的概念是符号自身性质的几何意义。点状符号是指符号具有点的性质，不论符号大小，实际上以点的概念定位，而符号的面积不具有实地的面积意义。线状符号是指它们在一个延伸方向上有定位意义，而不管其宽度。点和线的定位可以是精确的，也可以是概括的。面状符号具有实际的二维特征，它们以面定位，其面积形状与其所代表对象的实际面积形状一致。

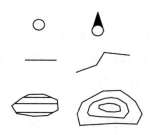

图 3-1　符号几何特征分类

符号的点、线、面特征与制图对象的分布状态并没有必然的联系。虽然在一般情况下人们总是寻求用相应几何性质的符号表示对象的点、线、面特征，但是不一定都能做到这一点，因为对象用什么符号表示既取决于地图的比例尺，也取决于组织图面要素的技术方案。河流在大比例尺地图上可以表现为面，而在较小比例尺地图上只能是线；城市在大比例尺地图上表现为面，而在小比例尺地图上是点。由于地图上要素组织的需要，面状要素也可以用点状或线状符号表示。如用点状符号表示全区域的性质特征（分区统计图表、点值符号、定位图表），用等值线来表现面状对象等。

2. 按符号与地图比例尺的关系分类

按符号与地图比例尺的关系，可将符号分为依比例符号、不依比例符号（非比例符号）和半依比例符号。制图对象是否能按地图比例尺用与实地相似的面积形状表示，取决于对象本身的面积大小和地图比例尺大小。只有在一定比例尺的条件下，制图对象的宽度或面积仍可保持在图解清晰度允许的范围内时，才可能使用依比例符号。依比例符号主要是面状符号；不依比例的则主要是点状符号；而半依比例符号则是指线状符号。随着地图比例尺的缩小，有些依比例符号将逐渐转变为半依比例符号或不依比例符号，因此不依比例符号将相对增加，而依比例符号则相对减少。

3. 按符号的视觉特征分类

从视觉上，地图符号可分为形象符号和抽象符号，如图 3-2 所示。形象符号指对应于空间事物形态特征的符号，如森林、房屋、海岸线等地物。普通地图上的多数符号是形象符号，其本质是形象符号，并且它的象征性和约束性较强。抽象符号指用几何形状和色彩表示的符号的系列，在一些情况下，这些符号能体现量的变化，体现在专题地图中，例如：亩产量的变化，但是抽象符号的约定性差。

图 3-2　符号在视觉上的分类

（四）地图符号的功能

地图符号是一种图解语言，它与文字、算法语言相比，更加形象直观、一目了然，既可显示制图信息的空间分布特征，又能表示它们的数量、质量特征及其发展变化。归纳起来，地图符号主要有以下三个方面的具体功能：

1. 使用地图符号能对地理事物进行不同程度的抽象、概括和简化。

应用地图符号来表示实际地理事物可以强调制图信息最本质的特征，反映区域的基本面貌，保持图面清晰易读。例如，在小比例尺地图上，内容丰富、结构复杂的城市经抽象、概括后，只强调其分布位置和行政等级，用圈形的几何中心表示位置，用圈形的大小及形状的繁简来表示行政等级的高低；又如地表覆盖，随着比例尺的缩小，在地图上难于表示覆盖物交叉分布的特点，但是经过抽象、概括，在地图上仍然可以用绿色和非绿色来区分森林和非森林，以反映制图区域最基本的面貌。

2. 地图符号赋予地图极大的表现能力。

地图符号既能表示具体的事物，如居民地、森林分布，也能表示抽象的事物，如宗教信仰、文化程度的区域差异；既能表示现实存在的事物，如山脉、河流，也能表示预期的事物，如设计中的道路和旅游地的开发，还能表示历史上存在过的事物，如黄河古道；既能表示事物的外形，如湖泊的岸线特征，也能表示其内部性质，如含盐程度；既能表示地表的，也能表示空中的和地下的，如气团的移动、地质构造和矿产分布等。

3. 地图符号能提高地图的应用效果。

地图符号能在平面上建立或再现客观现象的空间模型，并为无法表示的现象设计想象的模型，人们能在两种"模型"上进行量算及相互比较。例如，在地形图上用等高线建立了地形模型，在这个空间模型上，可以量算地面的高程、坡度、面积和体积；在人口密度图上，用颜色的逐渐过渡建立了人口分布状况的想象模型，在这个抽象模型上，人们不仅可以量算每个区域的人口密度，而且可以认识整个制图区人口分布的总体规律及其变化趋势。

二、地图符号量表

地理学者为了在地图上直接或间接描述空间的数量特征，应用了心理物理学惯常采用的量度方法——量表法，对空间数据进行数学处理。根据被处理数据的属性，量表法可分为四种：定名量表、顺序量表、间距量表和比率量表，它们各自适用于某种或多种数学的研究方法。

（一）定名量表

定名量表是最低水平的量表尺度。众数是最佳的数字统计量，它以一个群体中出现频率最大的类别定名。

例如表3-1，在两个区域内 A 区耕地面积最多（频数为 152 亩），B 区林地面积最多（频数为 120 亩），它们是 A、B 区域中的众数。

表 3-1 众数决定定名量表

品种	A 区（亩）	B 区（亩）
草地	16	22
林地	50	120
耕地	152	60
沼泽	9	28

因此，对两个区域的土地覆盖类型命名时，A 区被注名"耕地"，B 区被注名"林地"，如图 3-3 所示。

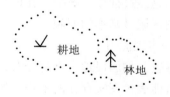

图 3-3 定名量表

$$变率\ V = 1 - \frac{众数的频率\ F}{总数\ N} \tag{3-1}$$

定名量表几乎不需要进行数学处理，只要找出它的代表属性就可以定名。

（二）顺序量表

顺序量表是将数组按顺序排列，其结果是没有绝对零值。

顺序量表的运算方法是选择中位数，并利用四分位法研究观测结果的排序位置或编号的离差。

表 3-2　铜山县高粱生产表

乡名	顺序	年产量（吨）
大彭	1	3046
汉王	2	2257
铜山	3	1897
三堡	4	1321
棠张	5	864
张集	6	587
房村	7	412
伊庄	8	189
单集	9	110
大许	10	93
徐庄	11	72
大庙	12	45

以表 3-2 的数据组为例，铜山县 12 个乡的高粱产量如表列，中位数位置在顺序 6，7 之间，中位数 Q_2 即为（587+412）/2 = 500，较高的四分位 Q_1 即为（1897+1321）/2 = 1609。较低的四分位 Q_3 即为（110+93）/2 = 102。

顺序量表显示地图符号的量为优、良、中、差或大、中、小。

若分为四级顺序，则四分位正好是排序的分界，产量 1609 吨、500 吨、102 吨成为优、良、中、差的顺序界线；若分为大、中、小产量顺序，我们便要研究一下四分位值域的问题。四分位值域位于中位数两侧，反映了最接近中位数的地理数据特征，即 Q_1 和 Q_3 之间，其值域为 $Q_1 - Q_3 = 1609 - 102 = 1507$，而衡量四分法可能产生的偏差即为

$$V = \frac{Q_1 - Q_3}{2} = 754（\mathrm{kg}）$$

可见，大产量应在 1609 吨以上，而小产量应在 102 吨以下，1609～102 吨之间应分为中产量，如图 3-4 所示。

顺序量表也可以人为地任意分界，例如，把年产量 2000 吨以上、2000～1000 吨、1000 吨以下，共分成三个档次。

（三）间距量表

采用间距量表可以区分空间数据量的差别，常用的统计量是算术平均值，而描述数据的平均值离散度是标准差。

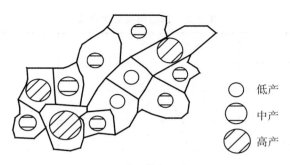

低产

中产

高产

图 3-4 顺序量表

以表 3-3 的数据为例，丰县各个乡的小麦产量如表所列。全县的平均产量 x 和标准差 δ 按下式计算：

表 3-3 丰县各乡小麦产量

乡名	kg/亩	乡名	kg/亩
潘庄	2049	陈桥	2507
张楼	2698	北李集	1011
魏老家	1546	前滩	1245
付庙	1304	六里井	1604
苗林	2473	戴桥	986
杜庄	1729	沽头村	1134
东南庄	2006	孟庄	1603
姜口	1892	西刘岭	1806

$$x = \frac{\sum X}{n} \tag{3-2}$$

$$\delta = \pm \sqrt{\frac{\sum (X - x)^2}{n}} \tag{3-3}$$

式中，n 为乡数，X 为乡的亩产量，则本例

$$x = 1725, \qquad \delta = \pm 530$$

平均值与标准差之间存在空间数据的一些数学法则：

当数据具有频率曲线的钟形分布状态时，我们称为正态分布，如图 3-5 所示。

间距量表的间距可定为标准差 δ（或 $\delta/2$，$3\delta/2$ 等），间距的排列有

$$x - 2\delta, \ x - \delta, \ x, \ x + \delta, \ x + 2\delta$$

图 3-6 所示为丰县小麦单产分布图。从中可以得出，间距量表也没有绝对零值，而且数据的运算只能用加减法而不能用乘除法来处理。

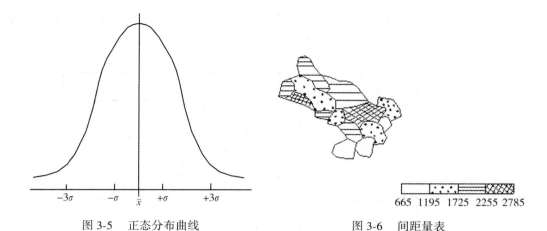

图 3-5　正态分布曲线　　　　　　　　图 3-6　间距量表

（四）比率量表

比率量表和间距量表一样，按已知数据的间隔排序，但成一定比率变化，从绝对零值开始又能进行各种算术运算，它实际上是间距量表的精确化。

以表 3-2 的数据为例，铜山县高粱年产量的最低值为 L，最高值为 H，比率为 r，按 5 级排序，则有 L，kLr，kLr^2，kLr^3，kLr^4，H，有

$$H = kLr^5, \quad k = \frac{H}{Lr^5} \tag{3-4}$$

式中，k 为常数项。

令 $L = 45$，$H = 3046$。设 $r = 2$，则有

$$k = \frac{3046}{45 \times 32} = 2.1153$$

5 项的数据排列即为

45，190，381，762，1523，3046

通常，量表都凑成整数便于阅读，则本例的比率量表可排列为：

<190，190～380，390～760，760～1520，>1520

或<200，200～400，400～800，800～1600，>1600

其图形结构如图 3-7 所示。

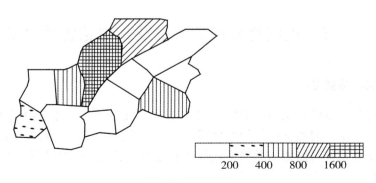

图 3-7　比率量表

将符号的类别和量表组合起来，再加上注记，便成为地图符号的基本体系，它的结构如图 3-8 所示。

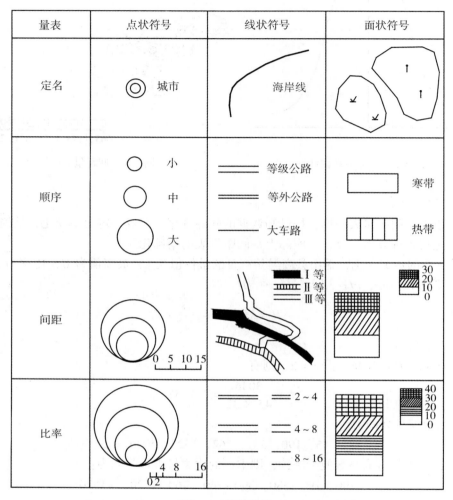

图 3-8　符号体系

第二节　地图符号视觉变量及其视觉感受效果

一、符号的视觉变量

最早研究视觉变量的是法国人贝尔廷（J. Bertin），他所领导的巴黎大学图形实验室经多年的研究，总结出一套图形符号的变化规律，提出了包括形状、方向、尺寸、明度、密度和颜色的视觉变量。各国地图学家在此基础上也进行了多方面的研究，提出了地图符号的种种视觉变量。

（一）基本的视觉变量

从制图实用的角度看，视觉变量包括形状、尺寸、方向、明度、密度、结构、颜色和位置，如图 3-9 所示。

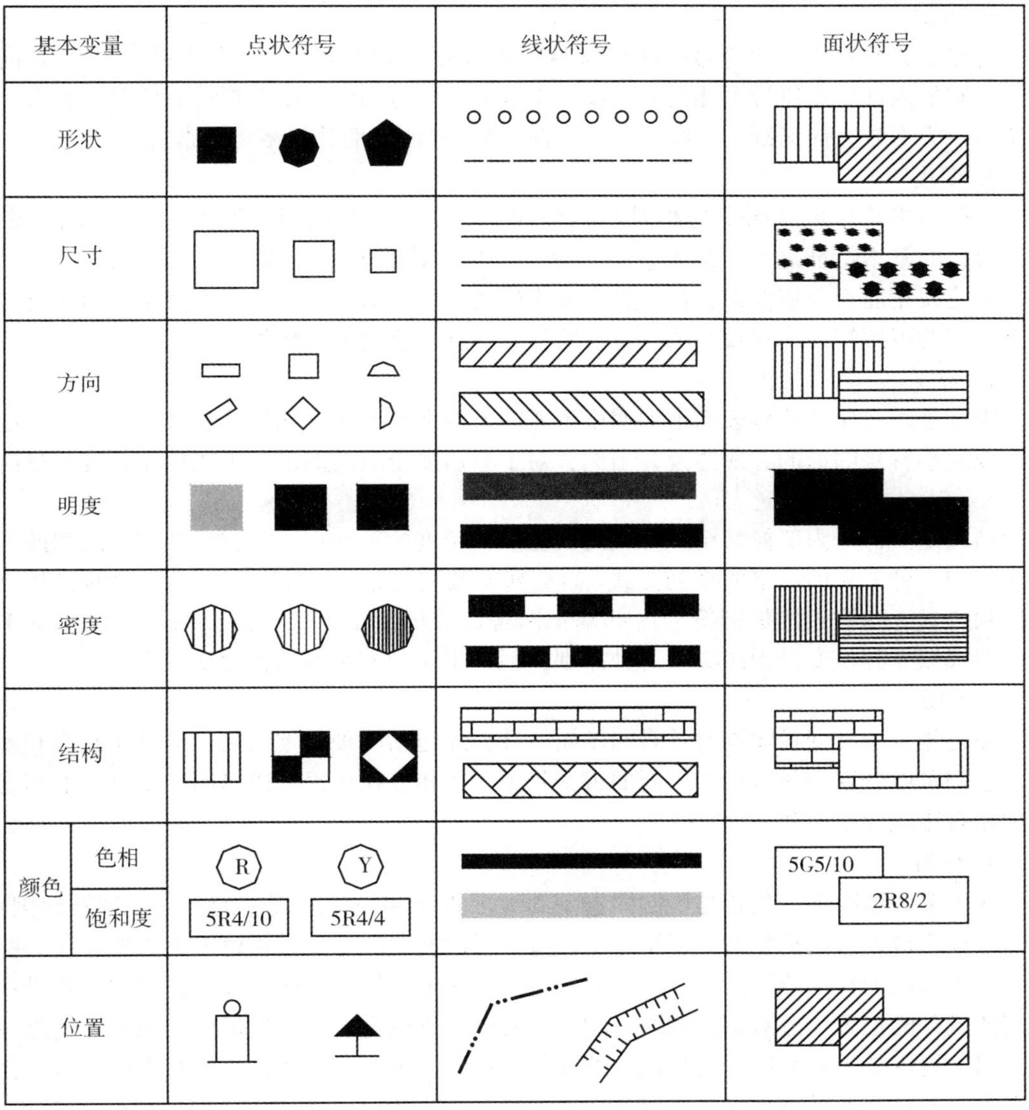

基本变量		点状符号	线状符号	面状符号
形状				
尺寸				
方向				
明度				
密度				
结构				
颜色	色相	⬡R　⬡Y		5G5/10　2R8/2
	饱和度	5R4/10　5R4/4		
位置				

图 3-9　地图符号的视觉变量

1. 形状

对于点状符号来说，形状就是符号的外形，可以是规则图形（如几何图形），也可以是不规则图形（如艺术符号）；对于线状符号，形状是指构成线的那些点（即像元）的形状，而不是线的外部轮廓。一个面积相同的图形元素可以取无数种形状，所以形状变量范围极大，是产生符号视觉差别的最主要特征之一。面状符号没有形状变化。

71

2. 尺寸

点状符号的尺寸是指符号整体的大小，即符号的直径、宽、高和面积大小。对于线状符号，构成它的点的尺寸变了，线宽的尺寸自然也改变了。尺寸与面积符号范围轮廓无关。

3. 方向

符号的方向是指点状符号或线状符号的构成元素的方向，面状符号本身没有方向变化，但它的内部填充符号可能是点或线，也有方向。方向变量受图形特点的限制较大，如三角形、方形有方向区别，而圆形就无方向之分（除非借助其他结构因素）。

4. 明度

明度是指符号色彩调子的相对明暗程度。明度差别不仅限于消失色（白、灰、黑），也是彩色的基本特征之一。需要注意的是，明度不改变符号内部像素的形状、尺寸、组织，不论视觉能否分辨像素，都以整个表面的明度平均值为标志。明度变量在面积符号中具有很好的可感知性，在较小的点、线符号中明度变化范围就比较小。

5. 密度

密度是指在保持符号表面平均明度不变的条件下改变像素的尺寸和数量。它可以通过放大或缩小符号图形的方式体现。当然，对于全白或全黑的图形是无法使用密度变量的。

6. 结构

结构是指符号内部像素组织方式的变化。与密度的不同在于，它反映符号内部的形式结构，即一种形状的像素的排列方式（如整列、散列）或多种形状、尺寸像素的交替组合和排列方式。结构虽然是指符号内部基本图解成分的组织方式，需要借助其他变量来完成，但仅依靠其他变量无法给出这种差别，因而也应列入基本的视觉变量之中。

7. 颜色

颜色作为一种变量除同时具有明度属性外，还包括两种视觉变化，即色相和饱和度变化，它们可以分别变化以产生不同的感受效果。色相变化可以形成鲜明的差异，饱和度变化则相对比较含蓄平和。

8. 位置

在大多数情况下，位置是由制图对象的地理排序和坐标所规定的，是一种被动因素，因而往往不被列入视觉变量。但实际上位置并非没有制图意义，在地图上仍然存在一些可以在一定范围内移动位置的成分。如某些定位于区域的符号、图表或注记的位置效果；某些制图成分的位置远近对整体感的影响等。所以从理论上讲，位置仍然是视觉变量之一。

以上视觉变量是对所有符号视觉差异的抽象，它依附于这些符号的基本图形属性，其中大多数变量并不具有直接构图的能力，因为它们只相当于构词的基本成分（词素），但每一种视觉变量都可以产生一定的感受效果。构成地图符号间的差别不仅可以根据需要选择某一种变量，为了加强阅读的效果，往往同时使用两个或更多的视觉变量，即多种视觉变量的联合应用。

(二)视觉变量的感受效果

视觉变量提供了符号辨别的基础，同时由于各种视觉变量引起的心理反映不同，又产生不同的感受效果，这正是表现制图对象各种特征所需要的知觉差异。

感受效果可归纳为整体感、差异感、等级感、数量感、质量感、动态感、立体感。

1. 整体感和差异感

整体感也称为联合感受，差异感也称为选择性感受，这是矛盾的两个方面。所谓整体感，是指当我们观察由一些像素或符号组成的图形时，它们在感觉中是一个独立于另外一些图形的整体。整体感可以是一种图形环境、一种要素，也可以是一个物体。

每一个符号的构图也需要整体感。整体感是通过控制视觉变量之间的差异和构图完整性来实现的。换句话说，就是各符号使用的视觉变量差别较小，其感受强度、图形特征都较接近，那么在视觉中就具有归属同一类或同一个对象的倾向。形状、方向、颜色、密度、结构、明度、尺寸和位置等变量都可用于形成整体感，如图 3-10 所示。效果如何主要取决于差别的大小和环境的影响，如形状变量(圆、方、三角形等简单几何图形)组合，整体感较强，而其他复杂图形组合则整体感较弱。

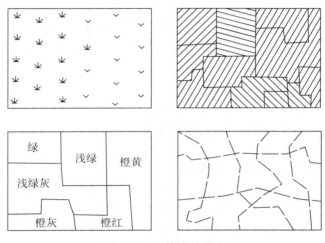

图 3-10　整体感的形成

位置变量对整体感也有影响。图形越集中、排列越有秩序，越容易看成相互联系的整体。

当各部分差异很大，某些图形似乎从整体中突显出来，各有不同的感受特征时，就表现出所谓差异感。当某些要素需要突出表现时，就要加大它们与其他符号的视觉差别。

整体感和差异感这一对矛盾的同时性关系对制图设计具有重大的意义。地图设计者必须根据地图主题、用途，处理好整体感和差异感的关系，在两者之间寻求适当的平衡，使地图取得最佳视觉效果。只注意统一而忽视差异，就难以表现分类和分级的层次感，缺乏对比，没有生气；反之，片面强调差异而无必要的统一，其结果会破坏地图内容的有机联系，不能反映规律性。

2. 等级

等级是指观察对象可以凭直觉迅速而明确地被分为几个等级的感受效果。这是一种有序的感受，没有明确的数量概念，由于人们心理因素的参与和视觉变量的有序变化，就形成了这种等级感。如居民地符号的大小、注记字号、道路符号宽窄等所产生的大与小，重要与次要，一级、二级、三级……的差别，如图 3-11 所示。

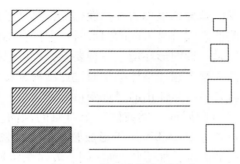

图 3-11　等级感的主要形式

在视觉变量中，尺寸和明度是形成等级感的主要因素。例如，用不同尺寸的分级符号、由白到黑的明度色阶表现等级效果是地图上最常用的方法之一。形状、方向没有表现等级的功能；颜色、结构和密度可以在一定条件下产生等级感，但它们一般都要在包含明度因素时才有较好的效果。

3. 数量感

数量感是从图形的对比中获得具体差值的感受效果。等级感只凭直觉就可产生，而数量感则需要经过对图形的仔细辨别、比较和思考等过程，它受心理因素的影响较大，也与读者的知识和实践经验有关。

尺寸大小是产生数量感的最有效变量，如图 3-12 所示。由于数量感具有基于图形的可量度性，所以简单的几何图形，如方形、圆形、三角形等效果较好。形状越复杂，数量判别的准确性越差。以一个向量表现数量的柱形，数量估读性最好；以面积表现数量的方、圆等图形次之；体积图形的估读难度就更大一些。不规则的艺术符号一般不宜用来表现数量特征。

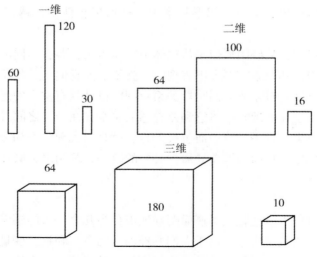

图 3-12　数量感的形成主要在于尺寸比较

4. 质量感

所谓质量感，即质量差异感，就是观察对象被知觉区分为不同类别的感知效果，它使人产"性质不同"的印象。形状、颜色(主要是色相)和结构是产生质量差异感的最好变量，密度和方向也可以在一定程度上形成质量感，但变化很有限，单独使用效果不很明显；尺寸、明度则很难表现质量差别。

5. 动态感

传统的地图图形是一种静态图形，但在一定的条件下某些图形却可以给读者一种运动的视觉效果，即动态感，也称为自动效应。图形符号的动态感依赖于构图上的规律性。一些视觉变量有规律地排列和变化可以引导视线的顺序运动，从而产生运动感觉，如图 3-13 所示。运动感有方向性，因而都与形状有关。在一定形状的图形中，利用尺寸、明度、方向、密度等变量的渐变都可以形成一定的运动感。箭头是表现动向的一种习惯性用法。

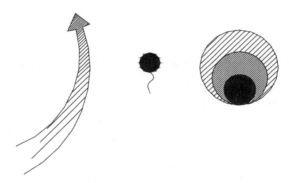

图 3-13　尺寸和明度渐变产生运动感

6. 立体感

立体感是指在平面上采用适当的构图手段使图形产生三维空间的视觉效果。视觉立体感的产生主要有两种途径：一种主要由双眼视差构成，称为"双眼线索"，如戴上红绿眼镜观看补色地图，在立体镜下观察立体像对等；另一种是根据空间透视规律组织图形，只要用一只眼睛观看就能感受，称为单眼线索或经验线索。由各种视觉变量有规律地变化组合，在平面地图上形成立体感属于后者。这种透视规律包括线性透视、结构级差、光影变化、遮挡以及色彩空间透视等，如图 3-14 所示。

尺寸的大小变化，密度和结构变化，明度、饱和度以及位置等，都可以作为形成立体感的因素。如地图上的地理坐标网的结构渐变、地貌素描写景、透视符号、块状透视图等，都是具有立体效果的实例。以明度变化为主的光影方法和以色彩饱和度及冷暖变化的方法常常用于表现地貌立体感，如单色或多色地貌晕渲、地貌分层设色等。

7. 视觉平衡

平衡是一种均衡的状态。从知觉的感受而言，一个图廓的对角线交点是几何中心而不是视觉中心，达到均衡的视觉中心应该在高出几何中心5%的视点上，如图 3-15 所示。从视觉生理分析，只有当景象的刺激使大脑视皮层中生理力场的分布达到相互抵消的状态

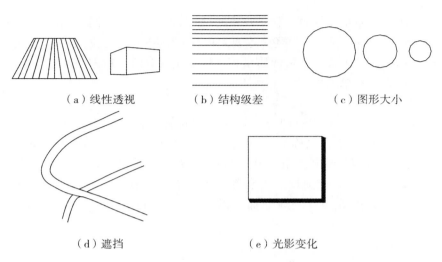

（a）线性透视　　　　　（b）结构级差　　　　　（c）图形大小

（d）遮挡　　　　　　　　（e）光影变化

图 3-14　符号立体感的形成

时，或者说，一旦到了任意更动一个变量或符号，图形便导致失调的状态时，就达到了令人满意的平衡了。

　　美国阿恩海姆提出视觉平衡是由两个主导因素造成的：重力和方向。在地图图廓内，图形是根据它所在绝对位置、尺寸、形状决定重力，图形的相关位置、内容、形状决定方向。例如，图形规则的、紧凑的看上去比不规则的、不紧凑的重（图 3-16），图形重力的增加与它离开中心的距离成正比；孤立的图形又比有多种要素组织的图形重（图 3-17）。而图形形状的产生则来自两个反方向力的轴（图 3-18）。

图 3-15　视点中心

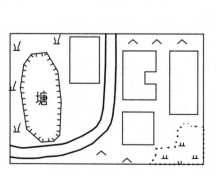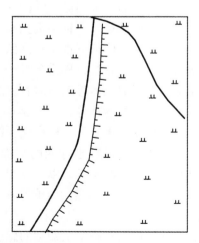

图 3-16　紧凑图形比松散图形重

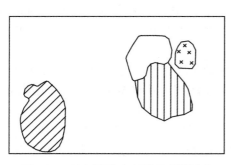 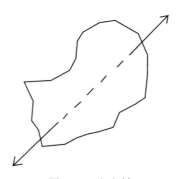

图 3-17　孤立图形比多种要素图形重　　　　图 3-18　方向轴

要使图形产生平衡，我们还要做到：

（1）把主题部分放在视觉中心，如图 3-19 所示。

（2）调整图形格局。

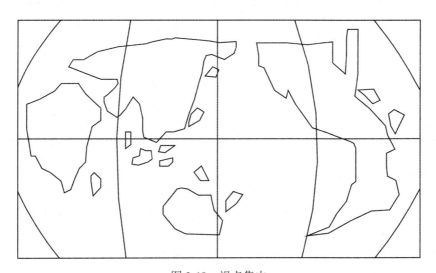

图 3-19　视点集中

古希腊对建筑构形创造了黄金分割法，纸张的尺寸分全开、对开、四开，就采用了黄金分割，成为标准的矩形图廓。当多个图形在一个图廓内组合时，图形的布局牵涉到空间的分割，研究各个图形的配置而不是单纯地将它排列成行，则组合图形的布局会达到新的平衡。

最重要的一点是，不要抛开图形或图组的内容去单纯追求平衡，当平衡显示某种意义时，它的功能才算发挥出来。

（三）视觉分辨的限度

地图设计得再好，如果在不同环境下地图符号看不清楚，地图信息传递功能就会受到影响。眼睛辨别符号的能力受视觉的能见敏锐度和分辨敏锐度的影响。

能见敏锐度不以图形的大小衡量，它是衡量大脑图像的视角阈限而不是图形尺寸。物

77

体再小，只要有足够亮度对比就能看见。这种觉察能力的测量方法是：在白色背景上逐渐减小一条黑线的宽度，直到刚好看到黑线为止。用这个宽度对眼睛形成的张角（分或秒）作为最小的可见阈限。因此，在 25cm 距离上看到 0.075mm 宽度的黑线，和 10m 距离上看到 3mm 宽度的黑线，其张角同为 1′。

分辨敏锐度是能够辨别出视野中空间距离最小的两个视点的能力，又称为分辨率或解像力。经测定，能分辨白纸上两个黑点的最小距离为 0.075mm″（相当于眼睛张角 1′）。因此，在制图上我们把分辨率定为 0.1mm，限差定为 0.2mm。

分辨敏锐度的阈限（α）的倒数（1/α）称为视锐度，即医学上所称的视力，当阈限为 1′时，视力为 1。少数人眼睛的阈值达 30″，则视力为 2。表 3-4 给出了正常视力下的分辨力。

地图绘制过程中，要根据眼睛的敏锐度制定绘图限度，它随着成图作业的方法及制印各环节的不同而有变化。

表 3-4　正常视力下的分辨力　　　（单位：mm）

可辨尺寸　种类　视距	点的直径	单线宽	双线间的空白宽	虚线间的空白宽	汉字边长
250	0.17	0.05	0.10	0.12	1.75
500	0.30	0.13	0.20	0.25	2.50
1000	0.70	0.20	0.40	0.50	3.50

（四）地图符号对制图对象特征的描述

任何具有空间分布性质的事物或现象都可以成为地图描述的对象。不同的制图对象具有不同的特征标志，而不同的特征标志则需要不同的方法加以描述。制图对象的基本特征标志主要包括以下几个方面：

定位特征：空间对象的基本标志之一，包括物体的位置和空间范围。

性质特征：用以辨别不同类型对象的标志，属于定名尺度的范畴。

空间结构特征：对象的外部形状特征标志，包括轮廓的形状和内部空间的结构差异。

数量特征：对象数量大小及数量关系的标志，包括间隔尺度和比率尺度的数值关系。

关系特征：在制图对象中，每一个对象所处的地位及其与其他对象的相互关系。

时间特征：确定对象性质或数量的时点或时段标志，反映对象的发展变化及趋势特点。

在这些基本特征中，位置可不去考虑。时间特征很难用静态图形直接表达，在常规地图上大多以文字加以说明。但在电子地图上，时间特征可以得到较好的反映。由于事物的外形和结构特征是一种明确的形象，它与事物的性质直接有关，因而在符号描述中把它作为性质特征的一个方面。这样，除时间特征外，在常规地图上我们主要面对的就是事物性质、数量和关系三种特征的描述。

1. 性质特征的描述

描述对象性质种类或类型差别的符号属于定性符号。描述性质特征的变量主要是形状、颜色、结构、方向,而明度、密度等变量只能作为次要的辅助手段,起增强差别的作用。

1)点状符号

由于点状符号是以符号个体表示对象的整体形象,因此形状变量是表现性质差别最主要的因素,如图 3-20 所示。艺术型的象形符号或透视符号可以很好地表现出符号对象的形象特征,这是一切符号中生动性、直观性最好的符号形式。当不需要或不可能建立直接形象联系时,就采用几何图形,此时可以在符号颜色、结构等方面表现出一定的象征意义;有时也可以采用文字或字母符号,因为文字或字母能够提示制图对象的性质概念。

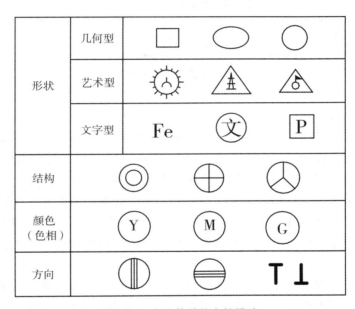

图 3-20 点状符号的定性描述

2)线状符号

线状对象通常通过形状、颜色、结构形式来表达一定的象征性意义。如河流蓝线的粗细渐变、等高线与道路的不同色相、境界的不同结构等。由于线状符号的分类中常包含等级差别,如河流的主流与支流、境界分类、道路分类等,所以也常常需要尺寸变量与颜色、形状、结构等变量配合使用。

3)面状符号

地理现象中无论是呈面状连续分布还是离散分布于一定范围的现象,如土壤、气候或植被分布等,都可以以面状符号的形式出现。面状符号所能使用的变量是像素在形状、结构、方面的差异,用它们来描述面积范围的属性差异,如图 3-21 所示。面状符号可以看做是面状的图案,其基本构成元素可以是简单的几何形状,也可以是象形的个体图形。采用象形图形作为面积的基本结构元素,具有很好的象征和联想效果。使用点状或线状元素填充面积符号时，除了元素本身的形象差别外，结构变化可以很有效地扩充符号的种类，如图形元素的各种规则排列和不规则排列、组合所形成的丰富的图案式样。颜色(主要是色相)是区分面积性质的另一种有效的方法。

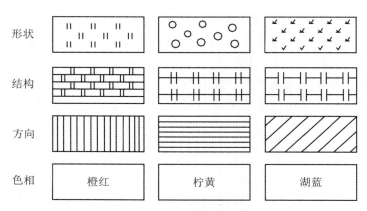

图 3-21　面状符号的定性描述

2. 数量特征的描述

一组定量指标用什么类型的符号描述，不仅与数据的性质有关，也与地图上表现该指标的具体要求有关。按图上要求对数据的处理主要分为两种形式：非分级处理和分级处理。前者是精确的比例描述方法，后者则是相对概略的分级描述方法。所谓分级描述方法，就是对数据分级，把每个对象分别归入相应的等级中去，在视觉模拟上使用分级符号。分级符号在视觉变量的选择上要突出等级感，然后用文字对每一个等级的符号赋予相应的数值范围。也就是说，分级符号的数量概念是由等级感转换而来的，因而是比较间接的。

表现数量特征的变量要少一些。实践证明，尺寸是表现准确数值关系唯一有效的变量。而表现数量相对大小的顺序或等级既可用尺寸，也可用明度、结构等变量。

1) 点状符号

用点状定量符号描述具体数量指标要在符号尺寸与数值之间建立一种函数关系，使之可以根据符号的大小量算或估读出其相应的数值。因而符号的形象必须整齐、规则，有可供量度的基准线。一般采用几何图形，不规则的象形符号只能给出相对的等级概念。符号的有效尺度可以是线状的、面状的和体积的，如图 3-22 所示。从估读准确性来看，一维的线段(柱形)描述最为直观和准确，面状图形(如圆、方形等)次之，立体图形(如立方体、球体等)估读比较困难。估读困难程度还与比率条件有关，绝对的算术关系容易估读，加某种数学条件的几何关系则较难估读。

分级符号也可以采用尺寸变量，它与非分级符号尺寸的不同之处在于一个尺寸与一个数值范围相对应。明度和结构也是分级符号的重要变量。另外，定值图形累加是一种特殊的符号形式，实际上是单个定值符号(定值点或定值图形)的组合形式，这种方式具有良好的数值描述效果。

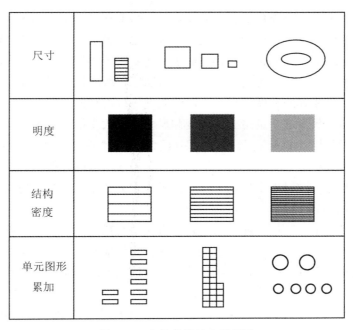

图 3-22　点状符号的定量描述

2）线状符号

　　线状符号的数量描述比点状符号单纯，符号类型也较少，如运输量、流量等线状符号以符号宽度表示数值的大小，线宽与数值成一定比例，如图 3-23 所示。线状符号也可用明度、结构和密度等变化描述分级数据，但明度变量只有在较宽的符号中才能充分利用，因为细线符号明度提高时，其可见度迅速降低。在线状符号用于反映面状现象或体状现象数量变化时，需要标注数字，如等高线、等温线、等密度线等。

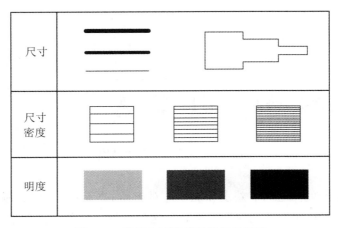

图 3-23　线状和面状符号的定量描述

3）面状符号

面状符号很难表现非分级数值，如果要表示，只能通过面积内基本元素图形的尺寸来表现，但基本元素图形太大会影响面状效果，因而这种方法有一定的使用限制。例如，根据由黑到白逐渐过渡的连续调标尺绘制"无分级等值区域图"，只有在计算机条件下，其制作和阅读才有可能。面状的定量数据大多通过明度等级进行分级描述，这是最常用的方法。结构和密度、色相和饱和度大多作为形成明度等级的辅助手段。

总的来说，描述数量的变量主要是明度和尺寸，在大多数情况下用多种变量配合以加强视觉效果，如"尺寸+结构+密度，尺寸+明度+结构"或"明度+尺寸+结构"等。定量描述不仅要确定符号形式和尺寸与数值的比例，而且要考虑估读的规律，必要时可以对符号尺寸进行补偿性的改正，同时也要注意符号总体所表示的数量概念是否适当。

3. 关系特征的描述

如果说符号对质量、数量特征的描述属于直接语义描述的话，对于制图对象相互关系的描述，则属于句法的描述。制图对象极为多样，它们既有统一性，又有不同程度的差异性，这种关系的描述表现为地图符号系统分类、分级以及层次结构和空间组合。如把所有内容区分为性质根本不同的要素（水系、地貌、人口、产值等），每一要素又包含了若干类（如水系分为河流、湖泊、渠道等；经济分为工业产值、农业产值、服务业产值等），每一类还可区分为若干亚类（如渠道分为干渠、支渠、毛渠等，工业分为冶金、机械、纺织等），甚至还可做更低层次的区分。显然，大的分类反映了概念上最本质的区别，而低层次的分类只具有较次要的区别。这种不同层次的隶属关系或等级关系，对于符号设计来说就是统一和差异的关系。图 3-24 所示是点状符号层次结构描述的方式，运用形状、色相、结构等差异分别构成视觉层次。图 3-25 所示是面状符号分类层次的表现。面状符号以图形、结构、明度和方向的差别表现两级分类。最高级分类需要最强的视觉差异，等级越低差异越小。而同一层次中的所有符号之间，应当既有一定的视觉差异，又有足够的共性，才能在视觉上产生一定的联合感受（整体感）。

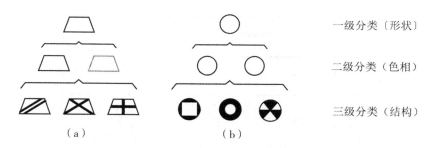

一级分类〔形状〕

二级分类（色相）

三级分类（结构）

（a）　　　　　　　　（b）

图 3-24　点状符号层次结构

符号的视觉变量就像是调节差别和统一这对矛盾的"旋钮"，两类制图对象如要求各自的个性十分突出，就可能要同时动用所有可能的变量，使差异因变量叠加而变得最大；反之，如果要寻求一组符号之间的共性使之产生整体感，则应使大部分变量保持常值，只是变化其中的一个变量，并且其变幅也要小一些。

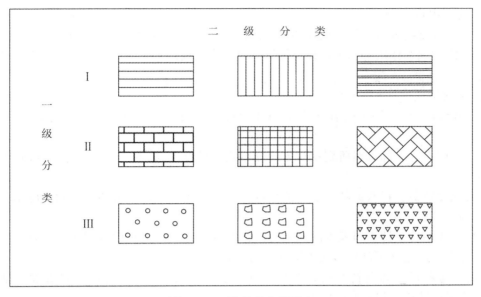

图 3-25 面状符号分类层次

第三节 地图符号设计

一、设计地图符号考虑因素

（一）影响地图符号设计的因素

设计一个地图符号系统虽然允许发挥制图者的想象力和表现出不同的制图风格，但符号形式既要受地图用途、比例尺、生产条件等因素的制约，也要受到制图内容和技术条件的影响。因此必须综合考虑各方面的因素，才能设计出好的符号系统，如图 3-26 所示。

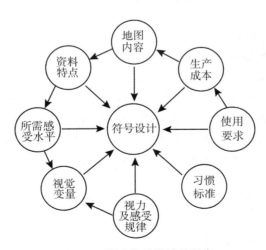

图 3-26 影响符号设计的因素

1. 地图内容

地图包含哪些内容是符号设计的基本出发点。但是符号设计反过来也对地图内容及其组合有一定的制约作用，因为不顾及图解，可能盲目设想的内容组合往往无法在地图上表现出来。

2. 资料特点

地理资料关系到每项内容适于采用什么形式的符号。这涉及表现对象四个方面的特点：

（1）空间特征，即资料所表现对象的分布状况是点、线、面还是体，这就决定着符号的相应类型。

（2）测度特征，指对象的尺度特征是定名的、定级的还是数量的。不同测度水平要采用不同的符号表示法。

（3）组织结构，即资料表现的关系特征，内容的分类分级有没有层次性，是单一层次还是多层次，这是处理符号形式逻辑特征的依据。

（4）其他特征，如资料的精确性和可靠程度，以及制图对象在形状等方面特征的表现，这些对设计符号都有实际的意义。

3. 地图的使用要求

地图的使用要求由一系列因素决定，如地图类型、主题、比例尺，地图的使用对象和使用条件等。这些因素影响地图内容的确定，又制约着符号设计。显然，是选择几何符号、一般简洁的象形符号还是更为艺术化的符号，在很大程度上是根据用图者的情况来确定的。

4. 所需的感受水平

地图一般需要几个特定的感受水平。各项地图内容在地图上的感受水平一方面由资料特点所确定，另一方面由内容主次及图面结构要求确定。主题内容需要较强的感受效果，其他则相反。

5. 视觉变量

不同的视觉变量有不同的感受效果，因而视觉变量的选择直接关系到符号的形象特点。

6. 视力及视觉感受规律

设计符号不能离开视觉的特性和视觉感受的心理物理规律。一般视力的分辨能力数据可作为确定符号线划粗细、疏密和注记大小的参考，但这只是在较好的观察条件下的最小尺寸，在实际使用时，要根据预定读图距离、读者特点、使用环境、图面结构复杂程度等情况做必要的调整、修改和试验。视错觉对符号视觉感受有很大影响，特别是在背景复杂的条件下，会因环境对比产生不正确的感受，如色相偏移、明度改变、图形弯曲、尺寸判断误差等，这需要在设计符号时考虑它们的图面环境而加以纠正或利用。

7. 技术和成本因素

绘图员的绘图技术水平和印刷技术水平都是确定符号线划尺寸和间距等不能忽视的因素。另外，地图要顾及成本和地图产品的价格能否适应市场情况，在一般情况下，符号设计方案应利用现有条件而降低成本。

8. 传统习惯与标准

符号要能够被人们容易接受就，不能不考虑地图符号的习惯用法。普通地图要素一般应尽量沿用标准符号或至少与之相近似；专题内容虽然大多尚无标准化规定，但也应尽可能采用习惯的形式、如水系用蓝色，植被用绿色等。符号的传统和标准是与符号的创造性相对立的，但也是统一的，这要求制图者善于处理传统和创新的关系。

（二）符号设计要求

为了描述多种多样的制图对象，地图符号的图像特点有很大差别，但作为地图上的基本元素，承担载负和传递信息的功能，它们应具备一些共同的基本条件，满足作为符号的基本要求。

1. 图案化

所谓图案化，就是对制图形象素材进行整理、夸张、变形，使之成为比较简单的规则化图形。地图上绝大部分图形符号需要图案化。图案化主要体现在两个方面。首先，要对形象素材进行高度概括，去其枝节成分，把最基本的特征表现出来，成为并非素描的简略图形。其次，图形应尽可能地规则化。地图符号作为一种科学语言的成分，必须在构图上表现出规律性和规格化，才有可能正确表现对象的质量、数量特征以及它们相互间的关系特征。一般符号的构图都尽量由几何线条和几何图形组成，除为满足特殊需要而设计的柔美的艺术形象符号外，都应尽可能向几何图形趋近。有很多象形符号也由几何图形组合变形构成，这样的符号便于统一规格、区分等级和精确定位，也便于绘制和复制。

2. 象征性

符号与对象之间的"人为关系"可以通过图例说明强制实行，但为了使符号能被读者自然而然地接受，最好还是强调符号与对象之间的"自然联系"，利用人们看到符号产生联想等心理活动自然地引向对事物的理解。因而，在设计图案化符号时，一般都应尽可能地保留甚至夸张事物的形象特征，包括外形的相似、结构特点的相似、颜色的相似等。对于非具象的事物，要尽量选择与其有密切联系的形象作为基本素材。凡是象征性好的符号都比较容易理解。

3. 清晰性

符号清晰是地图易读的基本条件之一。每个符号都应具有良好的视觉个性，影响符号清晰易读的因素主要在于简单性、对比度和紧凑性三个方面。首先，符号要尽量简洁，复杂的符号需要较大的尺寸，会增加图面载负量，制图原则是用尽量简单的图形表观尽量丰富的信息，即有较高的信息效率，符号设计也应遵循这一原则。其次，要有适当的对比度。细线条构成的符号对比弱，适于表现不需太突出的内容；具有较大对比度（包括内部对比和背景对比）的符号则适合表现需要突出的内容。符号之间的差别是正确辨别地图内容的条件，尽管不同层次的符号差别有大有小，但不应相互混淆、似是而非。另外，清晰性还与符号的紧凑性有关。紧凑性是指构成符号的元素向其中心的聚焦程度和外围的完整性，这实际上是同一符号内部成分的整体感。结构松散的符号效果较差，而紧凑的符号则具有较强的感知效果。

4. 系统性

系统性指符号群体内部的相互关系，主要是逻辑关系，这是符号能够相互配合使用的必要条件。在设计符号时，要与其所指代对象的性质和地位相适应，从而在符号形式上表现出地图内容的分类、分级、主次、虚实等关系。也就是说，不能孤立地设计每一个符号，而要考虑它们与其他符号的关系。

5. 适应性

各种不同的地图类型和不同的读者对象对符号形式的要求有很大的不同。例如，旅游地图符号应尽可能地生动活泼、艺术性强；中小学教学用图符号也可以比较生动形象；科学技术性用图符号则应庄重、严肃，更多地使用抽象的几何符号。因此，某种地图上一组视觉效果好的符号未必适用于其他地图。

6. 生产可行性

设计符号要顾及在一定的制图生产条件下能够绘制和复制，包括符号的尺寸和精细程度、符号用色是否可行以及经费成本。

二、地图符号常规实现方法分析

（一）矢量地图符号常规实现方法

矢量符号常规实现方法有三种：程序块法、信息块法、综合法。

1. 程序块法

这种方法是参数加过程模拟的一种实现方法。将每类矢量符号由一个绘图子程序实现，并把这些绘图子程序集合组成符号的程序库。符号化时，按照符号编号调用符号库中对应的绘图子程序，输入相应参数，由子程序根据参数及已知数据计算绘图矢量，从而完成符号绘制。

程序块法绘制的成功取决于对绘图要素全面而又精心地分类，准确地用数学表达式描述各类符号及编程，并且选择合适的参数。

该方法分类细致，在显示上有很高的速度，缺点在于将符号数据和绘制程序融为一体，符号和绘制程序之间具有对应的制约关系。符号变更时，需要重新编制绘图子程序。程序量大，软件利用效率低，且不便于符号库扩充和更新。采用程序块法可以绘制大量符号，但必须首先能用数学表达式精确描述它们，其绘制类型相对而言，尚不够广泛，属于早期的符号库设计方法。

2. 信息块法

用人工或程序将要绘制的符号离散成单纯线划（任意曲线可由若干线划逼近到任意程度），将单纯线划坐标数据与操作指令（抬、落笔、移动）一同记录进对应信息块中。通常一个符号对应一个信息块。符号化时，根据符号编码从符号库文件中检索、读取信息块，调用统一的绘图程序完成符号绘制。

根据点、线、面状符号的不同特性，可以形成相应的信息块。信息块中所记录的信息视不同的应用要求而有所选择和取舍。但是基本的属性信息、定位信息、特征点数据信息、操作指令信息是必备的。

这种方法建立的矢量符号库数据量相对大；但是绘图程序与符号数据分离，符号数据格式规格标准，绘图程序简单统一，各个符号之间成平行关系，仅仅存在数据的差别，数据具有高度的独立性，便于符号库动态扩展和修改；同时，采用信息块法进行绘图或显示，可以使众多点、线、面符号绘制只分别用点、线、面三个程序就可实现符号化，符号绘制程序具有高度的通用性。该方法属于代数方法绘图，也可以说是开放式的绘图。合理设计矢量符号的数据结构，不仅具有较高的灵活性、通用性，而且出图速度快、成图效果好，可以取得较好的综合效果。

3. 综合法

综合法实质上是程序块法和信息块法的综合运用。它将地图符号分解抽象为直线、折线、圆、填充圆、圆弧、矩形、多边形、填充多边形等多种图元，各种图元使用信息块法组织，绘图程序由图元绘制程序组合而成。这种方法通用性更广，功能更强；但结构复杂。由于对图元分解抽象不同，不同的符号库之间调用时，需要对绘图程序进行相应的改动。如果能充分综合利用程序法和信息块法的优点，把空间数据库质量、数量、时间等数据量化，动态变更图元的信息块，那么不仅普通符号的绘制会取得很好的效果，甚至绘制专题图符号也会相当方便。

(二)地图符号的系统设计

对于内容不太复杂的单幅地图来说，符号设计不太困难，但对内容复杂的地图或地图集来说，符号类型多、数量大，各有不同的要求，但又要表现出一定的统一性，从而构成系统，难度就大一些。

符号设计首先应从地图使用要求出发，对地图基本内容及其地图资料进行全面的分析研究，拟定分类分级原则；其次，确定各项内容在地图整体结构中的地位，并据以排定它们所应有的感受水平；然后，选择适当的视觉变量及变量组合方案。进入具体的设计阶段后，要选择每个符号的形象素材，在这个素材的基础上，概括抽象形成具体的图案符号。初步设计往往不一定十分理想，因而常常需要经过局部的试验和分析评价，作为反馈信息重新对符号进行修改。在这个主要的设计过程中还要同时考虑上述各种有关的因素。图3-27 所示是地图符号设计的步骤，掌握了符号设计的要求和步骤，剩下的就是设计的艺术构思和绘制技巧了。

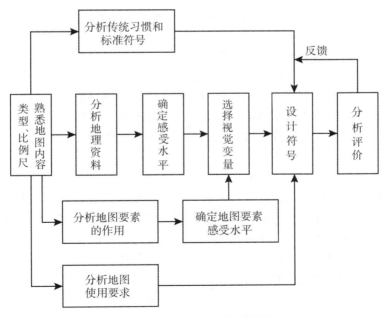

图 3-27　地图符号设计的步骤(祝国瑞，2003)

第四节　地图色彩

我们生活在一个多彩的世界中，不断受到周围色彩的影响，同时又不断用色彩表现客观世界。在地图的制作与使用中，色彩同样是不可缺少的重要因素。

一、色彩概述

色彩是所有颜色的总称，它包括两部分：无彩色系和有彩色系。无彩色系（消色）是指黑、白以及介于两者之间各种深浅不同的灰色。有彩色系（彩色）是指红、橙、黄、绿、青、蓝、紫等色。一切不属于消色的颜色都属于彩色。

无彩色系的颜色只有明度特征，没有色相和饱和度特征。有彩色系的颜色具有三个基本特征：色相、明度、饱和度，在色彩学上也称为色彩的三属性。三属性是色彩研究的基础，熟悉和掌握色彩的三属性，对于认识色彩和表现色彩是极为重要的。

色彩的基本属性是人的视觉能够辨别的颜色的基本变量。

（一）色相（色别、色种）

色相即每种颜色固有的相貌。色相表示颜色之间质的区别，是色彩最本质的属性。色相在物理上是由光的波长所决定的。光谱中的红、橙、黄、绿、青、蓝、紫 7 种分光色是具有代表性的 7 种色相，它们按波长顺序排列，若将它们弯曲成环，红、紫两端不相连接，不形成闭合。在红与紫间插入它们的过渡色：品红、紫红、红紫，就形成了一个色相连续渐变的完整色环。其中，品红、紫红等色为光谱中不存在的谱外色。

（二）明度（亮度）

明度是指色彩的明暗程度，也是指色彩对光照的反射程度。对光源来说，光强者显示色彩明度大；反之，明度小。对于反射体来说，反射率高者，色彩的明度大；反之，明度小。

不同的颜色具有不同的视觉明度，如黄色、黄绿色相当明亮，而蓝色、紫色则很暗，大红、绿、青等色介于其间。同一颜色加白或黑两种颜料掺和以后，能产生各种不同的明暗层次。白颜料的光谱反射比相当高，在各种颜料中调入不同比例的白颜料，都可以提高混合色的光谱反射比，即提高了明度；反之，黑颜料的光谱反射比极低，在各种颜料中调入不同比例的黑颜料，都可以降低混合色的光谱反射比，即降低了明度。由此可以得到该色的明暗阶调系列。

（三）饱和度（色度、纯度、彩度、鲜艳度）

饱和度是指色彩的纯净程度。当一个颜色的本身色素含量达到极限时，就显得十分鲜艳、纯净、特征明确，此时颜色就饱和。在自然界中，绝对纯净的颜色是极少的。在特定的实验条件下，可见光谱中的 7 种单色光由于其本身色素含量近似饱和状态，故认为是最纯净的标准色。在色料的加工制作过程中，由于生产条件的限制，总是或多或少地混入一些杂质，不可能达到百分之百的纯净。

饱和度与明度是两个概念。明度是指该色反射各种色光的总量，而饱和度是指这种反射色光总量中某种色光所占比例的大小。明度是指明暗、强弱，而饱和度是指鲜灰、纯杂。黑白阶调效果可以表示出色彩明度的高低，却不能反映出纯度的高低。某种颜色的明度高，不一定就是纯度高，如果它掺杂着其他较浅的颜色，那么，它的明度是提高了，而纯度却是降低了。

色彩的三属性具有互相区别、各自独立的特性，但在实际色彩应用中，这三属性又总是互相依存、互相制约的。若一个属性发生变化，其他一个或两个属性也随之变化。例如，在高饱和度的颜色中混合白色，则明度提高；混入灰色或黑色，则明度降低。同时，饱和度也发生变化，混入的白色或黑色的分量越多，饱和度越小，当饱和度减至极小时，则由量变引起质变——由彩色变为消色。

二、色彩的表示与感觉

色彩是客观存在的物质现象，但色彩在人的视觉感觉中却并非纯物理的。由于在自然界和社会中，色彩往往与某种物质现象、事件、时间存在联系，因而人对色彩的感觉是在长期生活实践中形成的，不仅带有自然遗传的共性，而且具有很强的心理和感情特征。

（一）色彩表示

地图上色彩作为一种表示手段，主要是运用色相、明度以及饱和度的变化与组合，结合人们对色彩感受的物理心理特征，建立起色彩与制图对象之间的一定联系。除底色以外，各种点状、线状和面状图形都可以用不同的颜色表示。色彩学中，红、绿、蓝三色称为三原色，由红、绿、蓝三色依次分别混合，就可以得到橙、绿、紫、黑各色（图3-28）。这些都是色系的差别，每种颜色又都可以有不同的纯度和饱和度，即由淡到浓或由浅到深的变化。

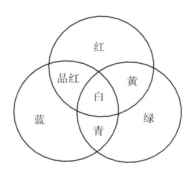

图 3-28　三原色组合

由各种色相、饱和度相互配合，即由三原色及其间色（两种原色混合）和复色（三原色不等量或两种间色混合），可以得到各种各样的色调。其中，可两色组合或三色组合，按照一定的顺序的色相、亮度、饱和度组合（先两色组合，后三色组合）可以得到数万种色调的色标，这种制印色标（色谱）是地图彩色设计和制印工艺的重要依据。

地图上用色，有时需要选择对比强烈的色调，有时需要选择对比柔和的色调，有时还需要选择饱和度逐渐变化的色标。地图色彩运用的总原则是：使每一种色相、亮度、饱和度的设计同所有表示对象的实质和特征联系起来，最有效地反映制图对象的特征及其分布规律与区域差异。

(二) 色彩的感觉

不同色彩给人的感觉是不尽相同的, 主要表现在以下方面:

1. 色彩的兴奋与沉静

当我们观察色彩形象时, 会有不同的情绪反应: 有的能唤起人的情感, 使人兴奋; 而有的让人感到伤感, 使人消沉。通常, 前者称为兴奋色或积极色, 后者称为沉静色或消极色。在影响人的感情的色彩属性中, 最起作用的是色相, 其次是饱和度, 最后是明度。

在色相方面, 最令人兴奋的色彩是红、橙、黄等暖色, 而给人以沉静感的色彩是青、蓝、蓝紫、蓝绿等色。其中, 兴奋感最强的为红橙色; 沉静感最强的为青色; 紫色、绿色介于冷暖色之间, 属于中性色, 其特征为色泽柔和, 有宁静平和感。

高饱和度的色彩比低饱和度的色彩给人的视觉冲击力更强, 让人感觉积极、兴奋。随着饱和度的降低, 色彩感觉逐渐变得沉静。

在明度方面, 同饱和度不同明度的色彩, 一般为明度高的色彩比明度低的色彩视觉冲击力强。低饱和度、低明度的色彩属于沉静色, 而低明度的无彩色最为沉静。

2. 色彩的冷暖感

色彩之所以使人产生冷、暖感觉, 主要是因为色彩与自然现象有着密切的联系。例如, 当人们看到红色、橙色、黄色, 便会联想到太阳、火焰, 从而感到温暖, 故称红色、橙色等色为暖色; 看到青色、蓝色, 便会联想到海水、天空、冰雪、月夜、阴影, 从而感到凉爽, 故称青色、蓝色等色为冷色, 如图 3-29 所示。

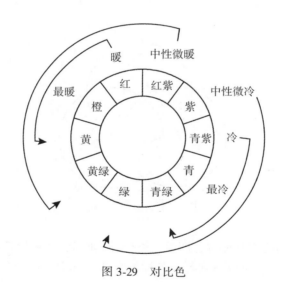

图 3-29 对比色

色彩的冷暖感是相对的, 两种色彩的互比常常是决定其冷暖的主要依据。如与红色相比, 紫色偏于冷色; 与蓝色相比, 紫色则偏于暖色。色彩的冷暖是互为条件、互相依存的, 是统一体中的两个对立面。深刻理解色彩的冷暖变化, 对于调色和配色都是极为有用的。

3. 色彩的进退和胀缩

当观察同一平面上的同形状、同面积的不同色彩时, 在相同的背景衬托之下, 会感到红色、橙色、黄色似乎离眼睛近，有凸起来的感觉，同时显得大一些；而青色、蓝色、紫色似乎离眼睛远，有凹下去的感觉，同时显得小一些。因此，常将前者称为前进色、膨胀色，而将后者称为后退色、收缩色。色彩的这种进退特性又称为色彩的立体性，它源于人的生理特性。进入眼睛的光线折射与波长相反，红色物体在视网膜后聚焦，蓝色物体在视网膜前聚焦，为使红色在视网膜上聚焦，眼睛的水晶体便适应地凸起。而我们看近处物体时，水晶体也要凸起，传到人的大脑知觉，产生了暖色相的前进感和冷色相的后退感，地图上海洋部分用蓝色表示，地势部分分层设色时用暖色表示，都和色彩的感觉有关。

进退或胀缩与色彩的饱和度有密切关系。高饱和度的鲜艳色彩给人以前进、膨胀的感觉，低饱和度的浑浊色给人以后退、收缩的感觉。

在地图设色时，常利用色彩的前进与后退的特性来形成立体感和空间感。例如，地貌分层设色法就是利用色彩的这一特性来塑造地貌的立体感。也常利用色彩的这一特性，突出图面中的主要事物，强调主体形象，帮助安排图面的视觉顺序，形成视觉层次。

4. 色彩的轻重与软硬

决定色彩轻重感的主要因素是明度，即明度高的色彩感觉轻，明度低的色彩感觉重。其次是饱和度，同一明度、同一色相的条件下，饱和度高的感觉轻，饱和度低的感觉重。

从色彩的冷暖方面看，暖色，如黄色、橙色、红色，给人的感觉轻；冷色，如蓝色、蓝绿色、蓝紫色，则给人的感觉重。

色彩的软硬与明度、饱和度有关，掺了白色、灰色的明浊色有柔软感，而纯色和掺了黑色的颜色则有坚硬感。白、黑属于硬色，灰色属于软色。

在地图设色中，进行图面各要素配置时，不仅要注意位置的安排与组合关系，更应注意各要素色彩的轻重感的运用，以使图面配置均衡。

5. 色彩的华丽与朴素

暖色系、明度大及饱和度高的色彩显得华丽；冷色系、明度小及饱和度低的色彩显得朴素。金色、银色华丽；黑色、白色、灰色朴素。

6. 色彩的活泼与忧郁

充满明亮阳光的房间有轻快活泼的气氛，光线较暗的房间有沉闷忧郁的气氛；观看以暖色为中心的纯色、明色感到活泼，看冷色和暗浊色感到忧郁。也就是说，色彩的活泼和忧郁是以亮度为主，伴随着饱和度的高低、色相的冷暖而产生的感觉。消色则以亮度为主，白色让人感到活泼，而黑色让人感到忧郁，灰色则是中性的。

三、地图符号色彩设计

在世界上凡是与视觉工艺有关的领域，都不可避免地要运用色彩、研究色彩。地图是以视觉图像表现和传递空间信息的，图形和色彩是构成地图的基本要素。色彩作为一种能够强烈而迅速地诉诸感觉的因素，在地图中有着不可忽视的作用。色彩本身也是地图视觉变量中一个很活跃的变量。地图设计的好坏，无论在内容表达的科学性、清晰易读性，还是地图的艺术性方面，都与色彩的运用有关。

(一)地图上色彩的作用

在现代技术条件下，制作彩色地图没有任何困难，黑白地图已经极少见到(只有在专门需要时制作)，这说明地图需要色彩，人们需要彩色的地图，因为色彩对于地图有很重要的作用。

1. 简化了图形符号系统

地图内容十分丰富，地图表现的对象又多种多样，地图的符号系统相当复杂，在黑白地图上，所有点状、线状和面状的制图对象只能依靠图形符号加以区别，不同对象必须具有不同形状和花纹的符号。例如线状符号，地图上呈线状的要素很多，如各种道路、岸线、河流、等高线、区域范围线等，在单色条件下区分它们，只能依靠线状符号的粗细、组合、结构、附加图案花纹等图形差异，差别过小，可能难以辨别；差别大，往往需要较复杂的图形。又如区分面状分布的现象；在单色条件下必须在面积范围内设置点状或线状图案，这种面状符号的使用使得图面线划载负量大大增加，而图面清晰度则受到很大影响。色彩的使用使上述问题迎刃而解，如同一种细线，蓝色表示岸线，黑色表示路，棕色表示等高线……色彩变量取代图形变量，简单的符号由于使用了不同的颜色而可以分别表现不同对象，使地图上可以尽量采用较简单的图形符号表现丰富的要素。

2. 丰富了地图内容

由于颜色是视觉可以分辨的形式特征之一，因而颜色就具有了信息载负的能力，人们可以利用色彩表现制图对象的空间分布、内在结构、数量、质量特征等，因而增大了地图传输的信息量。

依靠人们对色彩的感知能力，有些不便于或不能用图形符号描述的内容，可以通过色彩表现出来，并加深人们对该内容的认识与理解。例如，用浅蓝色表示水域，使读图者对水陆分布概念非常明确；用暖色表示气温高的地区，气温越高，颜色越趋暖色，反之，以冷色表示低温区。

由于色彩的使用简化了原有的图形符号，使在单色条件下原本无法同时表示的内容可以叠加表示在一起，而不相互干扰，这些相互关联的内容不仅各自体现其直接信息，而且增加了内容的深度，人们有可能从它们的关系中分析更深层次的间接信息。

总之，色彩已成为被人们广泛接受的视觉语言，有很高的视觉识别作用。巧妙地使用色彩，可使地图内容更为丰富。

3. 提高地图内容表现的科学性

制图对象是有规律的，色彩也有其内在的规律性，色彩的合理使用可以加强地图要素分类、分级系统的直观性。

例如，在普通地图上人们习惯于用蓝色表示水系要素，以棕色表示地貌要素；以绿色表示植被；以黑色表示人为环境要素等。这样的色彩分类，既能方便地单独提取某一种要素，又把区域景观综合体中各要素的关系反映得很清楚。

利用色彩三属性的有规律变化，还可以表现制图对象分类的多层次性。例如在某些专题地图上，色彩的有规律变化可以很好地表现出一级分类、二级分类，甚至三级分类的概念，这对读图者正确与深入理解地图内容十分有用。

色彩明度和饱和度的渐变色阶是表现数量等级的最佳方法，可以让读图者十分生动地感受到数量(等级)由低到高的渐变规律。

4. 改善地图语言的视觉效果

色彩运用使地图语言的表达能力大为增强，这对提高地图信息传输效率非常有利。色彩是地图视觉变量中的活跃因素，色彩属性的演变可以产生多种视觉效果，如产生整体感、性质差异感、等级感、立体感、动态感等。这些效果的运用，使地图要素容易辨别，符号清晰易读，各种关系清楚明确。

在现代专题地图上，大多作品以多层次的视觉层面表现多方面的相关制图内容：主题和重要内容突出于第一层面，相对次要的内容处于第二层面，而地理底图要素则安排在最低层面。没有色彩的参与，这种视觉层次是难以形成的。

5. 提高地图的审美价值

地图作为一种视觉形象作品，它是需要美的。色彩作为"一般美感中最大众化的形式"（马克思），可以赋予地图美的特质。尽管地图上使用色彩首先是为了更好地表现地图内容，但色彩的使用不可避免地给地图带来色彩艺术的成分，这也正是地图综合质量的一个重要方面。当色彩设计既能正确表现地图内容，又能给人一种清新和谐的审美感受时，它就是一幅成功的地图作品。其审美价值不仅表现在使人们从美学的意义上去欣赏地图作品，得到美的享受和熏陶，而且它还能吸引读图者的注意力，延长视觉注意时间，进而促进对地图内容的认识和理解。所以，地图色彩的审美价值与地图的实用价值是统一的。

（二）地图色彩的特点

如前所述，地图在本质上是一种科学和技术的产品，而不是艺术品。地图色彩当然也必须服从地图科学和技术的要求。因此，地图色彩与一般艺术创作中的色彩具有不同的性质和特点。

艺术用色有写生色彩与装饰色彩之分：写生色彩偏重于自然色彩的再现；装饰色彩不求色彩的逼真，而是以自然色彩的某些特征为基础，化繁为简，合理夸张，形成对比调和的组合效果和有特点的色彩形式美。

地图色彩不同于自然色彩的写真和逼真，而是以客观事物色彩的某些特征为基础，从地图图面效果的需要出发，设计象征性和标记性颜色。从这一点看，地图色彩有些类似于装饰色彩。不过装饰艺术的唯一目标是色彩的形式美，而地图的色彩则必须服从内容的表现和阅读的清晰性要求，因此，地图色彩还有其特点。

1. 地图色彩大多以均匀色层为主

地图的设色与地图的表示方法有关。除地貌晕渲和某些符号的装饰性渐变色外，地图上大多数点状、线状和面状颜色都以均匀一致的平色为主，尤其是面状色彩。现代地图上主要采用垂直投影的方式绘制地物的平面轮廓范围，每一范围内的要素被认为是一致的、均匀分布的。如某种土壤或植物的分布范围，人们不可能再区分每一个范围内的局部差异，而将其看做内部等质（某种指标的一致性）的区域，这是地图综合——科学抽象的必然。因而，使用均匀色层是最合适的。同时，地图上色彩大多不是单一层次，由于各要素的组合重叠，采用均匀色层才能保持较清晰的图面环境，有利于多种要素符号的表现。

2. 色彩使用具有系统性

地图内容的科学性决定了其色彩使用的系统性，地图上的色彩使用表现出明显的秩序，这是地图用色与艺术用色的最大区别。

如前所述，地图上色彩的系统性主要表现为两个方面，即质量系统性与数量系统性。色彩质量系统性是指利用颜色的对比性区别，描述制图对象性质的基本差异，而在每一大类的范围内又以较近似的颜色反映下一层次对象的差异。例如，在土壤分布图上，以蓝色表示水稻土，以紫灰色表示紫色土，以土黄色表示黄壤……以此反映一级分类（土类）的不同。在第二级（亚类）层次上，以较深的蓝色表示淹育型水稻土，以中蓝表示潴育型水稻土，以浅中蓝表示潜育型水稻土等；以深土黄表示黄壤，以浅土黄表示黄壤性土……这种用色方法使图上复杂的色彩关系有了规律。人们既能根据基本的色相属性分辨土类的范围，又可以凭借色彩的较小的饱和度和明度区别判断土壤的亚类属性。显然，这种用色方法清楚地反映了地图内容的分类系统性。

色彩的数量系统性主要是指运用色彩强弱与轻重感觉的不同，给人以一种有序的等级感。色彩的明度渐变是视觉排序的基本因素，例如在降水量地图上用一组由浅到深的蓝色色阶表示降水量的多少，浅色表示降水少，深色表示降水多。在专题地图上这种用色方法十分普遍。

3. 地图色彩具有制约性

在绘画艺术中，只要能创造出美的作品，一切由画家的主观意愿决定。画面上的景物、色彩及其位置、大小都可根据构图需要进行安排调动，这称为"空间调度"，现代派画家甚至撇开图形而纯粹地表现色彩意境和情调。地图则不同，地图上的色彩受地图内容的制约大得多，地图符号、色斑位置和大小，一般不能随意移动，自由度很小。一般来说，色彩的设计总是在已经确定了的地图图形布局的基础上进行。同时，由于地图上点、线、面要素的复杂组合，色彩的选配也受到很大限制，例如除小型符号外，大多数面积颜色要保持一定的透明性，以便不影响其他要素的表现。

4. 色彩意义的明确性

在绘画作品中，色彩只服从于美的目标，而不必一定有什么意义，有些以色块构成的现代绘画，只是构成一种模糊的意境而不反映任何具体事物。而地图是科学作品，其价值在于承载和传递空间信息，地图上的色彩作为一种形式因素担负着符号的功能。在地图上除少数衬托底色仅仅是为了地图的美观外，绝大多数颜色都被赋予了具体的意义。而且作为一种符号或符号视觉变量的一部分，其含义都应该十分明确，不允许模棱两可、似是而非。

（三）地图色彩设计的一般要求

1. 地图色彩设计与地图的性质、用途相一致

地图有多种类型，各种类型的地图无论在内容上还是使用方式上都有不同，其色彩当然也不一样。色彩的设计要适应地图的特殊读者群体，要适应用图方法。例如，地形图作为一种通用性、技术性地图，色彩设计既要方便阅读，又要便于在图上进行标绘作业，因而色彩要清爽、明快；交通旅游地图用色要活泼、华丽，给人以兴奋感；教学挂图应符号粗大，用色浓重，以便在通常的读图距离内能清晰地阅读地图；一般参考图应清淡雅致，以便容纳较多的内容；而儿童用的地图则应活泼、艳丽，针对儿童的心理特点，激发其兴趣。

2. 色彩与地图内容相适应

地图上内容往往相当复杂，各要素交织在一起。不同的内容要素应采用不同的色彩，这种色彩不仅要表现出对象的特征性，而且还应与各要素的图面地位相适应。在普通地图上，各要素既要能相互区分，又不要产生过于明显的主次差别。在专题地图上，内容有主次之分，用色应反映它们之间的相互关系。主题内容用色饱和，对比强烈，轮廓清晰，使

之突出，居于第一层面；次要内容用色较浅淡，对比平和，使之退居次一层面；地理底图作为背景，应该用较弱的灰性色彩，使之沉着于下层平面。

又如，在某些地图上，专题内容的点状或线状符号，要用尺寸和色彩强调其个体的特征，使之较为明显，而表示面状现象的点(如范围法中的点状符号)和线(如等值线)则主要强调的是它们的总体面貌，而不需突出其符号个体。另外，某些地图要素，尤其是普通地图要素，已经形成了各种用色惯例，在大多数情况下应遵循惯例进行设色，没有特殊理由而违反惯例，读者会产生疑问，从而影响地图的认知效果。

3. 充分利用色彩的感觉与象征性

既然地图色彩主要是用来表现制图内容，设计地图符号的颜色时必须考虑如何提高符号的认知效果。

有明确色彩特征的对象，一般可用与之相似的颜色，如蓝色表示水系，棕色表示地貌与土质；又如黑色符号表示煤炭，黄色符号表示硫黄等。

没有明确色彩特征的可借助于色彩的象征性，如暖流、火山采用红色，寒流、雪山采用蓝色；高温区、热带采用暖色，低温区、寒带采用冷色；表现环境的污染则可用比较灰暗的复色等。

4. 和谐美观、形成特色

地图的色彩设计，为了突出主题和区分不同要素，需要足够的对比，但同时又应使色彩达到恰当的调和。与此同时，地图虽然属于技术产品，但是地图色彩设计也不能千篇一律。一幅地图或一本地图集，制图者应力求形成色彩特色。例如瑞士地形图的淡雅与精致，《荻克地图集》(德国)浓郁、厚实，《海洋地图集》(苏联)鲜艳、清新，《中国自然地图集》清淡、秀丽等，这些优秀的地图作品的色彩设计都各具特色。

(四)地图色彩选择

色彩在地图上是附着于地图符号上使用的，可以分为点状色彩、线状色彩、面状色彩。

1. 点状色彩

点状色彩指点状符号的色彩。由于点状符号属于非比例符号，多由线划构成图形，用色时多利用色相变化表示物体的质和类的差异，而很少利用明度和饱和度的变化。为了使读者在读图时能够产生联想，应使用同制图对象的固有色彩近似的(或在含义上有某种联系的)色彩。为了印刷方便，点状符号一般只选用一种颜色。

2. 线状色彩

线状色彩指线状符号的色彩。地图上的线状符号大多是由点、线段等基本单元组合构成，其用色要求基本与点状符号相似。运动线也是线状符号，它同其他线状符号的差别在于，它有相当的宽度，所以它除了运用色相变化外，也可以有明度和饱和度的变化。

3. 面状色彩

色彩是面状符号最重要的变量，它可以使用色相、明度、饱和度的变化。色彩的对比和调和设计也主要运用于面状符号。

地图上的面状符号用色分为：

(1)质别底色。用不同颜色填充在面状符号的边界范围内，区分区域的不同类型和质量差别，这种设色方式称为质别底色。地质图、土壤图、土地利用图、森林分布图等使用的面积色都是质别底色。对于质别底色必须设置图例。

（2）区域底色。用不同的颜色填充不同的区域范围，它的作用仅仅是区分出不同的区域范围，并不表示任何的数量或质量特征，视觉上不应造成某个区域特别明显和突出的感觉，但区域间又要保持适当的对比度。区域底色不必设置图例。

（3）色级底色。按色彩渐变（通常是明度不同）构成色阶，表示与现象间的数量等级对应的设色形式称为色级底色。分级统计地图都使用色级底色，分层设色地图使用的也是色级底色。

色级底色选色时要遵从一定的深浅变化和冷暖变化的顺序和逻辑关系。一般来说，数量应与明度有相应关系，明度大表示数量少，明度小则表示数量大。当分级较多时，也可配合色相的变化。色级底色也必须有图例配合。

（4）衬托底色。既不表示数量、质量特征，又不表示区域间对比，它只是为了衬托和强调图面上的其他要素，使图面形成不同层次，有助于读者对主要内容的阅读。这时底色的作用是辅助性的，是一种装饰色彩，如在主区内或主区外套印一个浅淡的、没有任何数量和质量意义的底色。衬托底色应是不饱和的原色或米黄、肉色、淡红、浅灰等，不应给读者造成刺目的感觉，不影响其他要素的显示，同待衬托的点、线符号保持一定的对比度。

第五节　地图注记

一、地图注记的功能

地图注记是地图的基本内容之一。如同地图上其他符号一样，注记也是一种符号，在许多情况下起定位的作用，是将地图信息在制图者与用图者之间进行传递的重要方式。例如，根据注记的位置和结构，可以指示点位，根据注记的间隔和排列走向，指示对象的范围。

系统地利用注记的字体（形状）、尺寸、色相，地图注记便成为空间信息归类的手段。例如，在普通地图上，通常黑色表示人文地物，蓝色表示水文地物，棕色表示地貌，绿色表示植被。注记的尺寸反映地物的重要程度，注记的字体则反映地物的级别，如居民地按行政意义分级时，用等线体、宋体、仿宋体、细线体分别注记省会、市、县、镇和乡的驻地。所以，注记在地图上的出现和排列的好坏影响着空间信息的表达及地图的阅读。注记既是地图上的功能符号，也参与地图的艺术设计。

地图注记有标识各对象、指示对象的属性、表明对象间的关系及转译的功能，具体如下：

（一）标识各对象

地图用符号表示物体或现象，用注记注明对象的名称。名称和符号相配合，可以准确地标识对象的位置和类型，如"北京市""五台山"等。

（二）指示对象的属性

文字或数字形式的说明注记标明地图上表示的对象的某种属性，如树种注记、梯田比高注记等。

(三)表明对象间的关系

经区划的区域名称往往表明影响区划的各重要因素间的关系,如"温暖型褐土及栗钙土草原"表明气候、土壤、植被间的关系,"山地森林草原生态经济区"表明地貌、植被、经济等生态结构区划的划分。

(四)转译

地图符号通过文字说明才能担负起信息传输的功能。

二、地图注记分类

地图上的注记可以区分为名称注记、说明注记及图幅注记。

(一)名称注记

名称注记是指地理事物的名称。按照中国地名委员会制订的《中国地名信息系统规范》中确定的分类方案,地名分为11类,即行政区域名称、城乡居民地名称、具有地名意义的机关和企事业单位名称、交通要素名称、纪念地和名胜古迹名称、历史地名、社会经济区域名称、山名、陆地水域名称、海域地名、自然地域名。名称注记是地图上不可缺少的内容,并且占据了地图上相当大的载负量。

(二)说明注记

说明注记又分文字和数字两种,用于补充说明制图对象的质量或数量属性。表3-5所示是大比例尺地形图上说明注记所标注的内容。

(三)图幅注记

说明地图的编制状况,如普通地形地图上的相邻图幅代号、图名、图形比例尺、绘图日期、测量员、绘图员、检察员及所采用的坐标系等。

表 3-5 大比例尺地形图说明注记

要素名称	文字说明注记	数字说明注记
独立地物	矿产性质,采挖地性质,场地性质,库房性质,井的性质,建筑物性质等	比高
管线	管线性质,输送物质	管径,电压
道路	铁路性质,公路路面性质	路面宽,铺面宽,里程碑、公里数及界碑,界桩编号,桥宽及载重等
水系	泉水、湖水性质,河底、海滩性质,渡口、桥梁性质等	河底、沟宽、水深、沟深、流速,水井地面高,井口至水面深,沼泽水深及软泥层深,时令河、湖水有水月份,泉的日出水量等
地貌	地貌性质(如黄土溶斗、冰陡赈)	直径及深度
植被	树种、林地及园地性等	平均树高、树粗,防火线宽等

三、地图注记的设计

地图注记的设计包括字体、字大、字色、间隔、配置等方面。

（一）注记字体

我国使用的汉字字体繁多，地图上最常用的是宋体及其变形体(长宋、扁宋、斜宋)，等线体及其变形体(长等线、扁等线、耸肩等线)，仿宋体，隶体，魏碑体及其他美术字体，如图 3-30 所示。

字体		式样	用途
宋体	正宋	南京	居民地名称
	宋变	渤海　　黄河	水系名称
		福建　　厦门	图名区划名
		广东　　香港	
等线体	粗中细	上海　　石家庄　　广州	居民地名称细等作说明
	等变	阿　尔　卑　斯	山脉名称
		珠穆朗玛峰	山峰名称
		徐州市	区域名称
仿宋体		丰县　　张坂镇	居民地名称
隶体		中国　开封	图名、区域名
魏碑体		黑龙江	
楷体		海南岛图	名称

图 3-30　地图常用的注记字体

地图上用字体的不同来区分制图对象的类别，已形成习惯性的用法。

图名、区域名要求字体明显突出，故多用隶体、魏碑体或其他美术字体，有时也用粗等线体、宋体，或对各种字体加以艺术装饰或变形。

河流、湖泊、海域名称，通常使用左斜宋体。过去曾对通航河段使用过右斜宋体。

山脉用右耸肩体，一般用中等线，也可以用宋体。山峰、山隘等用长中等线。

居民地名称的字体设计较为复杂，通常根据被注记的居民地的重要性分别采用不同字体，例如城市用等线体，乡、镇、行政村用宋体，其他村庄用细等线体或仿宋体。当同时表示居民地的行政意义和人口数时，通常总是用注记的字体配合字大来表示其行政意义。

地图注记的字体设计应遵照明显性、差异性和习惯性的原则。明显性表示重要性的差别，差异性表示类(质)的差别，习惯性则主要考虑读者阅读的方便。

(二)注记字大

这是指注记的大小。地图上用字的大小采区分制图对象的重要性或数量关系。制图时，首先要对制图对象进行分级，等级高的是较重要的，采用较大的字(配合较大黑度的字体)来表示。

地图用途和使用方式对字大设计有显著影响。对于最小一级的注记，桌面参考图可用1.75~2.0mm(8~9级)，挂图则最少要用到2.25~2.5mm(10~11级)。地图上最小一级注记的字大对地图的载负量和易读性均有重要影响，是设计的重点。最大一级注记在地图上数量较少，参考图上一般用到4.25~5.75mm(18~24级)，挂图和野外用图可以适当加大一些。

为了便于读者清楚区分不同大小的注记，注记的级差之间至少要保持0.5mm(2级)以上。

过去的制图规范、图式、教材、参考书标注字大小都用级(k)，字大=(k-1)×0.25，单位为mm。在计算机里，字大用磅(p)或号标记，每磅为1/27英寸，即0.353mm。用号表示时通常分为16级，从大到小依次为初号及1~8号。其中初号及1~6号又分别分为两级，如初号、小初，六号、小六。一号字大为8.5mm，到小六(2.0mm)每级以0.5mm的级差递减，七号字为1.75mm，最小的八号字为1.5mm，初号字为13.5mm，小初为11.5mm。

(三)注记字色

字体的颜色起到增强分类概念和区分层次的作用。通常水系注记用蓝色，地貌的说明注记用棕色，而地名注记通常都用黑色，特别重要的(区域表面注记或最重要的居民地)用红色，大量处于底层(如专题地图的地理底图上)的居民地名称常使用钢灰色，以减小视觉冲击。

(四)注记字隔

这是指在一条注记中字与字之间的间隔。最小的字隔通常为0.2mm，而最大字隔不应超过字大的5~6倍，否则读者将很难将其视为同一条注记。

地图上点状物体的注记用最小间隔;线状物体的注记可以拉开字的间隔，当被注记的线状对象很长时，可以重复注记;面状物体的注记视其面积大小而定，面积较小(其范围内不能容纳其名称)时，注记用正常字隔，排在面状目标的周围适当位置，面积大时，则视具体情况可拉开间隔，注在面状物体内部。

(五)注记配置

注记配置指注记的位置和排列方式。

注记摆放的位置以接近并明确指示被注记的对象为原则，通常在注记对象的右方不压盖重要物体(尤其是同色的目标)的位置配置注记，当右边没有合适位置时，也可放在上方、下方、左方。

注记的排列有四种方式，如图 3-31 所示。

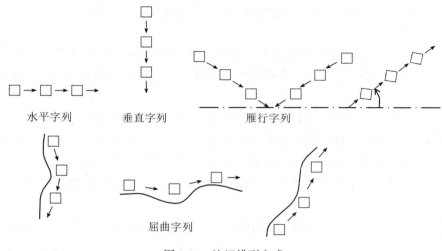

图 3-31 注记排列方式

1. 水平字列

这是一种字中心连线平行于南北图廓（在小比例尺地图上也常用平行于纬线）的排列方式。地图上的点状物体名称注记大多使用这种排列方式。

2. 垂直字列

这是一种字中心连线垂直于南北图廓的排列方式。少数用水平字列不好配置的点状物体的名称及南北向的线状、面状物体的名称，可用这种排列方式。

3. 雁行字列

各字中心连线在一条直线上，字向直立或垂直于中心连线，通常应拉开间隔。字中心连线的方位角在±45°之间，字序从上往下排，否则就要从左向右排。

4. 屈曲字列

各字中心连线是一条自然弯曲的曲线，该曲线同被注记的线状对象平行。其中的字不应直立，而是随物体走向而改变方向。字序排列方式同雁行字列：当字序从上往下排时，字的纵向平行于线状物体；从左往右排时，字的横向平行于线状物体。

四、地名与地图

地图注记中名称注记的主要种类是地名，地名首先借助于语言，用文字进行记录。而语言和文字都有一定的含义，所以地名具有音、形、义三要素。地名表示正确与否，直接影响地图的使用。

地名混乱和错误标注，常给政治、军事、外交、测绘、邮电、交通、统计等工作带来不便。为此，1960 年联合国成立了地名专家组，负责指导地名标准化工作。1975 年，我国参加了联合国地名机构。1977 年在联合国第三届地名标准化会议上，通过了我国提出《采用汉语拼音作为中国地名罗马字母拼写法的国际标准》提案。同年，我国成立中国地名委员会，各省、市、县也都设置了相应的地名审核机构。

为了克服地名混乱现象，我国根据 1979 年第一次全国地名工作会议的要求，在全国范围内开展了以县为单位的地名普查工作，对地名的标准称谓、位置、地名来历、含义、历史沿革，以及地名与社会、经济、文化和地理环境的关系进行了彻底的调查。调查中，将历史遗留下来有损于我国领土主权的地名、妨碍民族团结的地名、违背国家政策的地名，对有地无名、有名无地、重名，对少数民族地区地名音译不准现象逐一进行改正，确定一个居民地只有单一的书写形式和汉语拼音名称，以实现地名标准化和规范化。我国各地在 20 世纪 80 年代陆续编辑了本地的地名志、地名录和地名图。所有这些，都为在地图上选用正确地名提供了可靠的依据。因此，地名书写应遵守地名志颁布的名称或地形图上的地名标注，这是一个严肃的制图过程。

在编辑汉文版的外国地图时，需要按一定规则用汉字译写外国地名。地名的称谓关系着领土主权和民族尊严。原名的确定，原则上应以各主权国官方最新地图的地名写法为准，并注意反映我国的外交立场。没有该国官方地图时，则采用国际通用的某种文版地图为依据。

当外国地名出现一地多名或翻译上的分歧，要按以下原则处理：

(1)本国官方名称以外另有国际通名，可括注国际通用名的译名，如摩洛哥的 Darel-Beida，国际上另有通用名 Casablanca，可译为"达尔贝达"(卡萨布兰卡)。

(2)跨国度的山脉、河流等，分别按所在国的名称译写，但读音接近的，可用一个统一的汉字译名。如欧洲的"奥得河"。

(3)对有争议的地域，双方有不同名称时，按我国外交政策处理，只译一个或两个全译，如阿根廷与英国有争议的"玛尔维纳斯群岛(福克兰群岛)"。

(4)我国与邻国共有的地点，以我国称谓为准，必要时可括注邻国名称的译名。如"珠穆朗玛峰"可括注尼泊尔的名称"萨加玛塔峰"。

(5)朝鲜、日本、越南和东南亚各国，凡过去或现在使用汉字书写的，一般应沿用，没有汉字书写过的才用该国拼音的汉译。

中国地名委员会已经颁布了各国相当数量的标准译名资料。查不到的，或尚未制定译音规则和译音表的，则应取得中国地名委员会的同意，由编图者制定译写方案，送审后执行。

思 考 题

1. 地图符号的特征是什么？
2. 阐述地图符号的功能。
3. 地图符号的量表有哪些内容？
4. 地图符号设计应注意哪些问题？
5. 色彩对地图有哪些影响？

第四章 普 通 地 图

第一节 普通地图概述

一、普通地图定义与类型

普通地图是以相对平衡的详细程度表示地面各种自然地理要素和社会经济要素的基本特征、分布规律及其相互联系的地图。

普通地图按其比例尺和表示内容的详细程度，可分为地形图和地理图。

(一)地形图

地形图通常是指比例尺大于或等于1：100万，按照同一的数学基础、图式图例，统一的测量和编图和规范要求，经过实地测绘、航空摄影测量或根据较大比例尺地形图并配合其他有关资料编绘而成的一种普通地图。我国规定将1：500、1：1000、1：2000、1：5000、1：1万、1：2.5万、1：5万、1：10万、1：25万、1：50万和1：100万普通地图列为国家基本比例尺地形图。除此之外，为了满足地质、石油、煤炭、水利、电力、交通、林业、农业、城建等行业部门的要求，也常测绘1：1000～1：5万等比例尺的地形图，这些专业性地形图和国家地形图相比，内容有所增减。

(二)地理图

地理图，也称一览图，通常是指比例尺小于1：100万的普通地图。地理图的内容概括，图形经高度制图综合，能够反映广大区域的自然、社会经济要素的基本特征、分布规律及其相互关系。地理图没有规定的比例尺系列，没有统一的地图投影、分幅编号和规范图式系统，制图区域范围根据任务要求而定，幅面大小不一，常以单幅图、多幅拼接图、图集(册)等形式出现，可以在桌上阅读，也可以张挂使用。地理图的地貌要素多以等高线加分层设色表示，有的还配以晕渲，增强立体感。地物因地图的概括程度比较高，多以抽象符号表示。

二、普通地图的内容与特征

普通地图的内容包括数学要素、地理要素(自然要素与社会经济要素)和图廓外要素三大类，其中，数学要素包括：控制点、坐标网、地图定向、地图比例尺、分幅编号；地理要素包括：自然要素(水系、地貌、土质与植被)、社会经济要素(居民地、交通线、境界线)；图廓外要素包括：图名和图号、图例、接图表、比例尺、坡度尺、出版说明。

普通地图具有如下许多重要特征：

1. 完备、均衡性

对于地表的自然和社会经济要素，普通地图能客观、较完备和均衡地表示其空间分布、相互联系的基本特征，反映制图区基础信息，供使用者了解和掌握某区域的自然、人文概况，不着意突出或详细表达某单一要素。因而，普通地图广泛用于部队作战指挥、国民经济建设和科学文化教育等许多方面，也是编绘小比例尺地图和专题地图的基本资料。

2. 可量测性与概括性

普通地图的内容的详细程度、精确性和概括性主要受比例尺制约。比例尺越大，所表示的内容越详细，精度越高，即可量测性越强；比例尺越小，所表示内容的概括性越强，精度越低，即可量测性越弱。

3. 制图规范的一致性。

地形图采用统一大地控制基础、地图投影（我国除 1∶100 万地形图采用等角圆锥投影外，其余皆采用高斯-克吕格投影）、比例尺系列、制图规范、符号系统、色彩设计等，因而具有较好的一致性，便于拼接和使用。

4. 系统性

由于国家地形图采用 11 种比例尺系列，构成较完整的系统，能详细或较概括地反映制图区概况，能基本满足不同用户对基础地理信息的地图使用要求。

5. 权威性

由于地形图一般由国家统一组织实施测（编）制，有科学、严密及严格的规范要求，所以具有权威性，为信息共享创造了基础条件。

6. 应用的广泛性

普通地图不但能广泛应用于国民经济建设、国防军事、科学研究、文化教育等领域，而且其空间信息的特点可在不同的行业部门发挥作用，特别是 GIS、GNSS、RS 和数字地球技术的飞速发展和普及，地图使用和制作越来越大众化，使得其应用领域越来越宽广。

三、普通地图的用途

普通地图应用领域广泛，常用于一般了解和掌握制图区的基本概况。地形图可用于编制地理图，普通地图可用于编制专题地图。由于不同比例尺普通地图内容的详细程度和概括程度不同，其应用范围和应用功能亦不同，如表 4-1 所示。

表 4-1　国家基本比例尺地形图以及比例尺小于 1∶100 万地图的基本任务和主要用途

比例尺	基本任务	用于国民经济建设	用于国防建设和作战
1∶500～1∶2.5 万	工程建设现场图；农田基本建设用图；城市规划用图；基本战术图	各种工程建设的设计以及农、林业生产的研究等	国防重点地区的基本技术、战术用图；炮兵射击，坦克兵等兵种的侦察和作战
1∶5 万～1∶10 万	规划设计图；战术图；专题地图的地理底图	各种建设规划设计；道路勘查，地理调查，地质勘查，土壤调查，农林研究等	广泛用作战术用图，司令部和各级指挥员在现场的用图

续表

比例尺	基本任务	用于国民经济建设	用于国防建设和作战
1：25 万~ 1：50 万	区域规划设计图；战役、战术图；专题地图的地理地图	各种建设的总设计；工农业规划；运输路线规划；地质、水文普查等	军级以上高级司令部使用；合成军协同作战中应用较多；空军在接近大型目标时使用
1：100 万	国家和省、市、自治区总体规划图；战略图；飞行图；专题地图的地理底图	了解和研究区域自然地理与社会经济概况；拟定总体建设规划，工农业生产布局，资源开发利用计划；小比例尺普通地图和专题地图的编图资料	统帅部战略用图；空军空中领航使用
小于 1：100 万	一览图	一般参考；文化教育和科学研究用图；专题地图和地图集的编图资料	确定战略方针；研究飞行设计；中远程导弹的发射等

第二节　独立地物的表示方法

在实地形体较小，无法按比例表示的一些地物，统称为独立地物。地图上表示的独立地物主要包括工业、农业、历史文化、地形等方面的标志，如图 4-1 所示。

图 4-1　独立地物符号

独立地物一般高于其他建筑物，具有比较明显的方位意义，对于地图定向、判定方向等意义较大。在 1：2.5 万~1：10 万地形图上独立地物表示得较为详细，随着地图比例尺的缩小，表示的内容逐渐减少，在小比例尺地图上，主要以表示历史文化方面的独立地物为主。

独立地物由于实地形体较小，无法以真形显示，所以大多是用侧视的象形符号来表示。表 4-2 是我国 1：2.5 万~1：10 万地形图上独立地物符号的举例。

在地形图上，独立地物符号必须精确地表示地物位置，所以符号都规定了其主点，便于定位。独立地物符号在方向上，除特殊要求按其真实方向表示外，其他的均垂直于南图廓描绘。当独立地物符号与其他符号绘制位置有冲突时，一般保持独立地物符号位置的准确，其他地物移位绘出。街区中的独立地物符号，一般可以中断街道线、街区留空绘出。

表4-2 我国地形图上独立地物符号的举例

工业标志	烟囱，石油井，盐井，天然气井，油库，煤气库，发电厂，变电所，电杆，塔，矿井，露天矿，采掘场，窑
农业标志	水车，风车，水轮泵，饲养场，打谷场，储藏室
历史文化标志	革命烈士纪念碑、像，彩门，牌坊，气象台、站，钟楼，鼓楼，城楼，古关塞，亭，庙，古塔，碑，及其他类似物体，独立大坟，坟地
地形方面的标志	独立石，土堆，土坑
其他标志	旧碉堡，旧地堡，水塔，塔形建筑物

第三节 自然地理要素的表示方法

一、水系要素的表示

水系是指地球表面的各种水域而言，分为海洋和陆地水系两大部分。水系是自然地理环境中最重要的要素之一，对自然环境和人类社会经济活动有很大的影响。水系对反映区域地理特征具有标志性作用，对地貌的发育、土壤的形成、植被分布和气候的变化都有用不同程度的影响；对居民地、交通网路的分布和工农业生产的布局也有极大的影响。在军事上，水系物体的障碍作用尤为突出，通常可以作为防守的屏障、进攻的障碍，也是空中和地面判定方位的重要目标。从地图制图的角度考虑，水系是地图内容的控制"骨架"，对其他要素有一定的制约作用。因此，水系在地图上的表示具有很重要的意义，是地图上重要的表示内容。

地图上表示水系的主要要求是，显示出各种水系要素的基本形状及其特征，河网、海岸和湖泊的基本类型，主流和支流的从属关系，水网密度的差异，以及水系与地貌要素之间的统一协调关系等。

（一）海洋要素的表示

海洋约占地球表面面积的71%，研究它的形状及其发生、发展规律有着重要的意义。在普通地图上所表示的海洋要素，主要包括海岸和海底地貌，有时也表示海流、潮流、海底地质以及冰界、海上航行标志等。对于地理图，表示的重点是海岸线及海底地貌。

1. 海岸

海岸是海洋和陆地相互作用的具有一定宽度的海边狭长地带，也是海洋与陆地的一条重要分界线。海岸的位置不是固定的，它随着潮汐变化而变化。高潮时，向陆地推移，低潮时，则向海上推移，最大宽度可达15km，上下高差可达15m。

1）海岸的组成
海岸由沿岸地带、潮浸地带和沿海地带三部分组成。

沿岸地带，又称后滨。它是高潮线以上狭窄的陆上地带，是高潮波浪作用过的陆地部分，可依海岸阶坡(包括海蚀崖、海蚀穴)或海岸堆积区等标志来识别。根据地势的陡缓和潮汐情况，这个地带的宽度可能相差很大。

潮浸地带，是高潮线与低潮线之间的地带，高潮时淹没在水下，低潮时露出水面，地形图上称之为干出滩。沿岸地带和潮浸地带的分界线即为海岸线，它是多年大潮的高潮位所形成的海陆分界线。

沿海地带，又称前滨。它是低潮线以下直至波浪作用的下限，是一个位于海水之下的狭长地带。

在海岸的发育过程中，这三个地带是相互联系、不可分割的整体。

2)海岸的表示

在地形图上表示海岸线，要反映海岸的基本类型及特征。海岸线通常以蓝色实线表示，低潮线用虚线概略绘出。在海岸线以上的沿岸地带，主要通过等高线或地貌符号表示。在沿海地带，主要表示沿岸岛屿和海滨沙嘴等。在小比例尺地理图上，以不同形状的概括图形来区分岩岸、沙岸、泥岸等，以蓝色小点表示沙洲、浅滩，以红色珊瑚礁符号组成不同的图案表示群礁、堡礁和环礁，如图4-2所示。

2. 海底地貌

海底地貌与陆地地貌在成因和形态上虽然有所差别，但它们之间有着不可分割的联

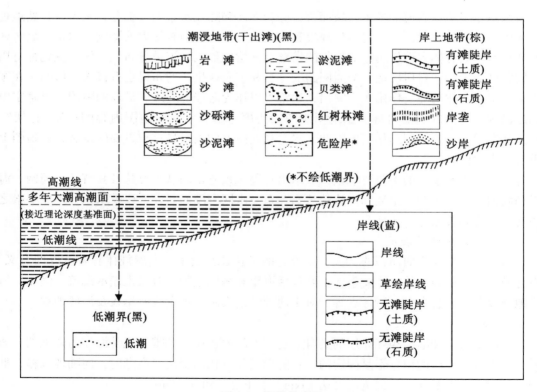

图4-2　海岸的表示

系。作为地球体的表层，它应与陆地地貌一样，在地图上得到较为详细的反映。海底地貌按其基本轮廓可分为大陆架、大陆坡和大洋底。

（1）大陆架，是大陆边缘在海水下的延伸部分，水深一般在 0~200m，宽度由几千米至几百千米不等。整个坡度平缓，水深变化小，地貌形态多样，多为水下三角洲、小丘、垄岗、洼地、水下谷地、浅滩、岛礁、海底阶地等。

（2）大陆坡，是大陆架向海底过渡的斜坡地带，坡度较陡，最大可达 20°以上，水深一般在 200~2500m，常被海底峡谷切割得较破碎。

（3）大洋底，是大陆坡以下的海底凹地，其面积占海底面积的 80%，是海洋的主体部分，水深一般在 2500~6000m。地势起伏不大，有规模巨大的海底山脉及海岭、海山、海原、海沟等，其中海沟深度一般在 6000m 以下，最深的是太平洋中的马里亚纳海沟，深达 11034m。

海底地貌通常是用水深注记、等深线、分层设色和晕渲等方法来表示。海洋水深采用长期验潮数据求得的理论最低潮面即深度基准面起算，海水深度就是深度基准面至海底的深度。

（1）水深注记，是水深点深度注记的简称，类似于陆地上的高程点。海图上的水深注记有一定的规则，普通地图也多引用。例如，水深点不标点位，而用注记整数位的几何中心来代替；可靠的新测的水深点用斜体字注出，不可靠的旧资料的水深点用正体字注出；不足整数的小数位用较小的字注于整数后面偏下的位置，中间不用小数点，如 23_5 表示 23.5m。

（2）等深线，是从深度基准面起算的等深点的连线。等深线的形式有两种：一种是类似于境界的点线符号，另一种是通常所见的细实线符号。如图 4-3 所示。

图 4-3 等深线的符号

（3）分层设色法与等深线表示法相配合，可以较好地表示海底地貌。这种方法是在等深线的基础上每相邻两根等深线（或几根等深线）之间加绘相应颜色来表示海底地貌的起伏。通常都是用不同深浅的蓝色来区分各层的，且随水深的加大，蓝色逐渐加深。

（4）海底地貌有时也采用晕渲法来表示。

（二）陆地水系的表示

陆地水系是指一定流域范围内，由地表大大小小的水体，如河流的干流、若干级支流及流域内的湖泊、水库、池塘、井、泉等构成的系统。

1. 河流、运河及沟渠的表示

在普通地图上表示河流，必须搞清区域的自然地理特征及河流的类型，才能使水系的图形概括科学、合理。在表现方法上，以蓝色线状符号的轴线表示河流的位置及长度，以线状符号的粗细表示河流的上游与下游、主流与支流的关系。与河流相联系的还有运河和沟渠，在地图上一般只以蓝色的单实线表示。

地图上通常要求显示河流的形状、大小（宽度和长度）和水流状况。当河流较宽或比例尺较大时，只要正确描绘河流的两条岸线，就能大体上满足要求。河流岸线是指常水位所形成的岸线（也称水涯线），如果雨季的高水位与常水位相差很大，则大比例尺图上还要求同时用棕色虚线表示高水位岸线。

由于地图比例尺的关系，地图上大多数河流只能用单线表示。用单线表示河流时，通常用 0.1~0.4mm 的线粗表示。符号由细到粗自然过渡，可以反映出河流的流向和形状，区分出主支流，同时配以注记还可以表明河流的宽度、深度和底质。根据绘图的可能，一般规定图上单线河粗于 0.4mm 时，就可以用双线表示。单、双线河相应于实地河宽参见表 4-3。

表 4-3　单、双线河相应于实地河宽

图上线型 ＼ 比例尺	1：2.5 万	1：5 万	1：10 万	1：25 万	1：50 万	1：100 万
0.1~0.4mm 单线	10m 以下	20m 以下	40m 以下	100m 以下	200m 以下	400m 以下
双线	10m 以上	20m 以上	40m 以上	100m 以上	200m 以上	400m 以上

为了保证与单线河衔接及美观，往往用 0.4mm 的不依比例尺双线符号过渡到依比例尺的双线符号表示。小比例尺地图上，河流有两种表示方法：一是与地形图相同的方法，采用不依比例尺单线符号配合不依比例尺双线和依比例尺双线符号来表示（图 4-4）；二是采用不依比例尺单线配合真形单线符号来表示（图 4-5）。

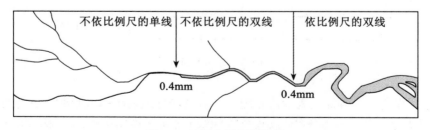

图 4-4　地图上的河流符号

根据河流的流水情况，有常年河、季节性有水河、地下河段和消失河段等，地图上用相应的符号加以区别。

图 4-5　真形单线河符号

　　运河和沟渠是人工开凿的水道，供灌溉和排水用。运河及沟渠在地图上都是用平行双线(双线内套浅蓝色)或等粗的实线表示，并根据地图比例尺和实地宽度的分级情况用不同粗细的线状符号表示。

　　2. 湖泊的表示

　　湖泊是水系中的重要组成部分，它不仅能反映出水资源及湿润状况，而且还能反映区域的景观特征及环境演变的进程和发展方向。在地图上，湖泊是以蓝色实线或虚线轮廓，再配以蓝、紫不同面色区分湖泊的水质加以表示的。通常用实线表示常年积水的湖泊，用虚线表示季节性有水的时令湖。

　　3. 水库的表示

　　水库是为饮水、灌溉、防洪、发电、航运等需要建造的人工湖泊。由于它是在山谷、河谷的适当位置，按一定高程筑坝截流而成的，因此在地图上表示时，一定要与地形的等高线形状相适应。如图 4-6 所示，在地图上能用真形表示的，则用蓝色水涯线表示，并标明坝址；对不能依比例尺表示的，则用符号表示。

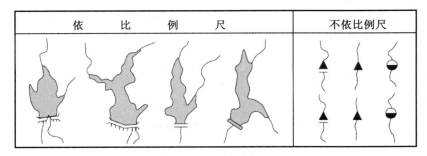

图 4-6　地图上常见的水库符号

　　4. 井、泉的表示

　　井、泉虽小，但它却有不容忽视的存在价值。在干旱区域、特殊区域(如风景旅游区)地图上，用点状符号加以表示。

　　5. 水系注记

　　地图上需要注出名称的水系物体有海洋、海峡、海湾、岛屿、湖泊、江河、水库等。

二、地貌要素的表示

地貌是自然地理各要素中最重要的要素之一，它与水系一起，构成了地图上其他要素的自然地理基础，并在很大程度上影响着它们的地理分布。在国民经济方面，交通、水利、农业、林业部门要根据地貌来勘察、设计和施工，地质部门要根据地貌来填绘地质结构和岩层性质等。军事上的部队运动、阵地选择、工事构筑、火炮配置、隐蔽和伪装等，也都必须研究和利用地貌。通常地图上表示地貌有如下要求：要便于确定地面上任意点的高程；要便于判断地面的坡向、坡度和量测其坡度；要便于清楚地识别各种地貌类型、形态特征、分布规律和相互关系，量测其面积和体积。

对具有三维空间的地貌，如何将它们科学地表示在地图这个二维空间的平面上，使之既有立体感，又有一定的数学概念，以便进行量测，人类经历了漫长的历程和多种尝试，创立了写景法、等高线法、晕滃法、晕渲法和分层设色法等多种表示地貌的方法。到目前为止，常用表示方法主要有等高线法、分层设色法和晕渲法、写景法、晕滃法。

（一）等高线法

等高线法是用高程等值线定量表示地貌起伏的一种方法，通过等高线的组合来具体反映地面的起伏大小和形态变化。用等高线表示地貌的定位精度，取决于等高线的获取方法及地图比例尺。运用航测方法获得的真实连续的等高线定位精度高，野外测得高程点后再用插绘方法获得等高线的定位精度较前者低；地图比例尺大、概括程度低，等高线的定位精度就高，比例尺小、概括程度高，等高线的定位精度就低。用等高线法表示地貌形态的详细程度，主要取决于比例尺或等高距的大小。比例尺大，等高距小，地貌形态表示的详细；反之亦然。

等高线法的基本特点就在于它具有明确的数量概念，可以从地图上获取地貌的各项数据；可以用一组有一定间隔的等高线的组合来反映地面的起伏形态和切割程度，使得每种地貌类型都具有独特的等高线图形。等高线是其他地貌表示法的几何基础。正是由于等高线具有许多优点，才使其成为当前在地图上表示地势起伏方法的主流。

1. 等高距

等高距就是相邻两条等高线高程截面之间的垂直距离，或者说是相邻两条等高线之间的高程差，如图 4-7 所示。

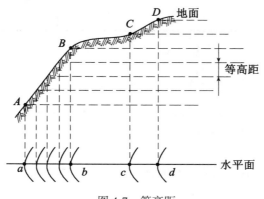

图 4-7　等高距

随着地图比例尺的缩小、等高距的扩大，等高线图形更加概括，等高线的作用将逐渐以反映地形的基本特征为主，不能依据它量测地面的实际高度和坡度。小比例尺地图，常因制图区域范围大，可能包括各种地貌类型，如平原、丘陵、山地，若用固定等高距，难以反映出各种地貌情况，这时，可以采用等高距随高程增加而逐渐增大的方法，称为变距高度表。

2. 等高线分类

地形图上的等高线分为首曲线、计曲线、间曲线和助曲线四种，如图 4-8 所示。

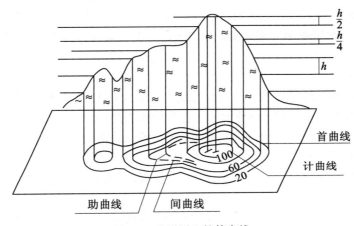

图 4-8 地形图上的等高线

首曲线又称为基本等高线，是按基本等高距由零点起算而绘制的，通常用细实线描绘。

计曲线又称为加粗等高线，是为了计算高程的方便加粗描绘的等高线，通常是每隔四条基本等高线描绘一条计曲线并注记高程，它在地形图上以加粗的实线表示。

间曲线又称为半距等高线，是相邻两条基本等高线之间补充测绘的等高线，用以表示基本等高线不能表示而又重要的局部地貌形态，在地图上常以长虚线表示。

助曲线又称为辅助等高线，是在任意的高度上测绘的等高线，用于表示那些任何等高线都不能表示的重要微小地貌形态。因为它是任意高度的，故也叫任意等高线，但实际上，助曲线多绘在基本等高线 1/4 的位置上。地形图上助曲线是用短虚线描绘的。

3. 等高线的特征

（1）同一条等高线上的点，其高程必相等。

（2）等高线均是闭合曲线，如不在本图幅内闭合，则必在图外闭合，故等高线必须延伸到图幅边缘。

（3）除在悬崖或绝壁处外，等高线在图上不能相交或重合。

（4）等高线的平距小，表示坡度陡，平距大则坡度缓，平距相等则坡度相等，平距与坡度成反比。

（5）等高线和山脊线、山谷线成正交。

（6）等高线不能在图内中断，但遇道路、房屋、河流等地物符号和注记处可以局部中断。

4. 明暗等高线法和粗细等高线法

等高线法表示地貌有两个明显的不足：其一，缺乏视觉上的立体效果。其二，两等高线间的微地貌无法表示，需要用地貌符号和地貌注记予以补充。为了增强等高线法的立体效果，可以采用粗细等高线法或明暗等高线法来弥补其不足。

粗细等高线法是指将处于背光部分的等高线加粗，形成暗影，与受光部分的等高线相对比，从而加强立体感。

明暗等高线是将受光部位的等高线绘成白色，处于背光部位的等高线绘成黑色，从白色等高线转成黑色等高线时，用灰色线条逐渐过渡。这样，从明显的黑白对比中可以获得地貌的立体感。但运用明暗等高线的地图一定要印在浅灰色图纸上，方可收到较好的效果。

(二)分层设色法

分层设色法是根据地面高度划分的高程层，逐层设计不同的颜色，以反映地貌高低起伏等特征的一种表示方法。如图4-9所示。首先将地貌按高度划分若干带，各带规定具体的色相和色调，称为色层。为划分的高度带选择相应的色系，称为色层表。在地图上，按色层表给不同高度带以相应颜色。目前，常见的色层表为绿褐色系，平原用绿色、丘陵用黄色、山地用褐色、雪山和冰川用白色或蓝色等，能醒目地显示地势各高程带的范围、不同高程带地貌单元的面积对比，具有立体感，但不能量测。

分层设色法通常用在以表示地貌为主的中小比例尺地形图上，航空图也常采用这种表示法。

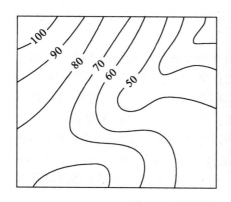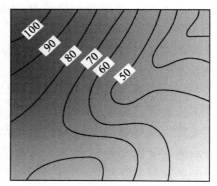

图4-9　分层设色法与等高线法的比较

(三)晕渲法

晕渲法是根据假定光源对地面照射所产生的阴暗程度，用浓淡的墨色或彩色沿斜坡渲绘其阴影，造成明暗对比，显示地貌的分布、起伏和形态特征的一种方法，又称阴影法或光影法，如图4-10所示。

晕渲法主要应用于以下两个方面：一是作为一种独立的地貌表示方法，主要用于小比例尺地图，以及地区形势图、旅游图等专题图上，以显示全图的地貌总体概念，效果较好；二是作为一种辅助方法，配合其他地貌表示法，可以进一步增强地貌的立体效果，适

图 4-10　晕渲法表示地物

用于大比例尺地形图、小比例尺地势图、典型地貌图等多种类型的地图；在有等深线的海图上配以晕渲，可以明显增强海底地貌的立体形态。

晕渲法表示的地貌，在地图上虽然不能直接量测坡度和高度，但它能生动直观地表示地貌的形态，使人们建立起形象的地貌立体感。

（四）写景法

写景法，也叫做透视法，它是利用透视绘画的方式表现地面起伏的一种方法。我国古代地图中多用写景法表示山峰、丘陵，如图 4-11 所示。写景法形象直观、易绘易懂、示意性强，但不能判别山岳高低，在基本地形图上不使用。

图 4-11　写景法表示地物

（五）晕滃法

晕滃法又叫做斜坡线法。它是用沿着斜坡方向描绘的平行短线（叫晕线），显示地面起伏和斜坡度。如缓坡，线细长而稀疏；陡坡，线粗短而紧密。这种方法的优点是立体感强，平面位置准确；缺点是作业繁琐，难以判读高程。

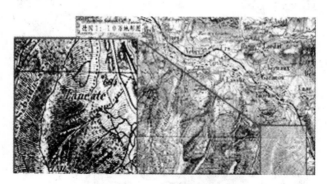

图 4-12　晕瀹法表示地貌

三、土质、植被

普通地图上表示土质、植被的目的，主要是为了向用图者提供区域地表覆盖的宏观情况，因此表示得比较概略，而且与专题地图上表示的土壤、植被有着不同的含义。普通地图上表示的土质是指地面表层的覆盖物，如沼泽、沙地、戈壁滩、盐碱地等。植被是覆盖在地面上的各种植物群落的总称，分为天然植被和人工栽培的植被两大类，前者如原始森林、草地等，后者如人工栽培的各种果木、经济作物和水、旱地等；

植被在地形图上是以区域底色和符号相配合的方法来表示的，并可加注必要的说明注记。如图 4-13 所示。

地类界　　　　加符号　　　　加底色　　　加底色、符号　　加底色、符号、注记

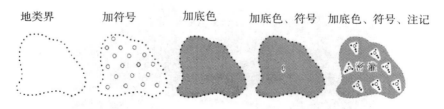

图 4-13　土质植被的表示

第四节　社会经济要素的表示方法

普通地图上表示的社会经济要素主要是居民地、交通线和境界线等。

一、居民地的表示

居民地是人类居住和从事政治、经济、文化等各种社会活动的中心场所。因此，一切社会人文现象无一不与居民地发生联系。居民地是普通地图的一项重要内容。在地图上应表示出居民地的类型、形状、质量、行政等级和人口数量等特征。

(一) 居民地的类型

在我国地形图上，居民地只分为城镇居民地和乡村居民地两大类。城镇居民地包括城市、集镇、工矿小区、经济开发区等，乡村居民地包括村屯、农场、林场、牧区定居点等。不同的居民地类型在地图上主要是通过注记字体来区别。乡村居民地注记一律采用细等线体表示，城镇居民地注记基本都用中、粗等线体表示。但县、镇 (乡) 一级的居民点注记也有用宋体表示的。

(二) 居民地的形状

居民地的形状主要由外部轮廓和内部结构组成。在普通地图上，应尽量按比例尺表示居民地的真实形状。居民地的外部轮廓主要由街道网和居民地边缘建筑物构成。随着地图比例尺的缩小，有些较大的居民也可用外围轮廓来表示其形状，而许多中小居民地就只能用圈形符号来表示，此时已全无形状的概念了。居民地的内部结构，主要依据街道网图形、街区形状、水域、广场、绿化地、空旷用地等来表示。其中，街道网图形是居民地内部结构的主要内容，如图 4-14 所示。

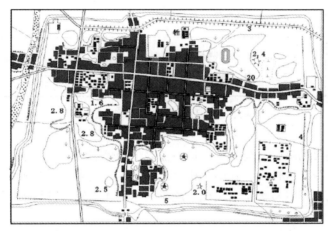

大比例尺地图上	中比例尺地图上	小比例尺地图上

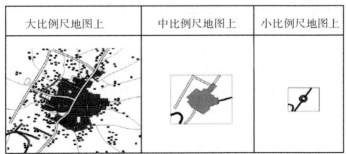

图 4-14 居民地内部结构

(三) 居民地的质量

在大比例尺地形图上，可以详细区分各种建筑物的质量特征，用各种居民地符号分别表示出普通房屋、突出房屋、高层建筑、街区、蒙古包、棚房、帐篷、破坏的房屋等。图4-15 所示是我国地形图上居民地建筑物质量特征的表示法，左栏为 1991 年前旧版地形图上的表示方法，右栏为 1991 年起新版地形图上的表示方法。新图式还增加了 10 层楼以上高层建筑区的表示。

	旧版			新版		
独立房屋	■ 不依比例尺的 ▮ ▦ 依比例尺的		普通房屋	■ 不依比例尺的 ▬ 半依比例尺的 ▮ ▦ 依比例尺的		
突出房屋	▣ 不依比例尺的 ▦ 依比例尺的	1:10万 不区分		▬ 不依比例尺的 ▬ 依比例尺的	1:10万 不区分	
街　区	▦ 坚固的 ▦ 不坚固的	▦ 1:10万		▦	▦ 1:10万	
破坏的房屋及街区	▫ 不依比例尺 ▭ 依比例尺的			同　左		
棚　房	▢ 不依比例尺 ▢ 依比例尺的			同　左		

图 4-15　居民地建筑物质量特征的显示

随着地图比例尺的缩小，建筑物质量特征表示的可能性随之减小。例如，在 1:10 万地形图上开始不区分街区性质，在中小比例尺地图上，用套色或套网线等方法表示居民地的轮廓图形，或用圈形符号表示居民地，此时居民地建筑物质量特征均无法表示。

（四）居民地的行政等级

我国居民地的行政等级是国家法定标志，表示居民地驻有某一级行政机构，从而显示出该居民地的政治、经济地位。编制地图时，要准确地表示出我国各级行政区域的行政中心地，对境外的区域，通常只表示出首都和一级行政中心地。居民地的行政等级分为：首都所在地；省、自治区、直辖市人民政府驻地；市、自治州、盟人民政府驻地；县、旗人民政府驻地；镇、乡人民政府驻地；村民委员会驻地等六级。居民地的行政等级一般均用居民地注记的字体、字级加以区分，如图 4-16 所示。

（五）居民地的人口数量

如图 4-17 所示，居民地人口数量能够反映居民地的规模大小及经济发展状况，在大比例尺地形图上，居民地的人口数量通常是通过注记字体、字大的大小变化来表示；在小比例尺地形图上居民地的人口数一般通过不同大小的圈形符号，并配合注记字的大小来表示。为了清晰易读，圈形符号的等级不能设置过多。

二、交通网的表示

交通网是各种交通运输线路的总称。它是联系居民地的纽带、人类活动的通道，可以

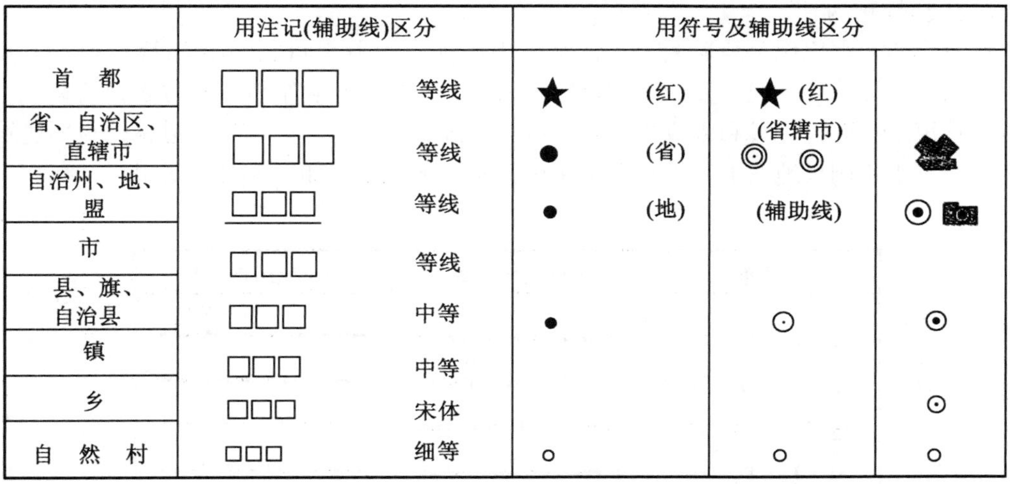

	用注记(辅助线)区分		用符号及辅助线区分		
首　都	☐☐☐☐	等线	★ (红)	★ (红)	
省、自治区、直辖市	☐☐☐	等线	● (省)	(省辖市) ◎　◎	🔶
自治州、地、盟	☐☐☐	等线	● (地)	(辅助线)	◉ 🔳
市	☐☐☐	等线			
县、旗、自治县	☐☐☐	中等	●	⊙	◉
镇	☐☐☐	中等			
乡	☐☐☐	宋体			◉
自　然　村	☐☐☐	细等	○	○	○

图 4-16　居民地行政等级的表示方法

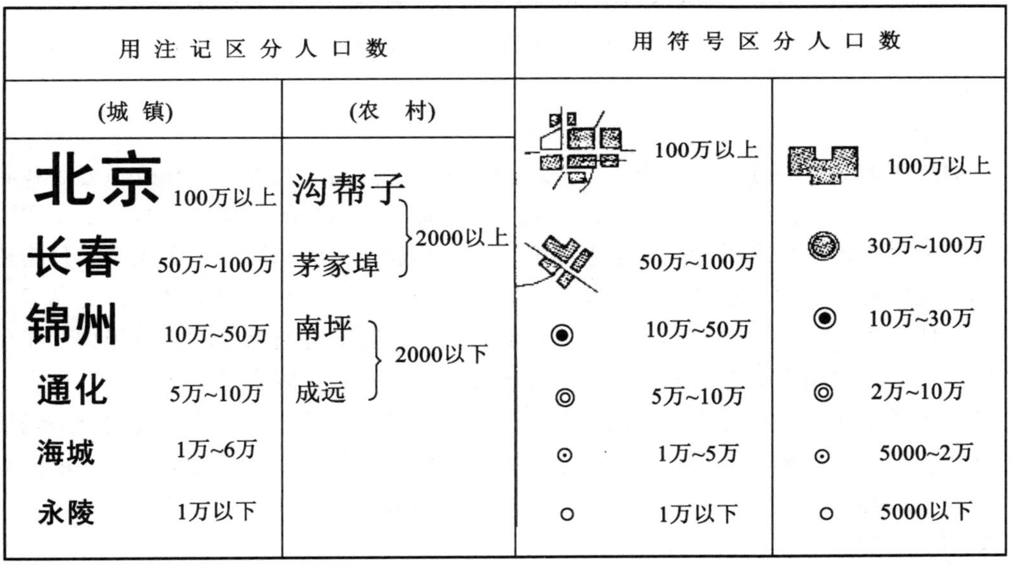

用 注 记 区 分 人 口 数		用 符 号 区 分 人 口 数			
(城　镇)	(农　村)				
北京 100万以上	沟帮子 ⎫	🏘️	100万以上	🏙️	100万以上
长春 50万~100万	茅家埠 ⎬ 2000以上	🏙️	50万~100万	◉	30万~100万
锦州 10万~50万	南坪 ⎫	◉	10万~50万	◉	10万~30万
通化 5万~10万	成远 ⎬ 2000以下	◎	5万~10万	◎	2万~10万
海城 1万~6万		⊙	1万~5万	⊙	5000~2万
永陵 1万以下		○	1万以下	○	5000以下

图 4-17　居民地人口数的表示方法

反映地区开发程度和条件，在国民经济、国防和社会生活中是一个不可缺少的重要因素。它包括陆地交通、水路交通、空中交通和管线运输等几类。在普通地图上应正确表示交通网的类型和等级、位置和形状、通行程度和运输能力以及其他要素的关系等。

（一）陆地交通

地图上应表示铁路、公路和其他道路三类。

1. 铁路

在大比例尺地形图上应区分单线和复线、普通铁路和窄轨铁路、普通牵引铁路和电气化铁路、现用铁路和建筑中铁路等；而在小比例尺地图上，铁路只区分为主要（干线）和次要(支线)铁路两种。

在我国的大中比例尺地形图上，铁路皆用传统的黑白相间的"花线"符号表示，其他的一些技术指标，如单线、复线用加辅助线来区分，标准轨和窄轨以符号表示的宽窄、花线节的长短来区分，已成和未成的用不同符号来区分等。另外，车站及道路的附属建筑也需表示。在小比例尺地图上，铁路多采用黑色实线来表示。如图4-18所示。

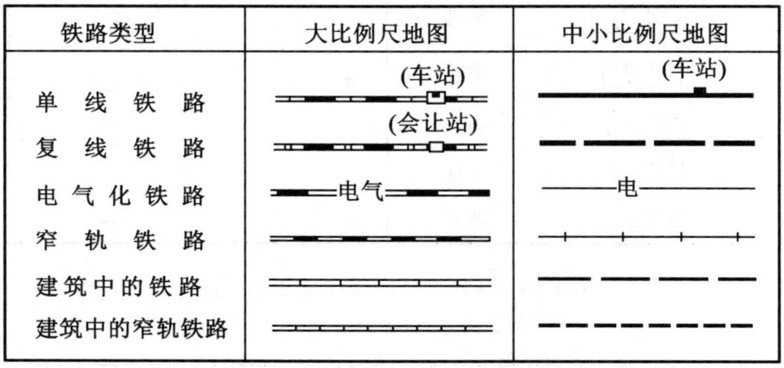

铁路类型	大比例尺地图	中小比例尺地图
单 线 铁 路	(车站)	(车站)
复 线 铁 路	(会让站)	
电 气 化 铁 路	电气	电
窄 轨 铁 路		
建筑中的铁路		
建筑中的窄轨铁路		

图 4-18　地形图上的铁路符号

2. 公路

在地形图上，以前分为主要公路、普通公路和简易公路等几类，后来改为公路和简易公路两类。公路主要以双线符号表示，再配合符号宽窄、线号的粗细、色彩的变化和说明注记等反映其他各项技术指标。在地理图上，一般只表示公路和简易公路或主要公路和次要公路，或国道、省道、县道等。表示内容有路面宽度、路面铺设情况及通行情况等。在大比例尺地形图上，还详细表示了涵洞、路堤、路堑、隧道等道路的附属建筑物。在小比例尺地形图上，公路分级相应减少，符号也随之简化，一般多以实线表示。

新地形图图式中，将公路分为汽车专用公路和一般公路两大类。汽车专用公路包括高速公路、一级公路和部分专用的二级公路；一般公路包括二、三、四级公路。如图4-19所示是我国新的1∶2.5万~1∶10万地形图上公路的表示示例。

3. 其他道路

其他道路是指公路以下的低级道路，包括机耕路(大车路)、乡村路、小路、时令路、无定路等，如图4-20所示。在地形图上常用细实线、虚线、点线并配合线号的粗细区分表示。在小比例尺地图上，低级道路表示得更为简略，通常只分为大路和小路。

(二)水路交通

水陆交通主要区分为内河航线和海洋航线两种。地图上常用带有箭头的短线表示河流同航的起讫点。在小比例尺地图上，有时还以颜色标明定期和不定期通航河段，以区分河流航线的性质。小比例尺地图上还要表示海洋航线，用点状符号表示航线港口位置，用蓝色虚线表示航线。

(三)空中交通

在普通地图上，航空交通是由图上表示的航空港来体现的，一般不表示航空线。我国

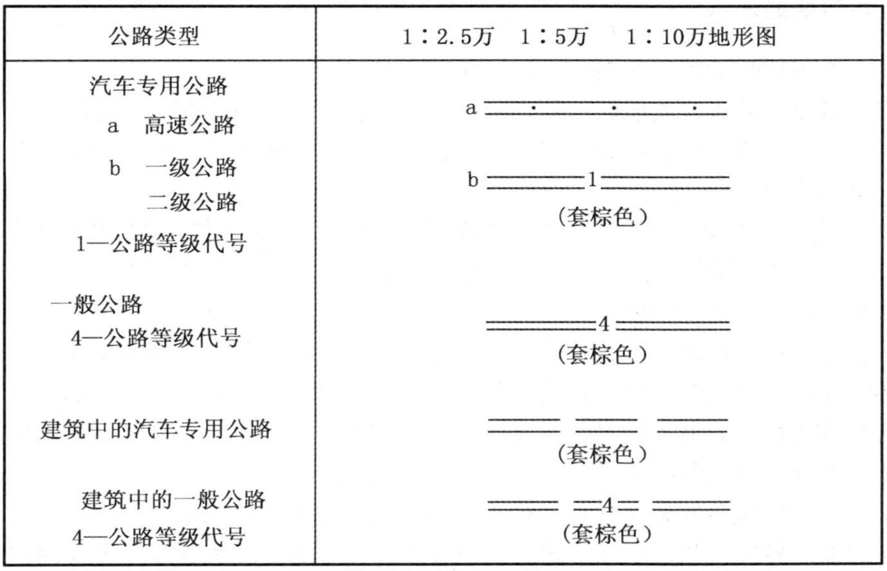

公路类型	1：2.5万 1：5万 1：10万地形图
汽车专用公路 　　a　高速公路 　　b　一级公路 　　二级公路 1—公路等级代号	a ━━━━━·━━━━·━━━━·━━━━ b ━━━━━━1━━━━━━ （套棕色）
一般公路 4—公路等级代号	━━━━━━4━━━━━━ （套棕色）
建筑中的汽车专用公路	━━━　━━　━━　━━ （套棕色）
建筑中的一般公路 4—公路等级代号	━━━　━━4━━　━━ （套棕色）

图 4-19　新地形图图式中的公路符号

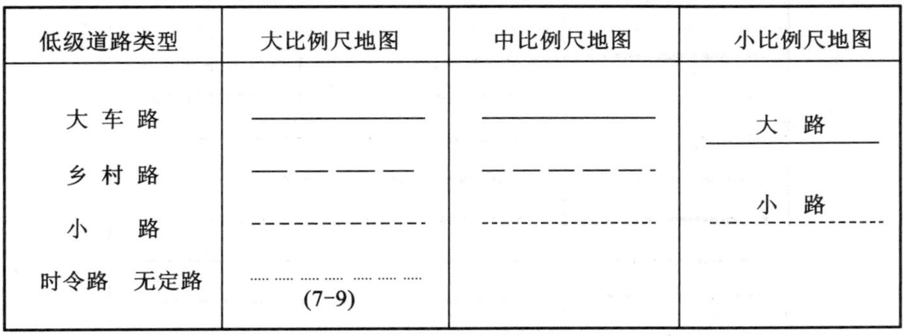

低级道路类型	大比例尺地图	中比例尺地图	小比例尺地图
大　车　路	───────	───────	大　　路 ───
乡　村　路	─ ─ ─ ─	─ ─ ─ ─	
小　　　路	- - - - - - -	- - - - - - -	小　　路 - - -
时令路　无定路	‥‥‥‥‥‥‥‥ (7-9)		

图 4-20　地形图上低等级道路的表示

规定在地图上不表示国内航空站和任何航空标志，国外一般都较详细地表示。

（四）管线运输

管线运输主要包括运输管道和高压电线、通信线三种，它是交通运输的另一种形式。

运输管道有地面和地下两种，用小圆加直线符号表示，用说明注记表明其性质，如"水、油、气"分别表示输水、输油、输气管道。我国地形图上目前只表示地面上的运输管道。

在大比例尺地图上，高压输电线是作为专门的电力运输标志，用线状符号加电压等说明注记来表示的。另外，通信线也是用线状符号来表示的，并同时表示出具有方位的线杆。在比例尺小于1：20万的地图上，一般都不表示这些内容。

三、境界线的表示

政区界线包括政治区划界线和行政区界线两种。

政治区划界线是国家或地区间的领域分界线，包括国与国之间的已定国界、未定国界及政治与军事的分界(如巴勒斯坦地区界、克什米尔地区的印巴军事停火线、朝鲜半岛的南北军事分界线等)。

行政区划界线是指国内各级行政区划范围的境界线，具有政治意义和行政管理意义，在地形图上必须准确而清楚地绘出，如我国的省、自治区、直辖市界，市、州、盟界，县、自治县、旗界，乡、镇界。

政治区划界和行政区划界必须严格按照有关规定标定，清楚正确地表明其所属关系。尤其国界的标绘，必须报请国家有关主管部门审批。对国界的表示必须根据国家正式签订的边界条约或边界议定书及其附件，按实地位置在图上准确绘出，并在出版前按规定履行审批手续，批准后方能印刷出版。

地图上的境界线符号是用线号不等、结构不同的对称性符号或不同颜色的符号表示。政区界中除未定界外，均以不同形式的点与线组合符号表示，而其他境界线则均以相应的虚线、点线或其他形式的符号表示，如图4-21所示。

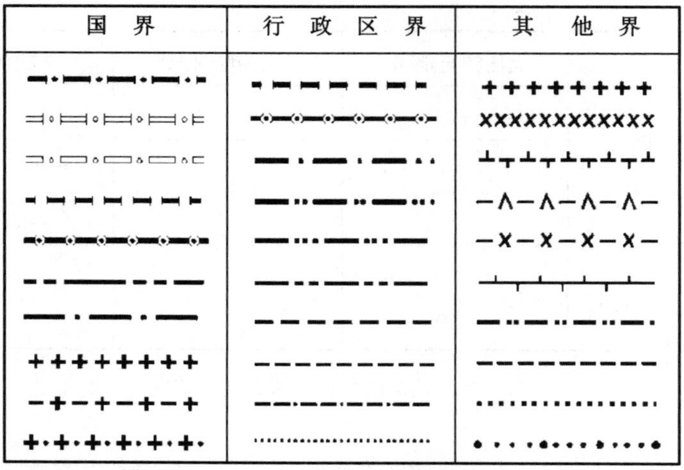

图 4-21　境界线符号

思　考　题

1. 普通地图的特征是什么？其主要表达了哪些要素？
2. 分析地形图和地理图的异同型。
3. 普通地图常用表达地貌形态的方法有哪些？
4. 地形图上等高线表有几种类型？有何不同？

第五章　专题地图表示方法

第一节　专题要素的分布特征

与普通地图相比，专题地图着重描述的是专题内容的实质，包括空间分布特征、时间特征、数量特征和质量特征。由于地图是物体或现象空间分布的最佳表达载体，因此它们的空间分布特征是其表示方法的切入点，而其他的三个特征——时间特征、数量特征和质量特征的表达，则是对于表示方法本身功能的强化，为此，我们分析专题内容的特征应先从空间分布特征入手。

一、各种现象的空间分布

各种现象的空间分布一般可归纳为三大类：

（1）呈点状分布（按地图比例尺仅能定位于点），或实地上分布面积较小，如居民点、工矿企业中心。

（2）呈线状或带状分布，如道路、河流、海岸、地质构造线等。

（3）呈离散的或连续的面状分布，按比例可以显示其分布区范围轮廓，呈面状，如行政区域、湖泊、海洋、林区等。具体可分为：

①间断而成片分布的，如湖泊、沼泽、森林、煤矿、风景名胜分布区等；

②分散分布的，如农作物、动物、人口分布、某种农作物播种等，此种分布状况具有一定的相对性，分散分布的集群可以视为成片分布；

③连续而布满整个制图区域的，如气温、地层、土壤类型、土地利用类型等。

前两种离散分布有一定的相对意义，如散布的集群可视为成片分布，而在大面积上大量的成片小块可视为散列，应相应采用不同的表示方法。

二、各种现象的时间特征

（1）反映现象的特定时刻，如截至某一日期的行政区划状况或工业产值、人口数量等，可有历史、现状和未来三种状况；

（2）反映某现象的变迁过程，如人口迁移、战线移动、货运、地理探险、货物运输等；

（3）反映某一段时间某现象的变化情况，如两个时段的经济对比、旅游经济指标的对比；

（4）反映现象的周期变化，如气候、水文、地震、火山、潮汐等现象。

三、各种现象的数量特征和质量特征

不论哪一种专题内容，都可以有一个或几个质量和数量特征。对这些特征的反映，可以归结为两种空间分布，即实在的测量空间和抽象的概念空间。测量空间，如居民点的定位分布、工业点的中心定位、河流的延伸分布、政区或某种植被的范围等，它们表示为 $1\sim3$ 个变量的函数。概念空间，如符号面积反映人口数，符号大小和结构反映工业点的数量、质量指标，政区内的人口密度，河流线状符号的粗细或颜色反映水流的流向、流量和清洁程度等，因此它们表现为有 1 个至几个变量的函数。

专题地图依据其内容要素（或现象）的分布特征，采用不同的表示方法。其中，某些表示方法在普通地图上已广泛采用，如用符号法表示各种独立地物和居民点，用线状符号表示河流和道路，用箭状符号表示水流的流向，用等高线表示地貌，在点绘的轮廓范围内加底色表示森林等。这些方法在专题地图上不仅也被广泛采用，而且根据专题内容的特点有了发展和变化。例如，符号法和运动线法就是在普通地图相应表示方法的基础上有了较大的发展和变换。另外一些方法，如点数法、定位图表法和统计图法等，则是针对专题内容而采用的完全是专题地图中的表示方法。

需要指出的是，由于科学技术的发展，实现上述表示方法的整饰手段有了相当大的进展，如色彩的配合、图表的多样化等，表面看上去似乎是一种新的表示方法，其实，这些图表仍是一种整饰手段。下面对十种表示方法逐一介绍。

第二节　呈点状分布要素的表示方法

呈点状分布要素的表示方法采用定点符号法。

一、定点符号法的基本概念

定点符号法表示呈点状分布的物体，如工业企业、文化设施、气象台站等。它是采用不同形状、大小和颜色的符号，表示物体的位置、质量和数量特征。由于符号定位于物体的实际分布位置上，故称为定点符号法。

定点符号法中用符号的形状和颜色表示物体的质量特征（类别）。由于地图上的符号较小，人眼对颜色的识别更优于形状，因此常常用颜色表示主要的差别，而用形状表示次要的差别。例如，用绿色表示农业企业，再用不同形状的绿色符号分别表示种植业企业、养殖业企业等。

需要特别指出的是，定点符号法所代表的事物或现象是不依地图比例尺的。符号在图上具有独立性，能定位在实地位置上，定位准确。尤其是定点符号法的定位意义特别强，必须是定位于点的，否则就不能称之为定点符号法，如矿产资源图也常常用到符号，但它不是定点符号法，原因是矿产资源是呈面状分布。

二、定点符号法的功能

(一)表示定位于点的现象的数量特征

符号大小反映数量差异，可以反映相对指标和绝对指标。

图 5-1 说明采用定点符号的大小反映数量指标具有直观性强的特点。

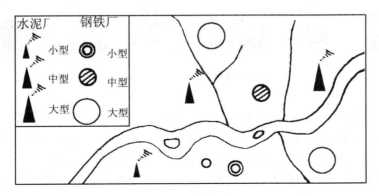

图 5-1 定点符号的数量指标特征

(二)表示定位于点的现象质量特征

定点符号法中用符号的形状(图 5-2)和颜色表示物体的质量特征(类别)。由于地图上的符号较小,人眼对颜色的识别更优于形状,因此常常用颜色表示主要的差别,而用形状表示次要的差别。例如,用绿色表示农业企业,再用不同形状的绿色符号分别表示种植业企业、养殖业企业等。

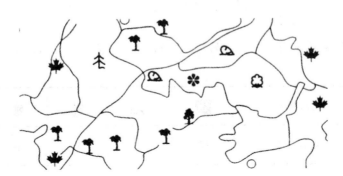

图 5-2 用符号的形状和颜色表示物体的质量特征

(三)表达时间状态

1. 表示特定时刻

在社会经济现象中,往往需要反映某一时刻的状况,某年在某些工业点的经济结构、效益等特征,定点符号法可以完成此任务。例如,在自然灾害性的地震分布图上,可用同一符号不同颜色反映地震发生年代等。

2. 表示发展状态

对于定位于点的各种社会经济现象,有时不仅要了解它的现在,同时还要了解其过去及它的未来,这是作为有关经济计划和决策部门所必需的素材,在图上对它的表示具有重要意义和作用。通常,在图上对这种数量的变化是采用扩张符号予以正确显示。如图 5-3 中外轮廓表示规划。

图 5-3　扩张符号表示发展动态

应该注意的是，随着比例尺的变化，点有时扩大成面表示；同样，面有时缩小成点表示。由此可见，图上符号的面积并不真正代表物体的面积，一般是超过实地面积(如居民点的圈形符号)，故称之为超比例符号。所以，我们绝不能根据比例符号在图上所占面积的大小来判断现象分布范围的大小。例如，在小比例尺图上，上海的纺织工业符号(以产值计)特别大。人口圈形符号也如此。符号面积远比上海的实地面积大得多，甚至符号伸入到海区很远的距离，不能就此而断定上海的纺织业(或人口)伸到东海很远的地方，只能理解成上海的纺织工业特别发达，人口也特别集中等。

定点符号法在社会经济地图中用得十分广泛。符号定位比较精确，而且符号类型也较多。

三、符号的类别

符号的分类在第三章中已有讨论，这里只对有关问题予以讨论。

(一)按符号的形状分类

定点符号按其形状可分为几何符号、文字符号和艺术符号。如图 5-4 所示。

几何符号		■	▲	⬟	◖
文字符号		煤	Fe	企	H
艺术符号	象形符号	✈	⚓	⚙	♨
	透视符号	🚬	🏯	🚢	🗼

图 5-4　符号的种类

几何符号多为简单的几何图形，如圆形、方形、三角形、菱形等。这些图形形状简单，区别明显，便于定位。

文字符号用物体名称的缩写或汉语拼音的第一个字母表达，便于识别和阅读，如图 5-5 所示。读者可望文生义，不需反复参考图例，即可知道其含义，我国汉字笔画多，占图上面积大，不常用，国际上对英文字母或拉丁字母用得较多。常用于显示矿产、化工等

124

分布等。如 Au(Aurum)，Ca(Calcium)，Hg(Mercury)，K(Kalium)，Mg(Magnesium)，Zr(Zirconium 锆)……这种符号对有关专业人员一看即懂。

符　　号　　种　　类			符号大小
部门	类型	行业	规模
◆ 采矿业	黑底 ◈ 矿石(银) 白底 ◇—— 蓝底 ◈ 盐(食盐) 红底 ◇——	黑 ◈ 石煤 棕 ◈ 褐煤 黑 ◈ 铀 黑 ◈ 铁矿	各级菱形的对角线 与正方形的边等长
■ 能源工业	红底 ⚡ 电力工业 蓝灰底 □ 煤炭燃料工业 黄底 ⛽ 石油工业		各级矩形的高与 正方形的边等长
⬠ 冶金工业		黄红底 ⬠ 有色冶金业 红灰底 ⬠ 黑色冶金业	各级等腰梯形的边 与正方形的边等长

图 5-5　系列组合符号

几何符号的缺点有：

(1)对于非专业人员，感觉难认。

(2)这种方法数量概念较差，定位也不精确，难以反映经济实体的实力大小。为此，通常采用圆形或方形配合，随着文化水平的提高，在社会经济地图上将逐步多起来。

艺术符号又可分为象形符号和透视符号。象形符号是用简洁而特征化的图形表示物体或现象，符号形象、简明、生动、直观、表达力强，易于辨认和记忆，定位也较精确，但占图上面积较大，有些专题现象难以表达。

透视符号是按物体的透视关系绘成的，它更能反映物体的外形外貌，比象形符号更细致、通俗易读、生动形象、富有吸引力。在大众传播地图中常可看见此类符号。但占图上面积大，不能准确定位，无数量概念。对于要求精确定位的物体则很少使用。在工业分布及旅游等图上有时采用。

(二)按符号结构繁简程度分类

通常，按符号结构的繁简程度，可将符号分为简单符号、结构符号及扩张符号三大类。

简单符号主要指几何符号、字母符号等，从图形外观看简单易懂，绘制也很容易。这种符号主要用于反映单个的物体，如原子能发电站、导弹基地、厂矿等的分布。

结构符号主要用于反映某大系统的内部结构及其联系，如把一个符号分成几个部分，分别代表该现象中的若干子类，并表示出它们各自所占的比例。例如，一个圆饼的大小表示某工业中心的工业产值，图中各部分的角度代表某类工业的产值在总的工业产值中的比例，则可得到该类工业的产值。如图 5-6 所示。

人均产粮

人均口粮

人均贡献粮　$h_产 - h_口 = h_献$

图 5-6　结构符号

扩张符号主要用于反映社会经济现象的发展动态（图 5-3），如城市人口的变化，工业产值的增长。常用不同大小符号的组合方式表示现象在不同时期的发展，造成一种视觉上的动感。

（三）按符号的大小分类

根据符号的形态，可将符号分为正形与非正形符号。这里着重按正形符号的大小分类。

正形符号通常是指其外形比较正规的几何符号，如球（图 5-7）、圆、正方形及正三角形，这类符号又可分为比率符号和非比率符号。

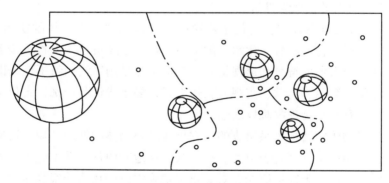

图 5-7　球状符号

在专题地图上，一般以符号的大小来表示物体的数量指标。如果符号的大小与所表示的专题要素的数量指标有一定的比率关系，则这种符号称为比率符号。例如，在人口分布图上，表示城镇的图形符号的大小与其人口数有一定的比率关系。比率符号的大小同它所代表的数量有关，图 5-8 是表示这种关系的各种尺度。

如果符号的大小与专题要素之间无任何比率关系，这种符号称为非比率符号。在政区图上，居民点主要是通过符号的不同结构特征表示行政意义（图 5-9），这是非比率符号最通俗的例子。但必须注意，如前所述，符号大小是一种概念空间，不能根据比率符号在地图上所占面积来判断专题要素的分布范围。关于非比率符号，在普通地图编制中已有详细

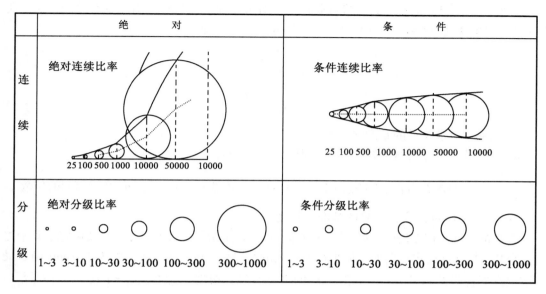

图 5-8　符号的各种比率

介绍，此处不再赘述。

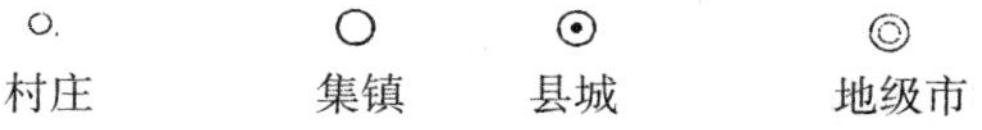

O.　　　　　　○　　　　　　⊙　　　　　　◎
村庄　　　　　集镇　　　　县城　　　　地级市

图 5-9　非比率符号

比率符号可按绝对、条件以及连续和分级的关系分为四类：绝对连续比率、条件连续比率、绝对分级比率、条件分级比率。

1. 绝对连续比率

绝对连续比率是指符号的面积比等于其代表的数量之比，且只要有一个数量指标，就必然有一个一定大小的符号来代表。为了确定各个符号的大小，先确定最小符号的大小，为了计算方便，将最小的符号大小定为 1.0mm（单位长度）。最小符号代表的数值称为比率基数。决定符号大小的线称为基准线，如圆的直径、正方形的边长、正三角形的高（但换算为边更方便）等。

设甲、乙两圆的面积分别为 S_1 和 S_2，直径分别为 d_1 和 d_2，则有：

$$\frac{S_2}{S_1} = \frac{\dfrac{\pi d_2^2}{4}}{\dfrac{\pi d_1^2}{4}} = \frac{d_2^2}{d_1^2}$$

同理，设 h_1，h_2，S_1，S_2 分别代表两个正三角形的高及面积，则有：

$$\frac{S_2}{S_1} = \frac{h_2^2}{h_1^2}$$

推而广之，符号面积与符号准线长度的平方成正比。又根据绝对比率符号的定义，所以专题要素的数量指标必然与准线长度的平方成正比。即

$$\frac{S_2}{S_1} = \frac{h_2^2}{h_1^2} = \frac{L_2}{L_1}$$

$$h_2 = h_1 \cdot \sqrt{\frac{L_2}{L_1}} \tag{5-1}$$

式中：h_2——待求符号的基准线长度；

h_1——最小符号的基准线长度，一般定为 1.0mm；

$\sqrt{\dfrac{L_2}{L_1}}$——待求符号代表的数量同比率基数（即基准线长为 h_1）代表的数量值间的倍数。

根据式（5-1）可计算各符号的基准线长度。

通常情况下，首先是确定最大数量指标或最小数量指标符号的尺寸，只要确定了其中之一，则其余尺寸即已定。例如，最小符号代表的数量是 125，基准线长度为 1.0mm（确定最小数量指标符号的尺寸），求代表 1000 的符号直径，根据题意有，$h_1 = 1.0$mm，$\sqrt{L_2/L_1} = \sqrt{1000/125} = \sqrt{8}$，$h_2 = 1.0 \times \sqrt{8} = 2.828$mm；同理，代表 10000 的符号直径应为 $h_2 = 1.0 \times \sqrt{80} = 8.944$mm。

绝对比率符号的最大优点是由于符号的大小与信息的数量指标成正比，容易区分事物的大小，特别是当一组数据差别十分明显的时候，用这种方法较为适宜，如城市人口、工业点产值等。

绝对比率符号具有以下缺点：

（1）极端数量指标（最大或最小）差别过于悬殊时，符号的比率基级不易选择，要想使最小符号容易看得清楚，最大符号必然很大，虽然区分明显，但影响其他要素；相反，要想使最大符号处于适中尺寸，小符号必然很小，甚至在图上难以寻找。

（2）计算量大。采用绝对比率符号法编图时，需计算出每个数量指标的符号大小，这就必须规定符号的准线和比率基数。用绝对比率符号表示城市人口，见表 5-1。

表 5-1　用比率符号表示城市人口

城市	人口数（万人）	绝对比率符号 r（准线）（mm）	条件比率符号 $\sqrt{r}$
A	1	1	1
B	7	2.6	1.6
C	11	3.3	1.8
D	25	5.0	2.2
E	50	7.1	2.7
F	100	10.0	3.2
G	200	14.1	3.8
H	500	22.4	4.7

为了克服这些缺点,可采用另一比率符号,即条件比率符号。

2. 条件连续比率

在保持符号面积与数量指标成一定比率(不是绝对比)关系的前提下,对计算的基准线长度附加上一个函数的条件,如对其开平方、开立方、多次方或其他函数关系,使大数值的符号面积缩减的速度更快;同样也可对其乘方,使一组相差不大的数列代表的符号扩大其差异,使之符合设计要求,如图 5-10 所示。

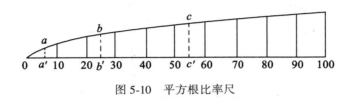

图 5-10 平方根比率尺

这种对其准线长度附以函数条件,以改变其大小,且数值与符号也一一对应的符号,称为条件连续比率符号。

条件比率符号的地图必须绘制图例,图例制作时,不能先设计图例曲线,即不能由图例来绘制条件比例符号,而应由计算出各数量指标来绘制图例,否则将影响精度;图 5-11 所示是分段连续比率的示例。这种分段连续比率的设计比较复杂,需计算物体数量指标成整数的几个符号直径,然后按这些符号的直径大小做成比率图表。对于分段条件比率的衔接处,在计算中已出现错动现象,应将其+(或-)某尺寸,即上或下平移一段,而各段内的距离应等分。此法能够较好地利用符号直径的大小,较精确地反映物体的数量指标之间的差异。

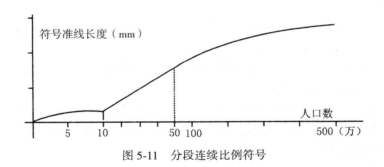

图 5-11 分段连续比例符号

影响比率基数的因素:

(1)编图目的:宣传鼓动用的社会经济图,则符号要大,即比率基数要大,突出主题即可;参考用的社会经济图,则符号要小,即比率基数要小,使之地图内容丰富。

(2)主题:突出主题内容的符号尺寸,而缩小其他内容的尺寸。

(3)两极端数量指标的差异情况:要清晰易读,如图 5-12 中图(a)比图(b)要清晰。

(4)比例尺:比例尺越小,图面内容就越多,符号就越小,自然比例基数就要小些;反之亦然。

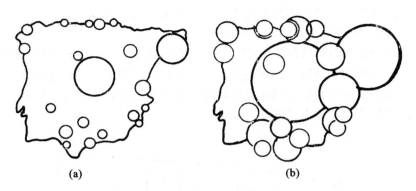

图 5-12　极端数量指标的差异

（5）完备程度：对于参考用的社会经济图内容要详细、精确，符号应小；

（6）社会经济现象的分布情况对于现象比较稀少者，则符号可稍大。

3. 绝对分级比率

连续比率符号的大小随物体数量指标的变化而连续变化，即有一个数量就有一个符号，也就是说，绝对连续比率中，每一个数量指标必须计算出符号的准线长度，这是连续比例符号法的最大缺点，为了克服这一缺点，可采用分级比率符号。

分级比率符号是将数量指标分级，符号的大小仍按比率符号表示出分级数量指标中的中值或最大值。使符号在数量指标的某一区间内保持不变。如 0～20，20～40……每一个等级设计一个符号，处于这个等级中的各个物体，尽管其真实数量是不相等的，但由于它们处于同一个等级中，仍用代表这个等级的同等大小的符号来表现它们。用分组的组中值根据式（5-1）确定符号基准线长度的称为绝对分级比率。

4. 条件分级比率

绝对分级比率也具有极端数量指标差别较大时，符号的比率基级不易确定的缺点，为了克服这个缺点，也要附加计算条件。

表达的是分级数据，符号大小是根据分组的组中值附加一定的函数条件计算出来的，这种比率关系称为条件分级比率。

运用分级比率可大大减少符号的计算工作量，也便于绘制，并在分级区值内不因某些数值的变化而改变符号的大小，能较好地保持地图的现势性，因此常被采用。

分级比率符号的优点：

（1）减轻工作量，特别是可以减少大量的计算工作；

（2）便于使用；

（3）现势性强，这主要是针对连续比率而言。

当然，分级比率符号也存在着缺点，主要表现在：

同一级内，数量差异无法显示。有时差别很大的数量指标在同一级内采用同一大小的符号，而差别很小的相邻两数又在相邻两级内采用大小不同的符号，如图 5-13 所示为城市人口。该例中，50000 与 50001 人分别在第一、二级，而 10 万～50 万人同在第三级。

分级比率符号虽有不足，但优点仍是主要的。正因为如此，所以在专题要素地图中常被采用。

图 5-13　分级比率符号的缺陷

分级比率符号的核心是分级。下面以比例圆的视觉尺度对分级的方法予以介绍。

1）比例圆的视觉尺度

点状符号可以选用圆形、三角形、正方形或其他多边形表示，但比例圆是点状符号在数量对比上最常采用的几何符号。理由是：

（1）在视觉感受上圆形最稳定；

（2）圆面积由 r_2 组成，和正方形 d_2 一样，只有 1 个变量；

（3）在相同面积的各种形状中，圆形所占图上的视觉空间最小；

（4）圆形常用于心理测验。

在此，我们来分析一组数据（表 5-2），并用按与面积比例的大小圆构成这组数据的比例圆图形（图 5-14）。

表 5-2　环山县各乡的玉米产量的量度（每亩的面积定为 0.1mm²）

乡名	亩数	比例圆半径 r（mm）	乡名	亩数	比例圆半径 r（mm）
王丘	176	2.4	得利	1410	6.7
陈李庄	1276	6.4	张家坨	2114	8.2
陈王庄	276	2.9	上村	471	3.9
屯门	713	4.8	玉门	817	5.1
开发	407	3.6	巨封	1869	7.7
平坝	985	5.6	大泉	925	5.4

如果将图 5-14 的比例圆重叠在一起，会发现各乡的产量有自然归纳为几组的趋向（图 5-15）。

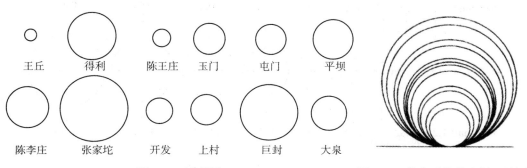

图 5-14　比例圆　　　　　　　　　图 5-15　依序重叠的比例（已放大）

若数据量很大时(如有几十个乡或百余个数据),更须将数据整理成若干组,按比例设计圆面积符号。因而,在定量制图中便提出了分级数目和它的比率处理。

2)分级方法

(1)确定数据的分级数目。分级的目的在于帮助阅读和分析。人们从认知的心理测验中了解到,当数据组分为7个以上时,人们的短时记忆受到影响,若分级数太少时,数据的层次过分简化。制图时,将数据组分为5~9级是可以的,分为4~7是较为恰当的。

(2)确定比例圆的尺寸或比率。以表5-2中的数据为例,假如我们以等间隔将它分为5级,每388亩(极端数据差值的1/5)为一个间隔,将比例圆从2.4mm增至8.2mm的半径分为5级,经过整理,环山县各乡玉米种植的亩数,被归纳到5种比例圆中,其数据见表5-3。

表5-3 环山县各乡玉米产量的分级

数据范围(亩)	圆半径 r(mm)	乡名及亩数
<564	3.3	王丘 176 陈王庄 276 开发 407 上村 471
564~952	4.3	屯门 713 玉门 817 大泉 925
952~1340	5.3	平坝 985 陈李庄 1276
1340~1728	6.3	得利 1410
>1728	7.3	巨封 1869 张家坨 2114

近年来一种称为值域分级圆的方法,产生的心理效应更好。

从比例圆设计的过程我们可以发现,确定数据的分组范围和确定比例圆分级的过程,已经排除了数据绝对值的出现,比例圆仅是视觉效果的参照物,即视觉效应比绝对比例更为重要。

值域分级圆的分级方法是将数据分成若干组,每组用一个比例圆表示,使每个比例圆之间有很好的视觉比较而不拘泥于数据的绝对值,分级间隔则是用迭代法确定的级间差异。图5-16所示是 H. J. Meihoefer 设计的10个值域的比例圆,它可以应用于任何数据组,表示数据之间独立的和连续的关系。

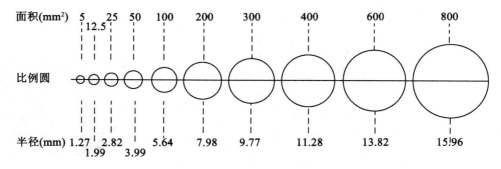

图5-16 Meihoefer 设计的值域分级圆

图 5-17 选自值域分级圆的 5 个相邻的圆,数据组内的所有数值都归纳到 5 种比例圆中。

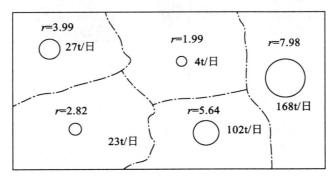

图 5-17　值域分级圆的应用

比例圆只有象征意义,通常还应将数据注在比例圆旁,可以不再另画图例。

表示比例圆的数据尺度可以有:

①连续尺度数据相连接,并且是起始值倍数的尺度,例如表 5-3 中的连续尺度是:<564,564~952,952~1340,1340~1728,>1728。

②非连续尺度,数据独立,也可以是起始值的倍数或其他值的尺度,例如从表 5-2 中的数据分析,可以将 5 个尺度列为:<500,700~850,900~1000,1200~1500,>1800。

③任意尺度,数据独立且互不关联的尺度。例如某油区 5 个油井各有不同的产量。

分级恰当与否,直接影响成图质量,通常应注意以下几点:

分级不宜太多,否则将影响读图效果,分级又不宜太少,否则会影响精度;

避免某级空白,而某级又过多,通常应呈正态或准正态分布;

级别间的变化与数量指标的差异相适应;

极大值应突出表示。

四、符号的定位

由于定点符号法的符号配置有严格的定位意义,当反映的目标比较集中时,可能出现符号的重叠,这是经常遇到的。

(1)当重叠度不大时,可采用小压大的方法;在大与小重叠部,大的断开,保持小的完整性。

(2)对多种现象定位于一点者,可采用组合(结构)符号(图 5-18),可把不同现象固定在某一象限内。若重叠度较大,隐去被压盖部分后影响对符号整体的阅读,可以采用冷暖色和透明度方法进行处理;必要时还可另用扩大图表示。

五、定点符号法的应用特点

(一)对底图和对定位资料的要求

定点符号法的关键在于定位于点,因此对于底图及定位资料要求较高。

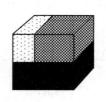

图 5-18　用组合符号反映多种现象

为了较好地反映出呈点状分布的专题要素，要求底图内容比较详细，特别是对于居民点、水系及交通等要素更是如此。对定位资料要求高，要有定位于点的资料，即各种统计资料，必须有具体的点，在图上要能反映出来。定位原则必须一致，特别是对于同一类型的符号，更要求严格遵循这一点。

(二)定点符号法的优缺点

1. 优点

定位精确，尤其是各种规则几何符号，几何中心就是物体的实际位置；简明、准确地显示现象的地理分布。

2. 缺点

符号面积大，对地图载负量有一定影响；简单的几何符号种类有限；符号多则定位难。

处理的办法是：

(1)符号重叠，如描写城市人口，随着比例尺的缩小，城市和城市之间的距离在图上越来越小，按照实际情况可能会出现重叠，此时应保持小圆的完整性，而大圆接到小圆的边线上。

(2)采用组合符号，即将现象归类、汇总，最后求出各自的比重。

(3)移位。定点符号法通常必须按真实位置绘出，一般不得移位，而且对于需要严格定位的符号应优先保证，个别或部分符号需移位时也应考虑保持相应关系。

第三节　呈线状分布要素的表示方法

表示空间呈线状或带状物体的方法，称为线状符号法。

在专题要素中，有许多物体现象呈现状分布，通常所使用得的方法是线状符号法，如在普通地图中常见的道路、河流及境界都是采用线状符号。这里应指出的是，河流在实地是带状分布的物体，道路可视为线状物体，而境界则不是线状物体，而是一种线状符号，属于一种特殊情况。线状或带状是从实地宽度相对而言。

常见的线状符号如图 5-19 所示。

一、线状符号法的应用

(1)表示空间呈线状分布的专题要素。空间呈线状分布的现象，除了普通图中所介

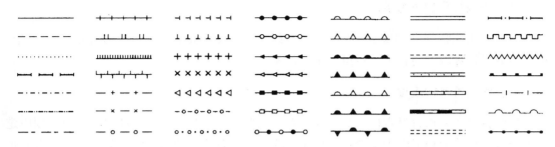

图 5-19　线状符号

绍的河流（图 5-20）、境界（图 5-21）外，尚有气候锋（呈带状）、地质构造线（图 5-22）、山脉走向及社会经济现象间的联系（交通线）等。线状符号法可以反映线状物体的分布差异。

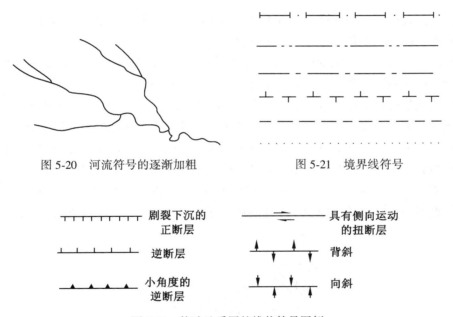

图 5-20　河流符号的逐渐加粗　　　图 5-21　境界线符号

图 5-22　构造地质图的线状符号图例

（2）表示线状物体的数量和质量。如潮汐大小，是通过线状符号法来反映的，它是附加一个带状图表反映数量的差异。

当然，就这种表示方法而言，最初主要是用于反映质量的一种方法。用不相同的线状符号，在彩色地图上可用不同的颜色处理。这在社会经济地图中常见。随着制图学科的发展，线状符号法也被广泛用于反映数量特征。

（3）可用于反映特定时刻及不同时间的发展动态。

二、线状符号的整饰手段

通常是用线状符号的颜色（或虚线、实线）与形状反映质量，用符号宽度表示数量，可以与数量指标成绝对正比，也可用条件比率。

三、线状符号的定位

线状符号法要求符号定位一致，在专题线状要素中，凡要求与实地中心一致的则应定位于中线，如普通地形图中是严格定位于中线，而专题要素地图有时定位于中线，有时也可定位于一侧（如潮汐性质），但在同一幅图上同一要素的处理必须一致。

第四节　连续且布满整个制图区域的面状要素的表示方法

一、质底法

质底法，又称为质别底色法。有人将其称为底色法，但这种说法并不科学，底色仅仅是一种整饰手段，在单色图上就更无法解释了。

常见的质底法地图有区划图，如行政区划图、农业区划图、气候区划图、植被区划图、综合自然区划图；类型图，如土壤类型图、植被类型图及地质类型图等。

质底法就是把整个制图区按某一种指标（如民族）或几种相关指标的组合（如地貌）划分成不同的区域或类型，以特定的手段强调表示连续布满全区现象的质的差异。

在质底法中，从图面上看，区划图为最简单，但设计十分困难。如农业区划图，必须考虑农业地貌、水文、气候、土质、植被、地势及地质等诸方面的情况。

有的质底法地图并不复杂，将其用不同颜色或不同图案表示即可（图 5-23），对于比较复杂的类型图，如地质、地貌、土地利用等图，制作的关键在于分类指标的确定及图例的设计。

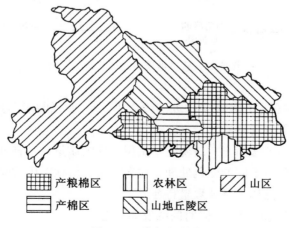

图 5-23　质底法地图

（一）质底法的应用

（1）反映布满全制图区域现象的分布特征。

（2）反映质量差异，这是质底法的主要应用方面，如土壤、地貌、植被等类型图与区划图。

（3）通过数量的形式反映现象本质的差异。例如，对地势高度的表示，可以用海拔高度，如用海拔高 50m，200m，200～500m，500～1000m 分别表示平原、丘陵、低山及中山。这里高程是一个数量指标，此时高程带又反映质量。

（4）反映特定时刻。采用质底法可以反映某一时刻某现象布满全区质的差异，也可反映其发展状态，后者通常采用两张地图进行。

（二）质底法地图的制作步骤

1. 确定分类分区

方法有二：

（1）可以仅仅依据某一种专题要素来划分区域。例如，按土地经营的属性划分，可区分成国有农场、专业户及乡使用土地，从而可编绘成农业土地经营者图；也可以把制图区域分成耕地、草场（牧场）、林地、荒地等，制成土地利用图。在民族分布图上有时也可根据民族居住情况，将民族作为一种指标，把制图区域分成汉族分布区、满族分布区、蒙族分布区、回族分布区……制成民族分布图。

上面均是以某种指标对制图区域进行分区，在实际工作中，也可根据若干种指标组成组合性的图例来划分区域，从而编绘成自然区划图和综合经济区划图等。

（2）确定并勾绘区划界线。编绘质底法地图最大的困难就是各种区划界线不易确定。例如经济区划，涉及经济地理及其他自然环境等问题，也是最难解决的问题，我国通过土壤普查，已对全国农业区划作了初步划分。

2. 拟定图例

对于质底法地图的编制，分类或分区及界线一般都是由有关专业人员提供，当各类区划或类型界线一旦确定后，图例的拟定就是一个较为重要的问题了，图例必须反映出分类分区的统一标准及区分的次序。如民族图是质底法图中较为简单的一种，它是以"民族"标志作为在图上划分范围的基础，在同一地区内分布范围较大的民族通常用较淡的色调，少数民族通常在小比例尺地图使用较突出的颜色或符号表示；民族图的图例也较为简单，通常由面积较大的到面积较小的，或由人口多的到人口较少的顺序排列。而对于有些类型图或区划图的图例则较为复杂，如地质图图例。

对于专题要素制图，测绘主管部门已拟定了统一的图式符号及色标，制作有关地图应以其为标准。

3. 着色或绘晕线或注代码

质底法在多色图中应用时，要求区分明显，一般不宜采用过渡不明显的颜色。除了着色外，还可加绘晕线或加注代码（图 5-24）。图中颜色、晕线或代码代表不同质量的现象。

质底法按成图方法的精度而言，有精确和概略的质底法之别，前者多指由大比例尺编

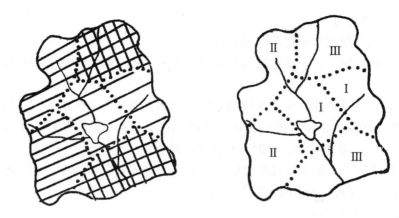

图 5-24　质底法的表示方法

制而成，后者则是由于资料本身精度所限，无法准确地按实地轮廓进行表示，网络法成图就是常见的概略质底法的形式之一（图 5-25）。

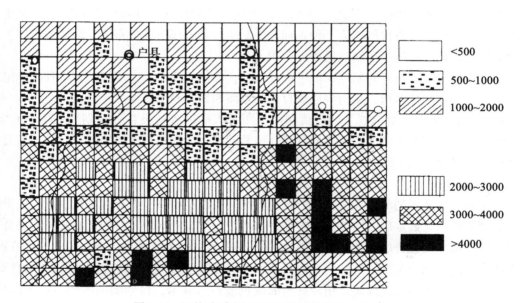

图 5-25　网格式质底法（地面切割密度图 m/km²）

质底法可以与质底法相配合，但必须是彩色图。配合的方法是一种质底用颜色，另一种质底则用晕线。

（三）质底法的优缺点

优点：显明、清晰、一目了然。

缺点：（1）图例较为复杂，尤其是在类型图上当分类较多时更是如此；

（2）不同现象间难以显示其渐变和渗透性。例如在一幅植被图上，难以显示不同植被类型互相交叉的情况，而在自然界中，各种植被并非绝然分开，虽然地带性是主要的，但仍然存在着渐变和互相渗透的情况。

二、等值线法

等值线法也称为等量线法，它是将制图现象数值相等的各点连接成光滑的曲线。

这种方法常用于连续渐变满布全制图区的现象，常见的普通地形图中的等高线法（图5-26）就是等值线中最典型的一种。这种方法也常在气候（图5-27）、地磁等图中用到，它是反映布满全制图区域的而又有一定渐变性的现象，在编制社会经济图时用得较少，但并非绝对不能用，例如在小比例尺地图上可以用伪等值线反映人口分布；又如当统计资料区划较小时，也可把相同经济指标的各个点（通常以较小行政单元的中心）连成曲线，以表示制图区内生产发展水平的情况或占有的生产资料的多少，但这种表示法，严格地说，不是等值线。

图 5-26　等值线表示窖的三维模型

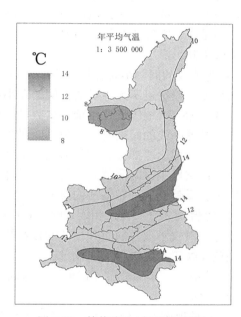

图 5-27　等值线法（年平均气候）

在编绘经济地图时，很少采用等值线法，原因是：

（1）等值线主要适用于表示同时期同性质连续布满全区并且是具有一定的渐变性的现象，地形、气温、降水等都具有这一特点。因此，这种方法用于反映这类自然现象是完全可行的。而在经济现象中，它的变化是极为复杂的，不是渐变的。所以，在经济地图中很少采用这种方法。

首先，以编制棉田单位面积（亩）产量图为例。棉田并非布满全球或全国、全省；再拿农作物播种面积最多的稻田和小麦为例，它们也并非布满全县或全省乃至全国。其次，经济现象不具备渐变性，由于生产技术水平、土质及其他条件各异，可能相邻的两块田的经济效益悬殊。因此，即使是利用极小区划单元得到单位面积产值或产量，也不能精确地反映其差异，只能大致地、近似地反映其趋势。

(2)资料难以满足。在编制社会经济地图时，并非绝对不能采用。但应看到，即使能采用，统计资料也难以找到，因为统计资料单位必须很小，而我国目前则难以办到，例如在1∶400万图上用的等值线反映某省之人均产值必须要采用乡或村为单位的统计资料才能基本满足要求，如果将乡面积扩大(缩小乡数目)，则更难保证精确性。

等值线法的特点有如下几方面：

(1)等值线法用来表示连续分布于整个制图区域的各种变化渐移的现象。

(2)在采用这种方法时，每个点所具有的数据指标都必须完全是同一性质的。如根据各地同一时间的记录，以代表当时区域内的气候情况(某年某月某日的气温)；又如，等高线必须根据同精度测量和化为同高程起算基准的成果，才能正确反映客观实际情况。

(3)单独一条等高线只表示数值相等各点之间的连线，不能表示某种现象的变化情况，只有组成一个系统后，才能表示现象的分布特征。

地图上描绘的等值线，通常是根据观测点的数值内插而求得的。但对观测资料不足的地区，则是在已知等值线外，根据具体情况，向外推断而得，此法称为外推法，这种等值线的精度不甚可靠。

(4)等值线的间隔最好保持一定的常数，这样有利于根据等值线的疏密程度判断现象的变化程度。但这也不是绝对的，例如在小比例尺地图上，用等高线表示地貌时，由于所包括区域范围大、地貌形态复杂，多数是采用随高度和坡度而变化的等高距。

在选择等高线的间隔时，现象本身的特点(如变动范围的大小)、观测点的多少、地图的比例尺、用途等都会影响等值线的选择。一般来说，观测点多，等值线间隔就小，反之就大；比例尺小，间隔就大；科研和设计用图，等值线间隔宜小；一般参考图则可大一些。但是，反映现象分布特征的典型等值线均应予以表示。

(5)等值线和分层设色相配合时，各层的颜色随现象数值的变化改变其饱和度、冷暖和亮度等，以表示现象的质和量的变化特征及其明显性。例如在气温图上，用暖冷两类不同的颜色反映正、负气温的变化。

(6)等值线直接加数量注记可以显示数量指标，无需另作图例。这是等值线法优于其他表示法之处。

(7)各种地图上等值线法不但反映了现象的强度(即数量指标)，而且还可反映：

①随着时间而变化的现象，如用多组等磁差线反映磁差年变化；

②现象的移动，如用多组等值线反映气团季节性变化、海底的升降等；

③反映现象的重复及或然率，如一年中哪些时间的气温是相同的，一年中各月的大风和暴雨的次数。如果用两三种等值线系统，则可以显示几种现象的相互联系，如同时表示7月的等值线和等降水线，如图5-28所示。但这种图的易读性会相应降低，因此常用分层设色辅助表示其中一种等值线系统。

由上可知，在社会经济地图中，等值线仅用于编绘要求精度不十分高的较小比例尺地图，借以表示某种社会经济现象的地理分布趋势，如编制教学地图(含教科书插图)有时可采用等值线法。但此时的"等值线"与等值线的原意已不符，为了区分起见，人们称这种"等值线"为伪等值线(图5-29)。

在编制社会经济地图中采用的伪等值线法，通常要求利用内插。其方法是，首先把制图区分成若干小的区划单元，并在其中心(或者最小行政单元的所在地)标上点号；再按

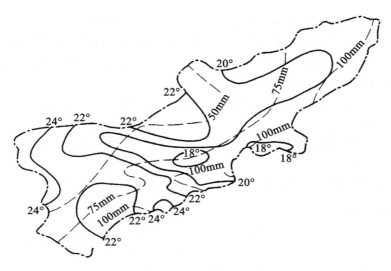

图 5-28 7 月气温和降水

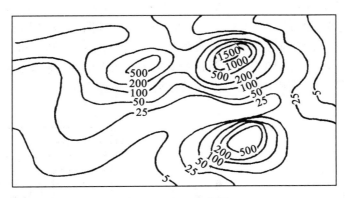

图 5-29 人口密度图

小单元计算出值(相对或绝对值)并将其标注在相应单元的中心点(或最小行政单元所在地)的旁边;最后将相同数量指标的各点连接成光滑曲线而成。显然,区划单元越小越精确,比例尺越小越精确。例如,编制一幅 1:400 万全国耕地面积密度图,用各乡的统计资料编制而成的等值线图,远比以区或县为单元的统计资料编制的等值线图要精确得多,当比例尺缩小时更是如此。

为了能反映出经济发展水平,必须用一组等值线才能说明问题;否则,不能反映渐变趋势,表示一条等值线则无多大价值。

为了反映出经济发展水平,必须采用等间距的成组曲线,当伪等值疏密明显,这就意味着区间经济水平有高低差别,伪等值密集而数字注记大者表示经济水平相对高一些,否则相对水平要低些。伪等值线间距的大小取决于现象分布的特点、地图比例尺、原始资料区划单元的大小和详细程度。用等值线表示的地形图,地势图其等高距有时是可变化的,如小比例尺地势图,等高距随高度变化而变化。

在伪等值线的地图中,常常可能会出现一个高水平区与一个低水平区紧相邻,这是经济现象中常有的事，不必在两条紧相邻的伪等值线中进行内插。

为了更好地反映出各地的经济水平，在伪等值线地图上配以分层设色的整饰手段，其效果比之仅用伪等值线更好，当采用分层设色时，伪等值钱的线划可细一点，因为在两设色交界处，我们可以意识到伪等值线的存在。

等值线和伪等值线具有一个共同优点，即由于这些线上标有数量指标注记，所以可以不用图例也能看懂。

等值线和伪等值线它们都主要表示数量，也可用不同颜色的线，或虚、实线和注记表示其质量的差别。

等值线和伪等值线除了反映数、质量特征外，还可反映特定时刻及发展动态。

三、定位图表法

定位图表法是用于表示布满整个制图区域现象的数量特征的另一种方法。该方法通过利用某些典型的点，来说明整片分布现象的总特征或总趋势，这些典型的点不仅反映该点的数量特征，更重要的是可以反映周围的基本态势。如风的表示，假定风的玫瑰图形符号放在武汉，它不仅说明了武汉有关风的指标(如风力、方向等)，而且代表了武汉周围的基本情况，也可通过平均配置的一些相同类型的图表，反映制图区域四季或周期性的变化。

用于表示定位图表的符号很多，常见的如图 5-30 所示。原则上讲，所有用等值线表示的制图现象均可采用定位图表法，但它主要用于自然图中的气候图，如风、半月潮变化等。应该指出的是，地形图中的高程点及其注记也是一种定位图表。

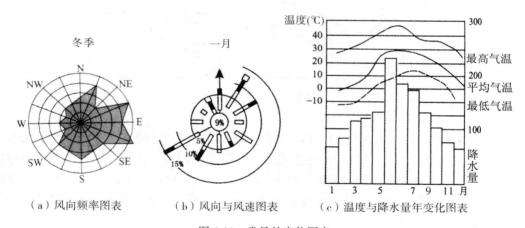

（a）风向频率图表　　　（b）风向与风速图表　　　（c）温度与降水量年变化图表

图 5-30　常见的定位图表

（一）定位图表法的主要用途

（1）反映满布全制图区域自然现象的周期性变化，如风(图 5-31)、气温、气压、降水量等的年变率；以及潮汐的半月周期性变化。

（2）反映数量，主要是指频率与速度。值得注意的是，各点的数量指标是由长期观测采取平均值得来的，所以必须选择主要特征点、站，如南阳盆地为寒潮进入湖北的重要方向之一，应该选取。

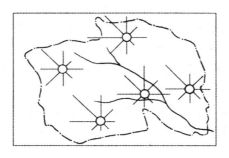

图 5-31　风玫瑰统计图

除了反映数量特征外，也可反映质量特征。

（3）可反映年、月、四季周期性的变化。季一般是以 4、7、10、1 四个月分别代表春、夏、秋、冬四季。

（二）图表的配置方法

配置图表的方法各异，有的将符号配置在这些典型的点上，也有的配置在该点的附近加引线指示位置，还有的配置在图外或背页，而在这个符号下方或上方注出点（站）名。如图 5-32 所示。

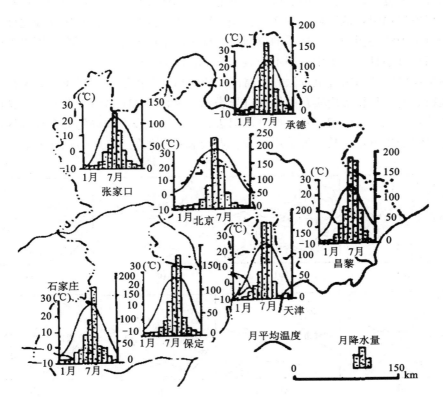

图 5-32　定位图表法表示

（三）整饰手段

定位图表的符号设计很重要，通常采用符号（图表）与颜色相配合，如风玫瑰图，箭身的长短表示频率的强度，颜色表示季节，而箭头表示方向。

在阅读有关地图集时，可以发现类似于风玫瑰的地图，这种表示不是定位图表。

（四）定位图表的优缺点

各点上的内容有方向和大小，但全面地反映趋势则不如等值线。等值线具有一定的连续性，定位图表则更为概略。

第五节　间断而成片分布的面状要素的表示方法

一、范围法

范围法主要用于反映具有一定面积、呈间断、片状分布的现象，在专题要素中，常见的有湖泊、沼泽、森林、草原、矿区等的分布。由于所反映的现象具有一定面积，而不是个别点，因此又称范围法为面积法或区域法。此法主要用于表示森林、煤田、湖泊、沼泽、油田、动物、经济作物、灾害性天气等的分布，因为这些现象仅在一定范围内存在，并非布满整个空间。

依据现象的分布情况，范围法可以分为绝对范围法和相对范围法两种。绝对范围法是指所示的现象仅局限在该区域范围之内，如在轮廓线之内是煤田，在轮廓线之外就不是煤田了；相对范围法是指图上所标示的范围只是现象的集中分布区，而在范围以外的同类现象，只因面积过小且又不集中，则不予表示罢了。

范围法还可以分为精确范围法和概略范围法。精确范围法是指现象的分布范围界线是明确的或精确的，其轮廓用实在的线状符号表示，如图 5-33（a）（b）所示，可以在界线内着色或填绘晕线或文字注记表示；概略范围法表示的现象没有明确的分布范围界线，或界线不明或界线变化不定，其界线采用虚线、点线表示，如图 5-33（c）（d）所示，或完全不

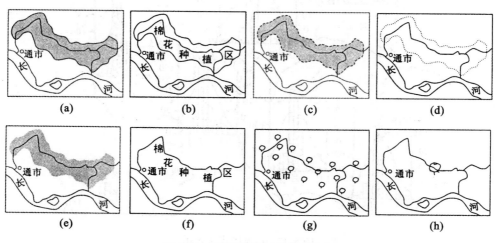

图 5-33　范围法的几种表示形式

绘其界线，只以文字或单个符号表示这一带有某种现象分布，如图 5-33(e)(f)(g)(h)所示。

　　制图时是采用精确范围法还是采用概略范围法，取决于地图的用途、比例尺、资料的精确程度和现象的分布特征。一般的科学参考图、工程设计图用精确范围法，教学用图或宣传用图则用概略范围法；而旅游风景区本身有明确的范围界线，多用精确范围法，但对资料中未精确绘出的，如煤田里不同煤质的品位，各种动物的分布等，其范围界线是难以精确划定的，遇到这类情况，多采用概略范围法表示。

　　范围法一般只表示其轮廓范围内现象的质量特征，而不显示其数量特征。若要反映数量特征，可借助于符号的大小与多少、注记字的大小、晕线的疏密或粗细、颜色的深浅，或直接标注其数字等方法。另外，可以反映现象不同时期范围的重叠和变化，显示现象的发展动态。

　　范围法的作用主要有：

　　①反映间断呈片状分布的专题要素。

　　②主要反映质量，也可反映数量差异特征。

　　③反映时刻，也可反映发展动态。以现象不同时期范围的重叠和变化，显示现象的发展动态，如采用两张图对比表示，或在一张图上是采用重叠(不同颜色)。

　　④反映重叠、渗透的现象。图 5-34 所示。

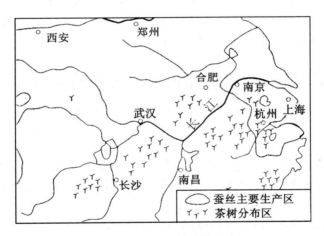

图 5-34　范围法的重叠表示

　　范围法的整饰手段：可以有不同形式，用一定图形的实线或虚线表示区域的范围，用不同色普染，绘以不同晕线；在区域范围内加注说明或填绘相应符号。该指出的是，这里所采用的符号与定点符号法具有本质的区别，定点符号法中的符号有严格的定位，它是定位于点；而范围法中的符号只能说明某范围分布什么现象，它不定位于点，不代表具体的位置，一般也无数量概念，符号法中符号大小反映数量。

　　范围法对底图的要求：要有精确的境界线，或对标定有关范围线有价值的居民点、河流等应准确无误。

　　范围法的主要优点：简单明确，可反映渗透现象，通常仅反映现象的区域范围。但反映数量特征有时较为困难。所谓渗透在图上，主要表现为重叠，用不同颜色、不同形状、不同方向的晕线同时表示。

二、量底法

量底法是数量底色法的简称。量底法具有较大范围连续分布现象的数量特征，用不同浓淡的色调或疏密的网线，表示整个制图区域对象的数量分级。这种表示方法主要用于编制地面坡度图、地表切割密度图、切割深度图和水网密度图等。数量分级一般以 5~7 级为宜，而界线则根据分级和制图对象的分布特征进行勾绘。色调浓淡和网线疏密应与制图对象的数量分级相对应。该方法反映在同一种制图区域内同一种制图对象(内容)在数量上的差别。

三、格网法

格网法以格网作为制图单元表示制图对象的质量特征和数量差异。格网大小视资料详细程度而定，如 2mm×2mm、5mm×5mm，或 10mm×10mm。当表示质量特征时，每一格网表示一个类型，以不同色调或晕线区分；当表示数量差异时，按一定分级，以色度或晕线密度区分。

地图格网法随着计算机制图的发展而被广泛应用，最初由宽行打印机以不同字符区分制图对象的质量或数量特征，每一字符相当于一个格网，可采用计算机处理打印编制地面坡度图、人口密度图、土地利用图、环境质量评价图等，称为格网地图。当然，采用手工方法编制格网地图也较简便，因此地图格网方法的应用越来越广泛。

第六节　分散分布的面状要素的表示方法

一、点值法

点值法亦称点数法、点法或点描法。点值法是用大小相同，代表的数量相等的点子，用点的数目反映出成群但又不均匀分布的现象。点值法是用于制作表示数量指标地图中较为简单的一种方法，广泛应用于表示人口、农作物、动物及疾病等的分布。在同一幅图上可以用几种不同颜色(单色图则可用不同形状或不同大小)的点表示不同的现象。

(一)点值法的应用

(1)反映分散的或呈面状分布的现象，如农作物的分布、耕地面积、人口等；

(2)反映数量特征，通过点的数目的多少来实现；

(3)反映质量特征，用不同颜色或不同形状的点来表示；

(4)可以用不同颜色表示现象的发展。

(二)布点方法

(1)均匀布点(图5-35(a))，要求统计资料的区划单元越小越好，否则误差较大，统计资料的区划单元最好是乡或更小单位。

(2)定位布点(图5-35(b))，通常需要有大比例尺的地形图作基础，以便说明现象与地形的关系。

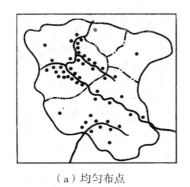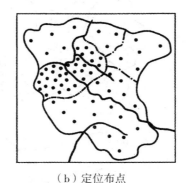

（a）均匀布点　　　　　　　　　（b）定位布点

图 5-35　两种布点的方法

（三）点值法的优缺点

优点：

（1）能直观地反映同一现象（或不同现象）在不同地区的空间分布。

（2）当实地分布差异明显时，可反映出不同地区的数量差异。

（3）当点值、点子都较大时，能较快看出其总数；但是，当点子小且点数又较多时，则难以做到。

（4）容易制作，这是点值法地图的一个很大的长处，除需计算点子的数目外，几乎不需要进行其他项目的计算。

缺点：当制图区域内两极端值很悬殊时，点值难以确定。此时，当采用大点值时，则难以反映出数量较小的实际分布情况，会造成图上一个点也没有，但在实地上不是没有这种现象分布。

（四）影响点值法图面效果的因素

影响点值法图面效果的因素主要有：点子的大小、点值及点子的位置。点子的大小及点值，是表示总体概念的关键因子。如图 5-36 所示四幅点值是由同一资料做出的，这些图仅仅是由于点的大小或数目上的差别，就造成了读图效果的差别。

图 5-36（a）（b）中二者点的单位值都是 20，其差异仅是点的尺寸大小，图 5-36（a）中的点较合适，图 5-36（b）则太大，其缺点是很快合并成一个大的黑斑。

图 5-36（c）（d）的尺寸相同，但点的单位值不同，点的单位值分别为 100 和 10，图 5-43（c）中单位值明显太大，给人一种完全不同的印象，缺乏直观的密度差异。

点子的大小既不能大得影响精度，又不能小得使图形不清。

点子的点值和大小的合理选择，是能否反映客观实际的关键问题，也是评定成图质量的重要依据。

关于点值法作图有两种不同的观点，一种观点认为，应使读者能计数点子，从而获得具体可靠的数量信息，从而主张点子不宜过小，且不能过分稠密；另一种观点认为，点值法图目的在于能直观地反映数量分布的特点和区域差异，不能要求通过数出图上的点子数目而获取准确的定量信息，认为点值法地图不是用来代替数据统计表。

上述两种观点都有一定的道理，应从用途要求及比例尺大小来看待这一问题，如果说

代表20单位　　　　　　　代表20单位
（a）　　　　　　　　　　（b）

代表100单位　　　　　　代表10单位
（c）　　　　　　　　　　（d）

图 5-36　点大、点值对图面效果的影响

是小比例尺地图，往往是供参考用，不需要十分精确，只需了解其梗概即可，无需用数点子的数目；如果说读者要求了解真实数量概念，制图工作者则应尽量满足，点值和点的大小可适当大一点。

（五）确定点值原则

确定点值是点值法的关键。布点以前，先定点子大小及每点代表的数值。

点值的确定与比例尺及点的大小有关。若点子大小已定，比例尺越大，点值可小；点值越大，点子越少。如每点代表耕牛 500 头，点值太大，很可能一个点就包含了若干个区乡耕牛的总和，这样，就不能反映分布特征，不能充分反映数量差异（如现象稀少的地区）。点值过小也不好，因为在点子密集地区可能会发生重叠现象。

通常，点值的确定原则是：在最稠密的地方，点子可近于紧靠（不重叠）；在最稀的地方也可看到现象的存在，其他地方也可看到疏密对比情况。

点值法可以认为是范围法的进一步发展，范围法可过渡成点值法，其条件是要知道区域范围现象的精确的数量指标。

单独的范围法只反映专题现象的分布区域范围及其质量特征，而难以反映其数量差异。如果我们在范围内均匀地分布点子，借助于点子的分布可表示区域的范围；当这种点子具有点值时，用点子的数目可表示现象的数量特征。如果点子分布与实际情况一致，这样就由范围法过渡到了点数法，如图5-37 所示。

在一般情况下，范围法只反映现象分布范围和质量特征，难以显示其数量指标。一旦知道范围的现象的数量指标，就可在其范围内进行均匀布点。

图 5-37　由范围法过渡到点数法

例如，编制棉田分布图时，可以在棉区均匀布点，通过点子的分布范围显示棉区的范围，用点子的多少表示棉花的播种面积。在实地上，棉田的分布是断断续续的，集中程度各异，其中夹有粮田、荒地等。因此，如果按棉田实际分布情况（面积与范围）布上疏密不同的点子，这样就由范围法过渡到了点值法。

又如，人口分布或作物分布是一种离散的地理现象。虽然采用以区域单元的方法反映数据，但它和等值区域法不同，因为在一个区域单元内不采用均匀分布的网纹符号，所以是一种区域频数制图。当编图完成后，区域单元界线在清绘成图时即行删去，而出现一种离散点的分布。

（六）点值法制图的步骤

1. 确定区域单元

点值法是以区域单元内的地理统计数据制图的，和等值区域法一样，它必须获得区域单元的行政界线图和相应的统计值，例如以乡为统计单位时，应有乡界线的底图和统计数据。

2. 确定区域单元内数据的分布位置

因为在一个区域单元内并不是所有土地都适宜于表示某一种地理信息，例如人口，不可能分布在军事禁区、沼泽地、盐碱地、自然保护区和山岭上；又如水稻，不可能分布在远离水网和坡度很大的坡地上。所以，在制作点值图时，首先对区域单元的限制因素进行过滤（图 5-38），勾绘出不可能表示主题信息的区域，剩余的地区才是能布设点状符号的地方。

3. 计算点值和点的尺寸

从多年来点值制图的经验分析，点状符号最合理的直径为 0.5~1.0mm 的圆点，也不排斥直径大于或小于 0.5~1.0mm 的圆点，以及方形、等边三角形的点状符号。

点值的大小也可根据假定点子的大小和图上密度最大区区域面积确定点数，由点数和人口数算出点值。点值的大小应该以制图范围内区域单元最小而数量最多的地区，平铺出全部圆点而没有重叠为最高限。例如，某稠密地区的图上面积为 17cm²，而人口数为33900 人，圆点直径为 0.5mm；则每一个圆点代表人口数为

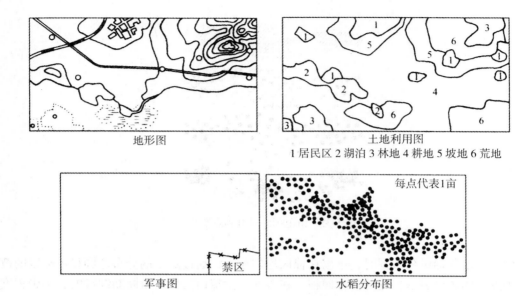

地形图 　　　　　　　　　　　土地利用图
1 居民区 2 湖泊 3 林地 4 耕地 5 坡地 6 荒地

军事图 　　　　　　　　　　　水稻分布图

图 5-38　布置离散点的区域过滤

$$\frac{33900\ 人}{1700×4\ 点}=4.985\ 人／点$$

凑整为每个圆点代表 5 人。

在通常的情况下，编制一张点值图往往要对点的尺寸和点值进行多次的试验，稀疏的区域单元不止 2~3 个点，稠密区域单元所布的点应当恰好相接而不至于重叠。

4. 作图

经过计算，确定了每一区域单元的点数后，便可以布置出全部圆点的位置。布点时，还要注意不要有意无意让开区域单元界线（图 5-39），这样会出现删去界线后不合理的现象。

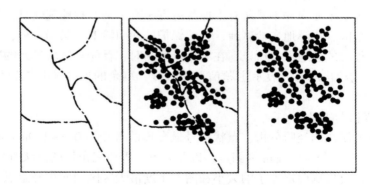

图 5-39　因为让开行政界线造成的布点结果

当各制图区间差距过大时，用一种点值难以解决问题，点值太大，有些地区不足一点；点值太小，有些地区容纳不下。此时，在一幅图上可用两种大小不同的点子代表不同的点值(点可用不同颜色或形状处理,见图5-40),采用此法时,要力求使点的面积之比与相应点值之比相一致,并注明不同点径所代表的具体数值,或它们所代表的数值之间的倍数关系;另外,也可以设计一种符号表示更大的数值,如图5-41所示。

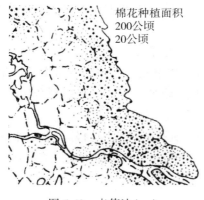

棉花种植面积
200公顷
20公顷

图5-40　点值法(一)

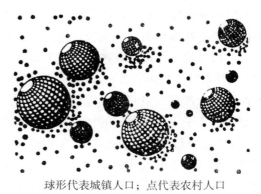

球形代表城镇人口;点代表农村人口

图5-41　点值法(二)

点值法应用于多项数据制图时,各项数据可采用不同色相的圆点来表示,圆点的直径也可以有变化。

点值法虽然是定量制图,但由于它没有区域单元界线,所以不适宜于准确定位,但由于圆点按频数分布,图形比较直观,故能达到制图区域内数量对比的效果。

二、分级统计图法

分级统计图法常用的整饰手段是进行色级处理,故又称为色级统计图法、分级比值法,属统计制图之列。

分级统计图法是将制图区域分成若干区(通常按行政区划为单元),然后按各区现象的集中程度(密度或强度)或发展水平进行划分级别,最后按级别的高低涂以深浅不同的颜色(或晕线),颜色的深浅或线划的疏密与级别一致。

分级统计图法主要用于反映分散分布的现象,也可反映成面状分布的现象,即点、线面状的现象均可采用此法。

就指标而言,分级统计图法一般只适于反映相对指标,表示专题要素中某种现象水平高低的空间分布特征(如××斤/亩,××元/人,××人/km,××亩/人,某作物耕地/总耕地……),而不大适宜用绝对指标,因为绝对指标有时会造成某种不合理或歪曲事实,例如在经济图上,因为在制图区域内各区划单元的面积并不一样大,面积小的区划单元内,虽然经济发展较快、水平较高,但拥有的绝对值毕竟还是小的;相反,对于面积大的,虽然经济发展水平没有前者高,但总产值可能要大。如粮食产量,湖北省总产量比江苏省要大,并不等于湖北粮食作物的生产技术水平比江苏高,又如人口按绝对值而论,广东第一,但由于广东面积大,其密度反比江苏要小。所以,在制作分级统计图时最好采用相对指标。

　　分级统计图法适合反映任何时间状态，但是表示不同时期的发展通常需要两幅图。

　　分级主要包括分级数、分级界限的确定，它们又与用途、比例尺及数量指标分布的特征有关。从统计角度考虑，分的级别越多，误差越小，但分级数受读图对象视觉的限制，而且级别越多，越不能很好地反映出分布规律的整体性。因此，只能在保证清晰易读的前提下，不破坏其整体性，尽可能将级别分得详细些，数据集中性强，分级数可适当减少。分级界限主要受数据分布特征及统计精度的影响。

　　分级比值法除上述以行政区划单位为制图单元外，还可以有以下三种作法：

　　(1)以现象自然分布的各种多边形空间范围作为制图单元。如城市人口生活和生产活动的各种场所，按这些空间分别进行统计，求其密度，分级，称之为多边形分级比值法。用此法制图，几乎无内部差异的概括，所反映的现象最近于实际。

　　(2)以现象分布的密度或强度相等的地区作制图单元，即按现象自然分布的空间范围统计资料，求其分布密度或强度、分级，然后用曲线将相邻的同等级的地区连成片，称为范围密度法。适用于编制人口密度图、地面坡度图、噪声污染分布图等(图5-42)。

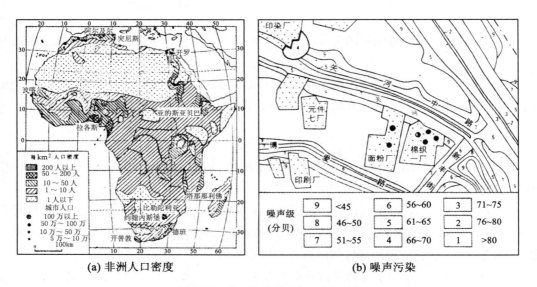

(a) 非洲人口密度　　　　　　　　(b) 噪声污染

图5-42　分级比值法(范围密度法)

　　(3)以网格为制图单元，即以在各网格内所占面积大于或等于50%的那一比值的级别为该网格的比值级别，称为网格分级比值法，如用此法制相对地势图。此法的制图精度较低，误差可大到50%。

　　(一)分级统计图的制作步骤

　　1. 计算出相对指标

　　如亩/人，耕地面积/单位面积，机耕面积/单位耕地面积，人口数/单位面积，切割密度/单位面积……在计算相对指标时，必须注意上述分子、分母所在的单元是位于同一单元内。

2. 将相对指标按大小排序

3. 划分级别

这是一个十分重要的问题。其级数一般应控制在 5~7 级为宜，级别太多会影响印刷和阅读效果；级别太少，则其精度太概略。

划分级别的方法通常有：

等差分级：0~10，11~20，21~30，31~40。

这种分级方法简单，好记，便于阅读，所以用得最多，如人力资源、经济资源及自然资源中的某些图种(如切割密度图)。

等比分级：当相当数量的区划单元的相对指标很接近，仅少数几个单位的相对值突出时，如果仍采用等差分级，可能会出现某一级的空间分布很大，而有的级别可能会出现很少甚至空白，此时可采用等比分级(5~10，10~20，20~40，40~80)方法。

但是等比分级的最大缺陷是难记，甚至不为整数。

(等差+等比)的分级，即任意分级。当大部分区划单元的相对指标接近于平均水平时采用。通常是把中间各级的间隔缩小，使之反映细小差别。例如 1~9(差 8)、10~13(差3)、14~16(差 2)、17~19 差 2)、20~23(差 3)、24~32(差 8)。如果是图集或系列图组，则应考虑相关图幅分级的划分要便于比较分析。

4. 按级别填色或绘晕线

分级统计图法精度的高低取决于分级数的多少，分级科学性及区划单元的大小，同时级别划分标准不同，绘成的分级比值图也不相同(图 5-43)。

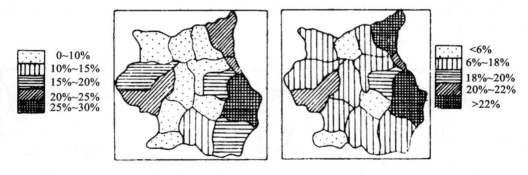

图 5-43　分级不同绘成不同的分级比值图

(二)分级统计图法优缺点

优点：能反映分散分布现象的分布特征及地理规律，清晰易读。

缺点：与分级符号相同。

三、分区统计图表法

分区统计图表法又称为图形统计图表法，它是将制图区按行政区划单元或其他单元分区，在各区划单元内配置相应的图表，借助于图形符号的个数或图形的大小，反映某现象数量之总和，图形的面积与单元内现象数量之总和成正比，其图形可用分级比率，也可以用连续比率。图形可用多种形式，如图 5-44 所示。

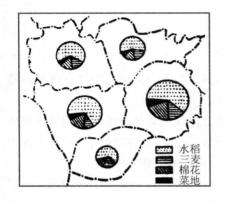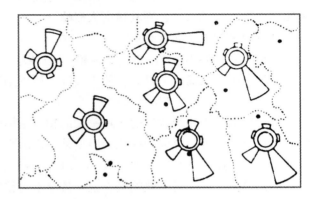

图 5-44　分区图表法

　　分区统计图表法中的图形符号与定点符号法虽然都是用符号表示，但二者有着本质的区别。首先，定点符号法是必须定位于点，即符号必须置于实地的中心位置，它是反映点上的现象，而分区统计图表法的符号是则定位于面，即符号是置于区划单元的适当位置。其次，定点符号法所反映的是某点上物体的数、质量特征，而分区统计图表则反映单元内分散分布的点状或线状的或面状现象数、质量之总和。

　　就指标而言，分区统计图表法，最适宜采用绝对指标，也可采用相对指标。

　　分区统计图表可以反映任一时期或时刻的现象之数、质量特征，也可反映现象之发展趋势(图 5-45)。

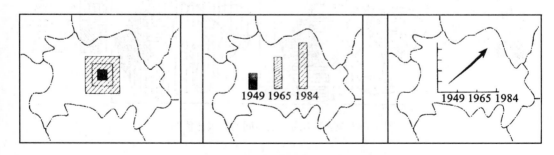

图 5-45　分区图表法(表示发展动态)

　　此法对底图最主要的要求是必须有正确的区划界线，其他要素则可以简略。

　　分区统计图表法最大的优点是能显明地表示出专题要素在各地区的差异，在宏观上给人一种很直观的感觉。它有一定的地理概念，但较差，区划单元越大，越显得概略。另外，当各区划单元统计的值相近时，则难以区分。

　　编制分区统计图表法地图的方法很简单，其步骤是：

（1）将每一区划单元的同种现象的数量分别累加；

（2）设计出比率基数（方法同定点符号法）；

（3）设计符号图形，如圆、球体、立方体、柱状或方形。当选用柱状图表时，要注意其高不宜过长，以免超出本区划单元范围，造成错觉。通常利用圆形或方形较好，既明显，也难以超出区划单元。

另外，设计图形时，还可以考虑采用在各区绘制同样大小但数量不等的符号，借助图形数目的多少反映物体数量特征(图 5-46)。

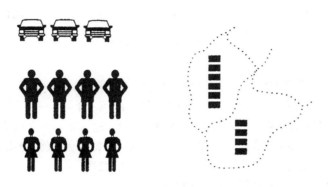

图 5-46　定值累加图表

第七节　全能表示法——动线法

动线法也叫做运动线法。它是一种全能法，可反映点、线、面状物体的移动。在各种图中所常见的河流的表示就是一种简单的动线法。

动线法是用箭头和窄带表示信息的移动方向、路线、方法、精度、数质量特征（如货物运输量、风速、强度）、结构等，如图 5-47 所示。总之，一切移动，不管呈什么状态（点、线、面）的现象，均可用动线法表示。

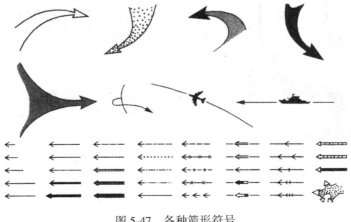

图 5-47　各种箭形符号

155

动线法表示点状或小面积物体的移动，如航海路线（图5-48）、进军路线等。

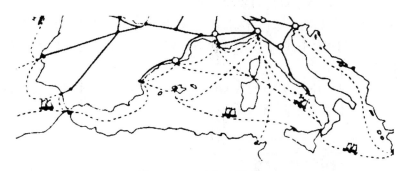

图5-48 运动方法的表示

动线法表示线状物体的移动，如河流的变迁。

动线法表示面状现象的移动，如大气的变化、洋流等。

该方法用宽窄不同的带、字的大小或数量不等的平行线反映数量特征，也可用形状或颜色反映质量特征。如利用箭身的宽窄（如运输量带），以及寒、暖流，不同的运输类别等则分别用不同的颜色、不同的箭型或用不同的带型处理。

它可反映特定时刻的现象移动或发展动态。

（1）反映特定时刻的现象移动的手段是条带，带的颜色或花纹表示现象的质量特征，带的宽度表示其数量特征。"带"的宽度一般是有比率的，其比率分别为绝对比率和条件比率，其中也可再分连续比率和分级比率。如表示河流的流量，可用绝对连续比率方法，如图5-49(a)所示，表示货流强度、输送旅客量，可用绝对的或条件的分级比率方法。在图5-49(b)中，原来的公路、铁路已被表示运输量的"带"代替，"带"呈绝对分级比率

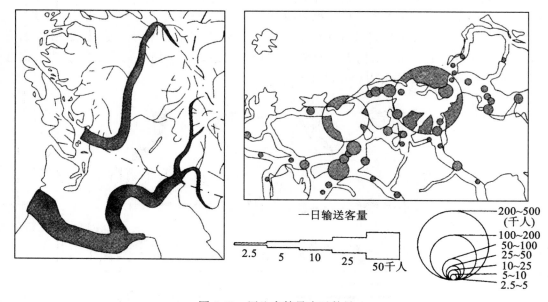

图5-49 用比率符号表示数量

关系。

（2）反映发展动态的方法可以有下列途径：用同样的比率基数计算出不同时期数量指标的带型的宽度，然后将其叠加（最好是用不同色的带），或者是制成两幅图。

动线法的优点在于醒目，直观性强，其缺点是当反映运输内部结构时载负量过大（图5-50）。

动线法可分为精确和概略两大类。精确的动线法，如沿铁路、公路、河流及航空飞行轨迹描绘出由一个经济中心到另一个经济中心。概略的动线法描绘成直线或大致沿交通线描绘（要求表示出起讫点），这种方法看不出具体沿线的路径。

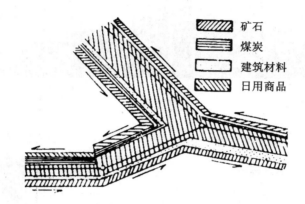

矿石
煤炭
建筑材料
日用商品

图 5-50　货运的方向、数量和构成

运动线的图形配置方法有以下三种：

（1）一般沿运动方向的右侧；

（2）沿交通线的两侧；

（3）如运输箭身太长，可在箭身的中间适当加绘箭头，以便于阅读。

第八节　专题要素的其他表示方法

专题要素除了说明现象本质和分布特征的上述 10 种基本的表示方法之外，在图面上还常常配置代表整个制图区域总体特征的图表，其中主要的是金字塔图表和三角形图表。

一、金字塔图表法

由不同现象或同一现象的不同级别的水平柱叠加组成的图表，最常用于不同年龄段的人口统计，其形状下大上小，形似金字塔，称为金字塔图表（图 5-51）。

金字塔图表还可用于表示不同工业部门的产值、利税、职工人数，以及居民的婚姻状况、教育水平、收入、消费、储蓄等。它可以用水平柱长表示数量特征，用颜色表示质量（类别）差异，又可以表示现象的结构特征。该图表可以表示整个区域的指标放在图面的适当位置，也可作为分区统计图表放在区划单位内，是专题地图上经常使用的一类统计图表。

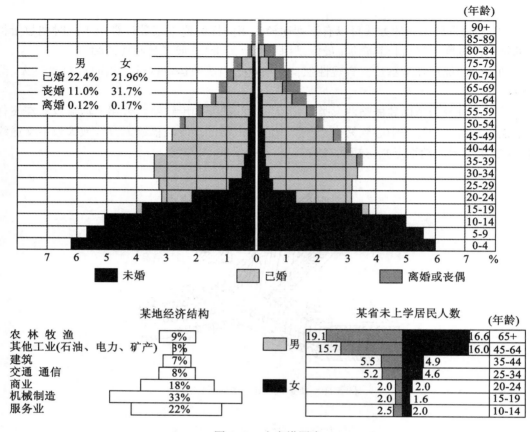

图 5-51　金字塔图表

二、三角形图表法

三角形图表法是根据各个区划单元(一般是行政区划单元)某现象内部构成的不同比值,通过图例区分出不同的类别,然后用类似质底法的形式表示出来。该法适用于表示由三个亚类构成的现象分地域统计数列的一种图表形式,因为它的外形为等边三角形,故称为三角形图表。

(一)结构原理

三角形图表的结构原理是基于在一个等边三角形中,任意点至三条边的垂距总和相等(图 5-52)。如果我们把这个总长作为 1(100%),则任意点至各边的垂距长就是三个亚类各占的比例值。为了阅读的方便,将正三角形各边按图 5-53 所示均匀地划分为 10 等份,使三角形形成格网,有了这些格网,就可以作为标尺读出三条垂线的长度(百分比)。百分比值可以依照一定规则(顺时针或逆时针均可)注出分划。

(二)三角形图表的设计

如果用三角形图表来表示居民按产业的职业构成,如以日本某年以基层行政单位为单位统计的"居民职业构成图"为例(图 5-54)。如果Ⅰ代表第一产业(农、林、牧、渔、狩猎业等),Ⅱ代表第二产业(矿业、制造业、建筑业、加工业等),Ⅲ代表第三产业(交通、

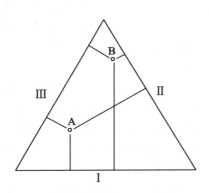

图 5-52　三角形图结构原理

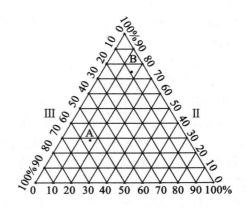

图 5-53　三角形图表格网

通信、公益企业、服务业、行政职业和其他等)，作为统计基础的每一个统计单元(通常为行政区划单位)，就可以在图表上有一个点位，各行政单元三类产业就业人数总和为 1。

设计的过程如下：

第一步，各行政单元按其统计的三项不同指标值(各类就业人数的不同比例)用点表示于图表内。在图表内，每一个点代表了一个行政单元。

第二步，由于图表内点的分布是不均匀的，可按点子的分布情况对三角形图表进行分区(实质上是分类型)。一般地说，对图表中点子分布稠密的区域，分区

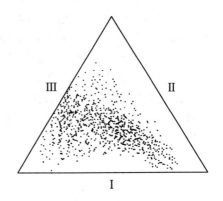

图 5-54　居民职业构成

可细一点(即分区小一点)，点子分布稀疏的区域，分区可粗一点(分区大一点)，目的是尽可能将点群(各行政单元)的特征差异显示得细致些。这种分区方法类似于分级统计地图的分级，性质相近的点(代表相应的政区单元)划为同一区(类)，每个区内都包含有一定数目的点(政区单元)。图 5-55 是根据图 5-55 点群的分布状况进行分区的，共分 10 个区域，各区特征为：

a. Ⅰ、Ⅱ<30，Ⅲ>70，第三产业占绝对优势的地区；

b. Ⅰ30~50，Ⅱ<50，Ⅲ50~70，第三产业占优势的地区；

c. Ⅰ<25，Ⅱ30~50，Ⅲ25~50，第一产业少数，第二、三产业均衡发展的地区；

d. Ⅰ、Ⅲ<50，Ⅱ>50，第二产业占优势的地区；

e. Ⅰ、Ⅱ、Ⅲ25~50，三个产业均衡发展的区域；

f. Ⅰ、Ⅲ25~50，Ⅱ<25，第二产业欠发达的地区；

g. Ⅰ、Ⅱ25~50，Ⅲ<25，第三产业欠发达的地区；

h. Ⅰ50~60，Ⅱ、Ⅲ<50，第一产业略占优势的地区；

i. Ⅰ60~70，Ⅱ、Ⅲ<40，第一产业占优势的地区；

j. Ⅰ>70，Ⅱ、Ⅲ<30，第一产业占绝对优势的地区。

如仍以图 5-52、图 5-53 中的 A, B 点为例，则 A 点位于 b 区($Ⅲ=55\%$，属Ⅲ产业优势型)，B 点位于 d 区($Ⅱ=72\%$，属Ⅱ产业优势型)。分区以后，就要着手对各分区进行设色。一般来说，三角形的 3 个角顶区可分别设以红、黄、蓝色，中间各区则视其与某角顶靠近的程度设接近于该角角顶主色的色调，如图 5-55 所示。

至此，实际上是完成了这种地图的图例设计工作。

接下来，按各点(行政单元)在图表中的位置，以其所在分区的颜色(即第二步中设计的图例的颜色)填绘于该点所代表的行政区划范围中去，如上述的 b 区为浅红色，d 区为黄色。实际作业时，是将各点的三项指标值与图表中各分区的三项指标值相对照，从而确定某点(行政单元)应在什么分区，用什么色。在点群分布的三角形图表中，不可能对每点注出其名称。

这种方法对社会经济现象的结构和发展剖析较为深刻。这里仍以日本"居民职业构成图"为例进行说明。三角形图表(图例)中红、浅红的区域表示居民中从事服务性和公益性职业的人数，这类区域越多，越说明社会结构中由于工业高度自动化，就业者由初级产业逐步转向第三产业；三角形图表(图例)中蓝、浅蓝的区域表示居民中从事农、林、牧、渔等初级产业的人数，地图中这类区域(行政单位)越多，说明社会结构中工业不太发达，第三产业职工人数也越少，而从事农牧业等的人口占大多数。

在三角形图表中，如果将任一行政单元按其不同时期的三项指标值用不同的点位标注其中，从点位的移动即可看出社会发展的趋向(图 5-56)，可以编制分区统计图表地图；如果三角形图表表示各城市的指标，就成为符号法地图。与其他方法相比，这种方法较为直观。

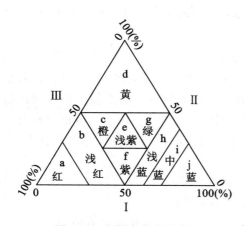

图 5-55　根据点位密度分区

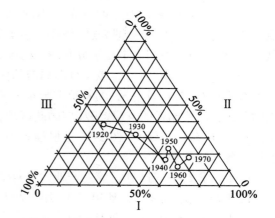

图 5-56　三角形图表法研究社会发展趋向

第九节　表示方法综述

一、表示方法分类

为了正确选择互相配合的表示方法，现将十种表示方法按不同的标志予以归类。

(1)反映数、质的方法有：

主要反映定量指标：等值线法、点值法、分级统计图法及定位图表法；

主要反映定性指标：质底法、范围法及线状符号法；

反映全能指标：动线法、分区统计图表法及定点符号法。

(2)按精确度：

精确的：定点符号法、精确动线法、精确线状符号法、精确的范围法、精确的质底法、定位布点的点值法、等值线法及定位图表法。

概略的：分区统计图表法、伪等值线法、概略动线法、概略线状符号法、概略范围法、概略质底法、均匀布点的点值法、均匀配置的定位图表法及分级统计图法。

(3)按时间特征标志：

反映特定时刻：除动线法外均可；

显示现象周期性的变化：定位图表法；

反映现象移动、变迁：动线法及其与定点符号法、线状符号的配合；

反映时间变化增长：定点符号法、定位图表法、线状符号法、等值线、点值法、范围法、分级统计图法及分区统计图表法。

(4)按空间分布状态

点状：定点符号法、分区统计图表法、动线法；

线状：线状符号法，分区统计图表法及分级统计图法；

面状、片状：范围法、分级统计图法、分区统计图表法及动线法；

分散状：点值法、分级统计图法(含其变种：范围密度法)、分区统计图表法及动线法；

布满全区：质底法、等值线(含其变种：等值线分层设色法)、定位图表、分级统计图法、分区统计图表法及动线法。

运动：动线法。

二、多种表示方法的配合

随着制图科学和其他学科的发展，在一幅图上用一种表示方法反映一种指标的地图，已远远不能满足国民经济建设、教学和科研方面的需要，因此，出现了采用几种表示方法相配合的问题，具体体现在：

(1)在同一幅地图上，用一种方法反映专题要素中的多种内容。如在一种分区统计图表法的地图，采用符号的结构、形状、颜色和大小，较全面地显示多种信息的数量质量方面的内容，这种地图具有许多优点，不仅反映了不同信息各自的特点，同时还反映了信息间的相互关系，进一步则可分析出这些信息的相互制约问题；又如，精确的动线法的运输图，其动线符号既反映了运输信息的数量、质量特征，而运输轨迹也体现了交通线的分布轨点(在这种图上也可加用线状符号法反映交通线)。

(2)多种表示法相配合表示专题要素中的多种信息或同一信息的多种指标。

例如，在气候图上，往往有不同的等值线系统出现在同一幅上，既表示降水量，也反映气温指标。这样，可以看出两种信息的各自特征，更能反映出相互关系。又如水系分布图，有的采用了四种表示方法：一是范围法表示湖泊分布及其大小；二是线状符号法表示江河分布；三是动线法反映江河的流向；四是质底法表示水系分区。再如地形图，它是采用多种表示方法、多种指标全面地反映专题要素的一种典型例子。

范围法，表示居民地、森林、湖泊，沼泽等的分布、性质、规模；

定点符号法，表示井、泉、工厂、电站等点状物体；

线状符号法，表示道路、境界、江河、围墙等线状物体；

动线法，表示江河的流向；

定位图表法，表示高程点的分布；

等值线法，表示地貌等高线；

质底法，表示制图区域的行政区划。

表示方法配合时的注意事项：多种表示方法的配合已成为现代专题地图的趋势，它既可丰富地图内容，又能较为容观地反映专题要素之间的相互联系与制约，对专题要素的研究提供更为可靠的、丰富的信息，但需注意以下几点：

(1)突出反映主题的基本方法，即在设计几种表示方法配合时，应考虑以一两种方法为主；

(2)与整饰手段相配合，突出地反映主题；

(3)表示方法应与资料一致及主题一致。

三、几种表示方法的比较

(一)定点符号法与分区图表法

定点符号法的几何符号或结构符号与分区图表法的图形均呈点状，外形颇为相似；不仅均可以做成结构符号形式反映现象的内部构成，而且也都能以颜色或图形的变化表示现象的发展动态，但实际上是不一样的。

定点符号是代表符号所在位置上的点状现象，符号的大小和颜色或形状表示现象的数量和质量特征，并能精确地反映现象的地理分布；在图上，符号的面积往往大于该点位空间的面积。而分区图表的图形一般是代表区划单位内同类现象数量指标的总和，它配置在有关区划内的任一位置上，在图上，图形或图表的面积往往小于有关区划的面积，不能精确反映现象的地理分布，仅是一种概略的显示(图 5-57)。

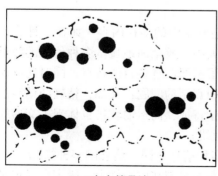 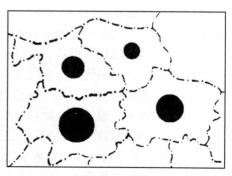

(a) 定点符号法 (b) 分区图表法

图 5-57 定点符号法与分区图表法

（二）定点符号法与定位图表法

这两种方法均能表示点上现象的数量特征，因此容易将定位图表法看成定点符号法的一种，其实它们是有区别的。定点符号法是反映呈点状分布现象的数量和质量特征，符号精确地定位于现象所在的地点上，说明该点上此种现象在特定时刻或某一时段的状况，各点间彼此是独立的。定位图表法主要用于表示某点上呈周期性变化的某种现象的数量特征；图表不一定要配置在该点上，而多半是配置在现象所在地点的附近；均匀配置的若干个同类定位图表可以反映面状分布现象的空间变化。

（三）定点符号法与用符号形式表示的概略范围法

这两种方法在其外形上往往相同，但有本质的区别。定点符号法表示有固定位置的个别现象，符号的位置即代表现象的所在地点，符号的大小明确表示现象的数量上的差别。而用符号表示的概略范围法，其符号的位置并不表示固定在该地点的个别现象，它仅代表该现象分布的概略范围，其符号一般不分大小，不表示数量的概念，有时只简单分大小两级，表示程度上的相对大小。

（四）线状符号法与动线法

线状符号法与动线法均以线状符号表示现象的某种特征，其形式颇为相似，它们的本质区别在于：

（1）线状符号法表示的是实地呈线状分布现象的分布状况，反映的是静态特征；动线法则通常表示各种非线状分布现象的运动状态，反映的是一种动态特征。

（2）线状符号法一般仅反映现象的质量特征，如道路类型；动线法则表示现象数量与质量特征。

（3）线状符号法的符号结构一般较简单，定位比较精确；动线法的符号结构有时很复杂，定位不够精确，有时仅表示两点间的联系或概略的移动路线，在表示面状现象时，符号仅表示其运动趋向，而无定位意义。

（五）质底法与范围法

质底法与范围法都是反映面状分布的现象，均用颜色、晕线、花纹等形式，以反映其质量特征为主，图斑看上去相似，但它们有着本质的区别。

（1）质底法表示布满整个制图区域内某种现象连续地在各地分布的质量差别，各种不同性质的现象不能重叠，全区无空白之处，一般不表示各现象的逐渐过渡和相互渗透，即就某一区域讲，不是属于这一类则必然属于那一类，不可能哪一类都不属，也不可能既属这一类又属那一类。而范围法所表示的现象不是布满整个制图区域的，它只表示某一种或几种现象在制图区域内局部的或间断分布的具体范围，在范围外无此类现象的地区成为空白；不同性质的现象在同一幅图上可以表示其重合性、渐进性和渗透性（图5-58）。

（2）质底法表示不同性质的现象一般均有其明确的分布界线，此界线是在统一原则和要求下，经科学概括而明确划分的毗连两类现象的共同界线，具有同等概括程度，若对这一范围扩大，必然使另一范围缩小。而范围法表示的现象可以有明确的分布范围界线，也可以没有明确的分布范围界线；范围法只表示现象概略分布的范围界线，它的范围界线一般是互不依存、各自独立的，不同现象的范围轮廓的概括程度也不尽相同。

（3）在用范围法表示的地图上，同一种颜色或晕线只代表一种具体的现象范围，如红色表示花生、白色表示棉花、黄色表示水稻等；质底法中同一种颜色有时固定代表一类现

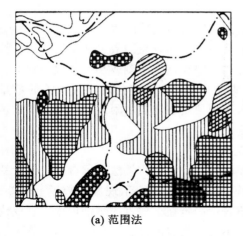

(a) 范围法

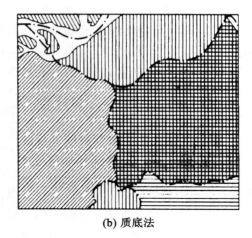

(b) 质底法

图 5-58　范围法与质底法的比较

象，如地质图、土壤图、植被图等类型图，有时不一定固定代表某种现象，而只用以表示区域单元的差别，如行政区划图上往往用少数几种颜色区分多个行政区域，即一种颜色可以用于表示几个遥隔的不同行政区域。

（六）质底法与分级比值法

质底法与分级比值法均是在不同的区域范围内绘以不同的颜色或晕线等符号表示各种现象的分布，其图形极为相似。而它们的本质区别是：质底法图上不同色斑表示某种现象的质量上的差异，该图上显示质的差异，不显示量的区别；分级比值法图上各区域深浅不同的颜色表示同一现象按相对数量指标分级的差异，此图上只有程度上大小的差异，没有质的区别。

（七）质底法与范围密度法、等值线分层设色法

质底法图上各种不同底色的图斑，范围密度法图上按级别填绘深浅不同的颜色，等值线分层设色法图上按等值线分层，依层设色，它们虽在外形上有些相似，但仍有下列区别：

（1）质底法图上各现象之间没有连续而逐渐变化的关系，如地质现象、土地利用状况，表示的是各种不同性质的现象，图上不同底色的图斑表示现象质量上的差异，图斑大小不一，图形比较复杂。

（2）范围密度法图上表示一种不一定有连续而逐渐变化的现象，如人口密度等；范围密度法是按某种现象的密度、强度或发展水平的差异而分等级，图面上深浅不同的颜色表示各个不同等级的同一现象数量上的差异，图形亦较复杂。

（3）等值线分层设色法图上表示的是一种有连续而逐渐变化的现象，如地势、气候等现象，是按现象的数量上的差异绘成一组等值线，依等值线划分层次；依层次进行设色，图上的色层呈现带状，由浅至深地逐渐变化，有明显的规律。

（八）等值线法与分级比值法

等值线法与分级比值法都是用来表示面状分布现象的数量特征，为了提高地图的表达效果，常在等值线之间或级别之间按数量大小普染颜色或疏密不同的晕线或花纹，从图面

上看，这两种方法很相似，实际上二者有着本质的区别。等值线是绝对数量相同点的连线，每条线上都代表着具体的数量；由于等值线法是反映面状分布现象在数量上具有连续而逐渐变化的特性，因此相邻等值线之间的数量是逐渐增大或缩小的，等值线之间的其他各点都可以用内插法求得其数量，各等值线不能相交。分级比值法显示的数量不是绝对值，而是相对值；同一比值级别内的各点均属于同一数量级，没有向邻级逐渐增大或缩小的变化；分级比值法相邻分级界线没有具体的数值。

四、专题内容表示方法的特点

鉴于专题地图显示专题要素的多样性，各部门对其图示重点和要求具有差异性，以及上述各种表示方法各具一定的局限性和优缺点，因而各种表示方法在显示不同条件下有关现象的制图效果方面各有千秋，从而产生一种表示方法可以用于表示多种现象，一种现象亦可以运用多种表示方法的错综复杂的状况。因此，从总体上讲，专题地图不像普通地图那样有统一的、固定的表示方法。制作专题地图的关键在于如何因地制宜地选择表示方法。例如制作人口图，表示人口要素可供使用的表示方法有点值法、范围密度法、分级比值法等，至于到底择用哪一种方法，主要取决于现象的性质和分布特征、地图的用途和比例尺的要求。

五、各种表示方法的联合运用

在编图实践中，一幅图只用一种表示方法的较少，通常要联合运用多种表示方法，以发挥各自的优点，显示各种现象间的相互关系。例如，在表示气压与风向的图上，以等值线法表示气压，以动线法表示风向；在人口图上，以定点符号法表示集中居住的城市人口，以点值法或分级比值法表示分散居住的农村人口的分布和密度；在农作物分布图上，以分级比值法表示该作物在各区划单位内种植面积的比重，以点值法表示该作物分布和产量；在综合经济图（图5-59）上，一般应反映出制图区域的工农业和交通运输等经济发展

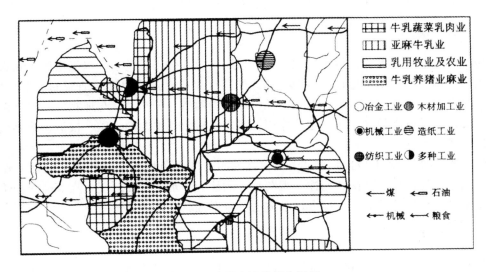

图 5-59 表示方法的综合运用

的特点和条件，图上常以质底法表示农业的土地利用，以概略范围法表示作物和牲畜分布，以定点符号法表示矿藏分布和工业布局，以动线法表示货物的运输路线等。

第十节　专题地图及其典型介绍

专题地图是根据某方面的需要，以一项或几项要素为主题，作为主题的要素表示得很详细，其他要素则视反映主题的需要，作为地理基础选绘。专题地图突出而深入地表示一种或几种要素或现象，集中地表示一个主题的内容。

专题地图的主题内容可以是普通地图上所固有的一种或几种基本要素，也可以是专业部门特殊需要的内容。

专题地图的分类较复杂，各专业部门的划分标准不统一。一般基于地学的原则按制图对象内容的领域划分为自然现象（自然地图）地图和社会现象（社会经济地图）地图，以及反映人类与自然环境关系的地图——环境地图。曾有人把工程技术用图从社会经济地图中独立出来，但现在已趋向于归入称为其他专题地图的类型中。上述类型以外的专题地图统称为其他专题地图，这类地图除工程技术图外，还有各类航空图等。

专题地图过去称为专门地图。20世纪60年代后期，国际上统一改为专题地图，使其含义更为明确。

自然地图：反映自然各要素或现象的地图，包括地质、地貌、地球物理、气候、水文、海洋、土壤、植被、动物等各类专题地图。

社会经济地图：反映人类社会的经济及其他领域的事物或现象的地图，包括人口、政区、工业、农业、第三产业、交通运输、邮电通信、财经贸易、科研教育、文化历史等各类专题地图。

环境地图：包括生态环境、环境污染、自然灾害、自然保护与更新、疾病与医疗地理、全球变化等各类专题地图。

下面对几种典型专题地图及其常用表示方法做简单介绍。

一、地势图

地势图是显示地形起伏特征的地图。多采用等值线分层设色法，以显示地貌和水系为主题内容。图上不仅明显地显示地面各部分的高程对比，正确地反映地貌的类型和特征，而且还着重表示出海岸地带的性质和特征，水系的类型、分布及其与地貌的有机联系。居民地、交通线在图上只起定向、定位作用，所以仅表示其主要的土质、植被、境界线等也给予适当表示。

恰当拟订高度表和高程带（图5-60），是编制分层设色地势图的一项关键性工作。这要考虑到地图比例尺、地图的用途和编图地区的地貌、水文特征。图上除等高线分层设色外，经常用地貌符号补充，并配合以晕渲法，以增强其立体效果。

二、地质图

显示地壳表层的岩石分布、地层年代、地质构造、岩浆活动等地质现象的地图。主要表示地壳表层的地质构造、成因、地层年代、岩石分布、火山现象、矿藏储量等地质现

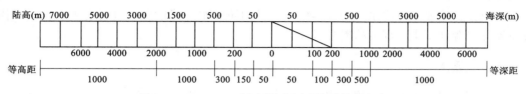

图 5-60　1∶1000 万比例尺中国地势图的高度表

象。常见的普通地质图表示地面上或松散堆积物覆盖层之下的各个不同时代的地层分布和构造关系。各个不同时代的地层按照地质图统一规定的色谱和各种代表地层年代的符号绘制。

地质图一般用质底法、范围法、定点符号法、线状符号法表示专题内容。地理基础中的水系，除舍去图上短于 1cm 的河流外，一般不简化；居民地及其他要素仅表示主要的或与地质有关的内容。

三、地貌图

地貌图主要显示地表形态及其数量指标、地貌成因、年龄及其发展过程。一般用质底法表示按成因、年龄、现代发育强度而划分的地貌类型，用符号表示微地貌和一些中型的地貌形态。在地貌图上要详细地表示岸线和水系，居民地只表示主要的，其他要素可简略表示或不表示。

四、气候图

气候图是反映气象、气候要素在空间、时间变化的地图。气候图反映大气层中各种气象要素和物理现象的分布、结构、发展及其相互关系，内容十分丰富，可以编成多种地图，如气温、气压、降水量、蒸发量、台风路径、气候区划等图。

气候图的表示方法，以等值线法用得最多，用来表示各种气象要素的大小、延续性、时间的开始和终止、出现的频率和变化等。

气流线、风向、风力、冰雹路径等的表示方法常用动线法。风向频率和风力也可采用玫瑰图表定位表示。气候区划图用质底法表示。

气候图上要注意到地势的影响，如能在底层平面上衬以地势的地理基础将是十分适宜的。

五、水文图

水文图是显示海洋和陆地水文现象的地图。分为陆地水文图和海洋水文图。

（1）陆地水文图，主要表示陆地地表水的分配、动态、成分和性质的数量指标。径流量是最重要的水文要素，通常用径流深度表示，也可以用径流模数表示。可以编成的水文图有水系图、径流图、水力资源图、水文区划图和地下水图等。

陆地水文图的编绘方法与气候图有许多共同之处，也是以各测站多年观测数字资料为基础的，目的在于反映水文现象的年动态。

（2）海洋水文图，主要表示海水温度、盐分等水文要素和海流、波浪等动力因素的分布和变化，在国防和生产上都有着重要意义。编绘此图时，必须以海洋调查的系统资料为基础，以便正确显示海洋水文的基本特征，供国防和水产建设部门进行有关航海、渔捞、开发海洋资源和军事工程设施时参考。

六、土壤图

土壤图主要表示各种土壤类型及其分布。大比例尺的土壤图是在野外工作的基础上编绘的；把野外实地调查的结果填绘到地形图上，绘成野外草图，经整理并参考其他有关资料，编绘成正式的土壤图。土壤图上的土类、亚类、土种一般用质底法表示；土壤的机械组成和成土母质的成分(黏土、壤土、沙土、砾质土)用晕纹符号表示；土壤组合和小面积土壤可以用非比例符号表示。

七、植被图

植被图是反映各种植被或植物群落的类型及其分布的地图。通常用质底法或范围法表示各种植被的分布。不同比例尺的植被图表示不同等级的植被分类单位及其分布，从而可以计算出某类植被在一定区域内所占的面积。由于植被与地理环境是统一体，所以各种植被分类单位在地图上能综合地反映出自然地理条件的特征及分布情况。

植被图的编制是植被分类及其分布规律研究的总结，它建立在大量的植被调查的基础上。现代植被图既反映现代植被，也反映复原植被。复原植被的表示，不论野外或室内，都是建立在间接资料的基础上，它和地形图、地势图、气候图、土壤图和其他地图有着密切的联系。

八、政区图

政区图是显示不同地域政治区划或一国之内的行政区划的地图。通常用质底法表示政治行政单位分布的范围，以圈形符号表示政治行政中心，以线状符号表示政治行政境界；其次要表示主要的居民地、水系和交通线；其他地理要素，如地势、土质、植被等则简略表示或不表示。常见的政区图有世界政区图、大洲政区图和国家的行政区划图等。

在世界政区图上，可以看到世界上各个国家的位置及其毗邻关系，世界各大洲、各大洋的分布，对学习时事政治，理解当前的国际形势很有帮助。

中华人民共和国行政区划图上，表示国内各行政区划单位的位置关系，各行政中心驻地和我国的边界、海域，以及与我国相邻或隔海相望的国家。

九、人口图

人口图是反映人口的分布、数量、组成、动态变化的地图。包括人口分布、人口密度、民族分布、人口迁移和人口增减图等。通常用点值法表示人口的分布，每点代表一定数量的人口，点的疏密反映人口分布的疏密。用分级比值法或范围密度法表示人口密度的差异。在用点值法或分级比值法、范围密度法表示制图区域内分散居住的农村人口图上，同时在各大居民地所在的位置上可以采用圆形或球形的比例符号，表示城镇人口。

十、农业图

农业地图包括农业总图和各种农业经济地图，如土地利用、耕地面积、作物分布、作物产量、牲畜分布、农田水利、土壤改良、林业、牧业、渔业等图。同一题材，往往可以根据地图用途、比例尺、资料的完备程度以及农业分布的特点，用不同方法表示。例如，农业总图反映农业方面总的情况，除表示作为地理基础的水系、主要居民地、主要交通线、境界线、土质植被(森林、沼泽、沙地等)、地势外，一般用质底法表示土地利用或农业区划，用符号法、点值法、范围法、动线法、分区图表法等表示农场、农业企业机构、水利设施、各种作物、牲畜分布、区划单位内的作物构成、产量以及货物运输等。又如土地利用图，一般用质底法以线划表示范围界线，在此范围内以不同的颜色或晕线表示不同的土地利用类型，如耕地、草地、林地、果园、荒地等。大比例尺土地利用图还应进行详细分类，如耕地内再分菜地、水田、旱地等。农田水利图上表示全部水文要素，用底色表示灌溉区(电灌区、机灌区、自流灌区)，用明显突出的几何符号表示各种水利设施，如排灌站、水闸、水坝、圩堤等。作物分布图和牲畜分布图一般用点值法或符号形式的概略范围法表示。

十一、综合经济图

综合经济图是一种常见的重要的专题地图，它表示一个地区或国家的国民经济全貌，包括工业、农业、交通运输和旅游业四个基本生产部门及其他的重要内容。综合经济图不仅是工业、农业、交通运输和旅游业简单的相加，而且把它们综合成一个有机的、完整的经济整体。它充分反映了制图区域工业、农业、交通运输和旅游业间的联系，充分体现制图区域的经济特征(图5-59)。

编制综合经济图时，要特别注重地理基础，在其地理底图上尽可能详尽地描绘出水系网，同时还必须表示出山脉和其他重要的地表形态，以便于各项要素的定位。

在综合经济图上，应表示各级政区界线、矿藏、森林和风景名胜资源的分布范围及其储量的大小和主要树种与树龄、居民地的人口数、居民地的政治行政级别。

综合经济图常以质底法表示农业的土地利用或农用地分区、农业区划；以符号形式的概略范围法表示各种农作物、牲畜的分布范围；用定点符号法表示农机修造厂、拖拉机站、国有农场分布地点、矿藏分布、工业布局和重要景点；用集合符号表示工业集中的大居民地拥有的工业企业；以系列组合符号显示工业各方面质和量的特征；以动线法表示货物运输的交通路线，并尽量表示各条主要运输线上的货流量及其货物品种的构成、各重要车站、港埠的货运量。

在大比例尺综合经济图上要表示出重要的邮电机构、文教机构和保健机构，但应置于次层平面。

综合经济图上，常常配置一些附图，用以说明主图中未能说明的一些问题，例如说明制图区域在全国的位置及其对外联系的情况，扩大表示主图内某些经济现象特别密集的地区，补充说明制图区域经济发展的历史和远景，详细介绍制图区域内主导的或具有代表性的生产部门的配置情况，以及主图中未表示的经济要素。

十二、历史地图

历史地图主要是显示历史事件及当时的地理环境。突出表示历史事件发生的地点、发展动态，而对地理要素仅表示其与历史事件有关的河流、地貌、森林、沼泽、交通线等。历史地图包括民族历史地图、政治历史地图、经济历史地图、政治斗争和政治运动历史地图、军事历史地图等。军事历史地图专门表示历史上的战争经过，常用两种不同颜色的箭形符号表示敌我两军的进退形势。

十三、海图

海图是以表示海洋要素为其主要内容，详细地表示海岸地形、海底地形（水深、海底底质）、航行障碍物、助航设备、磁差变化、洋流、潮汐，以及海洋的其他各种地理要素，如海洋气候、海洋水文、海洋生物等。海图的主要目的之一在于保证舰船在沿海及海洋中的安全航行，因此特别注重于正确表示海底地形和突出表示航行标志。海图一般采用墨卡托投影，因为此投影能保证航行方向不变。

根据用途和内容的不同，海图一般可以分为：

（1）港湾图：对港湾、水道、码头等表示得较详细，其比例尺大于1∶10万，供舰船进出港口、抛锚和停泊时使用。

（2）航海图：主要显示海岸情况、灯塔、重要的浮标，着重显示舰船定位所利用的一切明显目标、水深注记等，比例尺在1∶10万~1∶100万之间，供舰船航行时使用。

（3）海洋总图：仅表示海岸线、江河、港湾、较大的岛屿和重要的灯塔等，其比例尺小于1∶100万，供对广大海区作一般形势的了解和舰船远洋航行时参考之用。

十四、教学地图

教学地图是按照学校地理课程内容编制的，如教学挂图。它的特点是比例尺小，内容简明扼要，重点突出，密切配合教学大纲和相应的教材，清楚地表示学生知识范围以内的地理事物，同时也包括一定的补充材料，以便正确反映区域地理特征和说明现象的相互关系。教学地图上符号和注记较大，色彩鲜明，整饰颇具艺术性。具有高度的直观性和表现力，以引起学生对地图和地理课的兴趣和爱好。

教学地图应特别强调地图的政治思想性，地图上任何一点政治思想性的错误，将对受教育者造成严重影响。

十五、环境地图

环境地图主要反映人类活动对自然环境的影响、环境对人类的危害和治理措施等内容，显示环境的现状、各环境要素的相互制约与环境污染物的迁移、转化和积累程度与规律，以及发展趋势。环境地图内容十分丰富，可以编成的环境地图也很多，主要有反映在人类活动前或受人类活动较少干扰下的自然环境状况的环境背景图（本底图）；反映人类活动对自然环境破坏和污染及其质量评价的，如空气、水、噪声、农药、化肥等的污染及水土流失、土壤侵蚀、植被破坏等的环境污染图；反映评价噪声、地表水、地下水、大气、土壤等自然环境质量，评价居住、绿化、工业与居住混杂、交通状况等社会环境质量和评价生态与环境之间相互关系的环境质量评价图；以分区形式反映如地下水硬度分区、水源保护区划和环境区划等的环境区划图；反映自然资源综合评价及其合理开发利用的自然资源评价图；反映人类改造自然工程对环境影响的预测和保护更新的环境保护更新图；反映疾病的发生、传播、预防、治疗与环境及其变化关系的环境医学地图；等等。

环境地图上使用的表示方法有多种，常见的有定点符号法、线状符号法、范围法、等值线法、定位图表法、分区图表法、分级比值法和动线法等。用定点符号法表示各种环境要素采样点位置、排污口位置，各种污染源分布和各种治理工程设施的配置；线状符号法用于表示呈线状水体河流的污染分布及其程度等，一般以蓝色表示清洁，由绿—黄—红表明污染程度逐渐严重，用范围法表示各种污染物的分布范围；等值线法主要用于表示大气污染和地面沉降等现象；用定位图表法表示采样点上各种污染物的浓度或污染指数值，各种气象要素；分级比值法用于表示大气、水、噪声、土壤等环境要素的质量、区域综合质量和各种地方病发病率等；分区图表法用于表示各分区内各种污染物构成或地方病构成等；动线法用于表示污染物运动的路线、方向、速度、污染变化趋势及污染物自净的速度等。

编环境地图要注重地理底图内容的选取和表示。应从污染发生系统、净化系统两方面精选有关地理要素作为底图内容，以便于读者从图上提取更多的潜在信息，分析出污染产生的原因及改善环境的有利条件，提高制图与用图效果。

十六、城市地图

城市地图一般以建成区和近郊为制图区域，主要反映城市轮廓形状和内部结构，城市环境地理特征及其对城市的形成和发展的影响，城市与近郊城乡之间联系等情况；供城市行政管理和研究城市环境、城市建设、城市发展规划等使用；单幅城市图比例尺一般大于1：5000。

城市地图上要表示的内容很多，有街区与街巷，地貌、水系、水工设施、近郊居民地、对外交通线等地理要素，住宅、工业、商业、对外交通、文教科研、行政机关、绿化、农业等城市用地，医院、广播电台、自来水厂、电厂等公共设施，重要目标和主要建筑物，名胜古迹和宾馆、饭店、交通、游览、娱乐场所等旅游要素，城墙等城市历史发展资料，以及街巷名称索引、主要旅社、饭店、机场、车站的地址及电话号码，市内各种公交路线的起讫点，主要游览、参观、娱乐场所的地址，城市人口、经济概况、名胜古迹相片及简要介绍等文字资料、统计资料和风景相片等。除可以编制城市平面图、城市交通游览图外，还可以编制城市人口、城市功能、城市经济、城市旅游、城市环境保护、城市历史、城市发展规划、城市土地利用等地图。

鉴于城市是个综合体，用于制图的内容种类繁多、形态各异，因而专题内容的各种表示方法都可得到具体运用。

十七、地籍图

地籍地图是以表示土地权属、面积、利用状况等地籍要素为主题内容的地图，是地籍管理的基础资料。比例尺较大，通常为1：500、1：1000、1：2000、1：5000、1：1万五种。地籍图品种较多，有地籍管理图、地籍规划图、公用事业地籍图、房产地籍图和一览地籍图等。地籍图的表示方法类似于普通地图，但文字符号用得较多。

十八、旅游地图

旅游地图主要反映与旅游有关的山水名胜、文化古迹、地方特产、交通通信以及各项服务设施等内容。分供旅游者和供旅游管理部门使用的两种地图。供旅游管理部门作管理使用的旅游图，主要表示各地区旅游资源的分布和食宿、交通、娱乐等旅游设施，并反映其数量与构成。供旅游者使用的旅游图表示旅游地区的地理环境，显示纪念地、历史文物单位、园林风景名胜和公园、交通运输、邮电通信、服务行业、商业、文化体育、医疗卫生、学校、新闻出版、政府机关及有关部门等的具体位置与通达的道路。旅游地图不仅是一种地图作品，而且还是一种具有欣赏和纪念收藏价值的艺术品，因此图形要直观易读、形式活泼、色彩精致美观、内容丰富，表示方法十分讲究。编绘旅游地图，一般以符号法和范围法用得最多，以表示各景区、景点、景物、各种服务设施的地点；线状符号法主要用来表示境外交通线和景区游览道路；分区或定位图表法用于制作供旅游管理部门使用的地图。在符号法中，以艺术符号和文字符号用得最多，以达到图形形象生动，能达到"望图生义"，要求符号的造型优美，线条简练，色彩醒目，大小适宜。另外，常用晕渲法或写景法等制作烘托地理环境的底图。

旅游地图除用地图图示外，还附有彩色图片和简要文字说明，以图文并茂的形式，表达旅游地区的地理位置、面积、人口、发展简史、工农业和外贸概况，以及名胜古迹的分布位置、风采、美名的由来与神话传说、历史沿革；内容介绍要精练，富有知识性和趣味性，能引人入胜，富有艺术感染力；另外，还附有气候条件图表、主要旅游路线行程时刻表、价目表、有关旅游的广告，以及常用分类电话号码、货币兑换地点及比价等图表。

思　考　题

1. 专题地图由哪些内容要素构成？如何分类？
2. 什么叫定点符合法？如何分类？
3. 比率符合分哪几类？各有什么特点？
4. 等值线法有什么特点？
5. 用点值法表达专题现象时，如何确定每个点的点值？
6. 范围法与质底法有什么异同？
7. 请举例阐述多种表示方法配合绘制一专题地图。

第六章　地　图　概　括

第一节　地图概括概述

一、地图概括的实质

地图是地图符号的集合体，是用缩小了的、抽象的地图符号反映真实地物数量、质量及空间位置关系的一种方法。为了在缩小的地图图面上清晰、准确地将地表空间信息传递给读者，根据地图的用途、比例尺和制图区域的特点，以概括、抽象的形式反映制图对象的带有规律性的类型特征和典型特点，而将那些对于该图来说是次要的、非本质的地物舍掉，这种编制地图时处理地图内容的原则和方法，称为地图概括。它是地图设计制作的核心环节，蕴含着创造性思维，是一定程度上的艺术加工行为。

不管使用地面测量的方法将地理事物测绘成地图，还是用航空摄影测量方法成图，或者用已有的地图、遥感影像资料、数据、文字资料等编绘地图，都是在纸上表达缩小了千万倍的实际地物。地图概括的实质就是用科学的概括和选取手段，在地图上明显、深刻地反映制图区域地理事物的类型特征和典型特点。

二、地图概括的原则

(一)保证地图精度原则

地图必须尽可能真实地反映一定的空间信息，这有利于人们的图上测量和精确定位。如果地图表达的内容与实际的内容相去甚远，则会误导读图者，这种地图就失去了存在的价值，地图概括其主要内容是取舍和化简，就是在反映真实信息和获得好的图面效果之间进行选择。在地图概括的时候一定要处理好它们之间的关系。

(二)突出地图主旨原则

每一种类型的地图都有自己要表达的主题，地图概括的目的就是要突出主题，在错综复杂的空间地物位置关系中理出一个顺序、层次来。即使同一个区域，因地图主旨不同，在概括时也要区别对待，进行不同程度的概括。例如水系图和政区图，因地图主旨不同，在概括的时候，采取的原则、方法和概括标准就有所不同，前者要求突出河流湖泊的数量和分布情况，后者则侧重于居民地的数量及分布情况。

(三)清晰易读原则

地图使用的过程即是信息在做图者与读图者之间的传递，信息传递的正确与否，与地图图面清晰程度密切相关。在清晰易读前提之下，可表达尽可能多的地物，以使地图与实际要表示的区域情况无限接近。但当清晰性与地物表达完备性发生矛盾时，则要以清晰为主，最好在不影响地图主旨的情况下协调好这两者的关系。

（四）反映区域基本地理特征原则

制图区域内各要素的质量、数量、分布规律和相互关系是客观存在的事实，地图概括的目的就是在地图上模拟出各要素客观的典型特征。要反映出制图区域的主要地理特征，要求制图者有丰富的地理知识和制图经验。

三、影响地图概括的因素

（一）地图比例尺

比例尺对地图概括影响十分明显，主要表现在以下三方面：

1. 影响地物的数量

同一区域投影图，因地图比例尺的缩小，地图上该区域投影面积也会相应地缩小。一般来说，实地面积一定，比例尺缩小，则该区域在地图上的图斑面积也逐渐减少，从而限制单位图幅地物的数量。见表6-1（注意：面积比例尺的概念）。

表6-1　1km² 面积在不同比例尺上的图斑面积

比例尺	图上面积	实地面积
1∶1 万	100cm²	1km²
1∶5 万	4cm²	1km²
1∶10 万	1cm²	1km²
1∶25 万	0.25cm²	1km²
1∶100 万	1mm²	1km²
1∶150 万	0.45mm²	1km²

2. 影响地物的碎部特征

地图比例尺的缩小，使表示地物图形的一些碎部特征逐渐模糊、难以表达，甚至连整个地物都无法表达，所以不得不对地物形状进行概括，删除某些碎部，夸大表示某些碎部，或该用不依比例符号表示其地理位置。这种概括必将有损地物的几何精度，使地物失去原来的长度、面积和形状；但是这种概括是与突出制图区域的地理特征相结合进行的。随着比例尺的缩小和图面包容的实地范围的相应扩大，对地理现象的观察已由小范围里注重碎部转为大范围里注重整体特征或类型，一些特征在小区域里看来可能是重要的，而放到大区域里去观察则成为次要的了，所以这种概括并无大碍。

3. 影响地物的重要性

同一地物在不同区域、不同层次中所处的地位和所起的作用不一样，城镇在不同比例尺地图上表现程度也有所差别如图。例如，哈尔滨在黑龙江省是中心城市，要突出其地位重点表示，在全国的政区图中，北京市是中心城市，哈尔滨则为一般的地方城市（图6-1）。

174

图 6-1　小比例尺不同地图中哈尔滨市地位变化图

（二）地图用途与主题

地图的主题与用途决定地图载负信息的类别，决定地物选择的方向与地物的重要程度，是地图概括的主导因素。例如，黑龙江省地貌图与黑龙江省政区图，其中前者是主要描述黑龙江省的地貌类型，因而在内容的选择上优先考虑大小兴南岭、老爷岭等重要山脉数量、走向等能反映该地区地貌特点的自然地理要素，而作为社会经济要素的居民点在这里作为次要因素，仅表示区域性的或者特殊的居民点；后者作为各级政府机关进行管理和规划用的，因而居民点交通网边界线等社会经济要素作为地图的主要内容重点表示，在图上应详尽地表述道路网络，行政界线以及乡镇以上各级行政中心；地貌要素则成为次要的或不必要的要素，一般可不表示。

（三）制图区域的特点

地图概括的目的是在尽可能接近真实的情况下，突出地区的特点。地理要素的空间分布差异决定不同地区，相同要素的重要程度不同，因而在概括的时候取舍的标准就有差别。例如，中国城镇分布东多西少，在东部地区，因城镇密度大，因而某些镇甚至县所在城镇居民地都可能不被表示，在西北地区城镇数量较少，即使是乡政府所在居民地，也要重点表示。又如，中国的河流分布东多西少，东部地区某些大的湖泊或者支流，在该地区显得无足轻重，在概括的时候可以舍弃，而在西部干旱地区，水源非常重要，因而只要有水，即使是规模较小的湖泊、支流，甚至季节性的小河道，如果对这个地区意义重大，都应该表示。

（四）制图资料

地图概括的取舍标准是以制图资料为基础的，制图资料的数量多少、质量高低、现势性等直接影响地图概括的质量。高质量的制图资料对制图区域的描述准确，是正确概括的保证。在现代计算机技术支撑下的自动化制图，摒弃人的主观性对概括的影响，完全以客观资料为基础，因而资料的完备性、准确性、现势性显得更为重要。

（五）符号样式及大小

地图是用地图符号来表示各种事物现象的。符号的形状、颜色和地图制图工艺将直接影响着地图概括程度。

1. 地图符号的形状对地图概括的影响

地图是地物符号化后的符号集合体，符号的形状不同，相同面积图幅能容纳的面积相等的符号数量不同，例如三角形、四边形等几何图形，相互间可以实现无缝拼接，在单位面积里面可以容纳更多的符号，从而减小了地图概括程度，提高了地图的信息载负量和地图精度。而不规则象形符号、圆形符号，两两之间无法完全靠近，因而要素载负量减小，增加了地图概括的程度。

2. 地图符号的最小尺寸对地图概括的影响

地图符号大小对地图概括影响明显，尺寸越小，单位图幅能容纳的符号数量越多，内容越详尽，地图概括程度就越小；相反，地图符号尺寸越大地图概括程度就越大。但是，地图符号也不是无限制的缩小，一般都需要确定符号的最小尺寸。地图符号的最小尺寸即为图形符号能反映的最小尺寸。符号最小尺寸的确定主要考虑以下因素：

1）人的视觉感受

地图一般都用细小的符号，在有限的单位面积上能容纳更多的地物信息，但是人肉眼能分辨的物体形状大小是有一定范围的，一般能辨认出 0.03～0.05mm 的线划，轮廓符号最小尺寸受轮廓线的形式、填充颜色以及背景影响，用实线表示的岛屿、湖泊等，若内填充深色，其最小面积可达 0.5～0.8mm²，若用浅色，需要扩大到 1mm²，若背景浅色，可用 0.5mm² 的点表示。地类界中各种土质、植被符号最小面积需要放大到 2.5～3.2mm² 才能看清楚。

2）地图制图工艺对地图概括的影响

当前大多采用计算机绘图，因此印刷技术是目前地图制作中的重要限制因素。当前较高的印刷技术能显示出 0.05～0.1mm 的细线。因此，一般规定图上单线最细为 0.05～0.1mm，两条实线最小间隔为 0.1～0.15mm。过细确实能大幅度提高地图的信息载负量，但是人们读起来比较吃力，甚至无法辨认，也就失去了地图制作的意义。

一般的，为保证图形的清晰易读性，空心图形边长取值 0.4～0.5mm，实心矩形边长 0.3～0.4mm，小圆直径和接近圆形的小图斑的最小直径 0.5mm，复杂图形轮廓的突出部分 0.3～0.4mm，点为 0.2mm，相邻实心图形的最小间隔，两条粗线最小间隔和台阶状的高度等一般也取 0.2mm。如图 6-2 所示。

（六）制图者的素质

在高度数字化的今天，地图概括的自动化问题还没有完全解决，现在大多数的地图概括还有人的参与。因此，主观判断还是地图概括中必不可少的环节，因而参与概括的人的素质决定了地图概括的方法和内容。一般来说，素质高的、较年长的、工作经验丰富的人，在做地图概括的时候，在方法的选取、内容的取舍、符号的设计与选择、概括程度的大小等方面都能做到比较适中，能更好处理地图概括中的各种关系，突出地图主题和区域的地理特征。

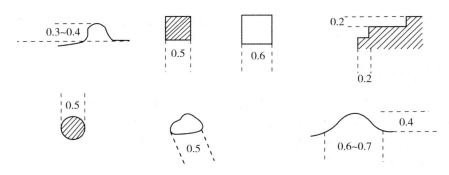

图 6-2　地图符号最小尺寸(单位：mm)

四、地图概括的步骤

（一）简化

简化主要有两个目的。一是经简化处理，使制图信息符合地图的展现能力，即简化后的要素信息能在规定的比例尺地图上表示出来；二是简化处理后，能尽量保持制图现象的基本地理特征。简化的方法有多种，但主要侧重内容的取舍和图形的化简两个方面。对制图要素的取舍受多种因素的影响，其中，要素的相对重要性、要素与制图目的的关系、保留要素的图形效果是进行取舍的重要参考指标。对图形的化简，并非仅仅是舍去一些细小的碎部或进行合并，而是应抓住事物的本质特征，经仔细分析研究后，创作出更易识别的新图形。

（二）分类

分类与简化的目的相同，一般是根据地理要素属性信息的异同划分的。分类和简化都是概括的手段，所不同的是分类只对数据信息进行处理，使之更突出、更典型，而不是舍去某些数据。分类的一般定义是"数据排序、分级或分群"。常用的分类方法是：将一些类似的定性现象划分成类型；将定量数据划分成以数字定义的级别，这种方法有助于统计要素的定性和定量分析研究。

（三）符号化

符号化就是把简化和分类处理后的制图数据结果制成可视化符号图形的过程。地图是通过符号系统的建立来模拟客观世界的，符号是地理信息的抽象和图解，其功能是显而易见的。

（四）归纳

归纳法或归纳综合法，是运用逻辑的、地理的推理法，超过所选取的数据范围，概括出地图信息内容的过程。

这四个步骤只是叙述的次序，而实施地图概括时，它们互为影响不能截然分开。

第二节　地图概括原理

地图概括的基本原理是：根据地图的用途、比例尺和区域地理特征，由制图者根据地图主题和地图比例尺的变化，压缩地图图面的信息载负量，以达到主题突出、层次分明、清晰易读的目的。压缩图面信息负载量的方法就是对内容的取舍和对地物形状的化简，以及对地图符号的移位。

一、地图内容的取舍

取舍就是根据地图的主题、用途、特点等，从大量的客观地物中选取主要要表达的和尺寸较大的地物，而舍去次要的尺寸较小的地物。取舍就是要解决选择哪些地物，各种地物的数量怎么决定的问题，其方法经历了由定性研究到定量研究的历程。下面简单介绍几种以定量分析为主的内容取舍方法。

（一）地图内容选取顺序的原则与要求

1. 地图内容选取顺序的原则

（1）从主要到次要。如在资源型城市分布图中，资源丰富的城市处在主要的位置，应优先选取，然后再考虑其他城市。

（2）从高级到低级。如选择城市，应该先选择国家级的中心城市，如政治中心城市北京、经济中心城市上海等，然后是区域性的中心城市，如黑龙江省的中心城市哈尔滨。

（3）从大到小。如煤炭资源型城市的选择，应该先选择山西、内蒙古、陕西等中国煤炭产量大省，然后可以选择黑龙江省、辽宁省等次要的产煤大省。

（4）从全局到局部。首先选择能体现区域特点的全局的地物，然后再选择其他局部地物。例如，在制作中国水系图的时候，首先选择中国具有代表意义的长江与黄河，体现中国河流的流向、流量、长短等，然后再探讨局部的河流，如松花江，辽河、海河等反映局部地区水流特征的河流。

当然，随地图主题和用途的变化，即使是同一个地物，它的主次关系、等级关系、符号大小关系、局部与全局的关系等也会不同。因此，在确定地物的各种关系之前，必须确定地图的主题。在地图概括的时候要具体情况具体分析。

2. 地图内容选取的一般要求

（1）选取的地图内容能够反映出制图对象实际分布的密度对比关系。如中国的水系分布特点是东部水系发达，密度大，西部地区河流较少，密度低。尽管在内容取舍的时候，东部与西部的标准不一样，东部概括程度较高，西部较低，但最终还不能脱离中国水系东多西少的事实。

（2）选取的地图内容能反映制图对象的分布特点。如居民点一般都分布在河流两岸。

（3）保留具有重要意义的制图对象。某些具有重要意义的地物，当比例尺缩小到一定程度的时候，就会低于地物选择的标准而舍弃，这时需要对其形状、面积等作夸张处理，以便以在图上显示，如国家大地控制网的各控制点、区域性的中心城市等，在某些时候需要作夸大处理。

（二）地图概括中数学模型选择方法

1. 图解计算模式

图解法是根据地图适宜面积负载量来确定制图对象选取数量指标的方法，一般用于居民点数量指标的选取。

居民点面积负载量由居民点符号和名称注记两部分组成，即

$$S = n(r + p) \tag{6-1}$$

式中，r—— 居民点符号平均面积；

　　　p—— 居民点名称注记平均面积；

　　　n——图上 1cm^2 内居民点个数；

　　　s——图上单位面积(1cm^2)的载负量。

2. 根式定律法

根式定律法，也叫做方根定律法，是德国制图学家托普费尔(F. Topfer)在多年的制图实践基础上提出的，是地图概括中的一项定量选取方法，用于解决资料地图与新编地图由于比例尺变换而产生的地物数量递减问题。他认为，新编地图所应选取的地物数量与原始地图地物数量之比符合原始地图与新编地图的比例尺分母之比的平方根。其公式为

$$N_B = N_A \sqrt{\frac{M_A}{M_B}} \tag{6-2}$$

地物的选择除了以比例尺为主外，还受其他多种因素的影响，例如地物的重要程度不同，选择数量就会有变化；当地图比例尺缩小，地图符号的形状也会相应地发生变化等，因而原公式可变为：

$$N_B = N_A \cdot C \cdot D \sqrt{\frac{M_A}{M_B}} \tag{6-3}$$

式中：C—— 符号尺寸改正系数；

　　　D—— 地物重要性改正系数。

其中，符号尺寸修正系数 C 有如下三种情况：

(1)C 符合方根规律，符号尺寸缩小：

$$C_1 = 1$$

(2)C 不符合方根规律，符号尺寸相同：

线状符号：
$$C_2 = \sqrt{\frac{M_A}{M_B}}$$

面状符号：
$$C_3 = \sqrt{\left(\frac{M_A}{M_B}\right)^2}$$

(3)C 不符合方根规律，符号尺寸不同：

$$C_2 = \left(\frac{S_A}{S_B}\right) \times \sqrt{\frac{M_A}{M_B}}$$

$$C_3 = \left(\frac{f_A}{f_B}\right) \times \sqrt{\left(\frac{M_A}{M_B}\right)^2}$$

地物重要性改正系数 D 的三种情况：

(1) 很重要：
$$D_1 = \sqrt{\frac{M_B}{M_A}}$$

(2) 一般：
$$D_2 = 1$$

(3) 次要：
$$D_3 = \sqrt{\frac{M_A}{M_B}}$$

因此扩展后的公式可简化为：

点状要素：
$$N_B = N_A \sqrt{\left(\frac{M_A}{M_B}\right)^x}$$

线状要素：
$$N_B = N_A \times \frac{S_A}{S_B} \times \sqrt{\left(\frac{M_A}{M_B}\right)^x} \qquad (6\text{-}4)$$

面状要素：
$$N_B = N_A \times \frac{f_A}{f_B} \times \sqrt{\left(\frac{M_A}{M_B}\right)^x}$$

式中：N_B—— 新编地图地物数；

      N_A—— 资料地图地物数；

      M_B—— 新编地图比例尺分母；

      M_A—— 资料地图比例尺分母；

      S_B—— 新编地图线状符号设计宽度；

      S_A—— 资料地图线状符号宽度；

      f_B—— 新编地图面状符号面积；

      f_A—— 资料地图面状符号面积；

      x—— 选取级，设为 0，1，2，…，数值增大表示重要性下降，选取数量递减。

开方根规律的基本特点如下：

（1）直观地显示了地图概括时从重要到一般的选取标准，是一个有序的选取等级系统；

（2）是线性方程，在地图比例尺固定的条件下，地物选取的比例一致；

（3）未考虑到地理差异，特别是制图地物分布的密度变化；

（4）选取级 x 的调整可适当弥补地理差异的影响。

3. 等比数列模式

研究制图对象的选取指标，首先要确定出哪些制图对象应全部选取，哪些应全部舍掉，而介于全选和全舍之间的那部分对象选取指标的确定，则是地图概括等比数列法研究的重心。等比数列模式是苏联鲍罗金提出来的，以制图物体的大小和密度作为取舍依据。他认为，识图时，人类辨认同一要素的等级差别符合等比数列规律，因此，可以用等比数列作为选取制图对象的数学模式。例如，在编绘地图上河流的时候，要根据地图比例尺和用途，选取进入新编图的河流。确定河流能否入选的主要因素为河流的长度和反映河流地理环境的河网密度，即河流间距。选取河流时：①先设定河流全取、全舍的长度标准（长度大于 A_n 的全取，短于 A_1 则全舍）；②确定入选河流间的最小平均间隔（河流两侧的平均间距小于 B_1 则全舍）；③河流长度在 $A_n \sim A_1$ 间的，将其长度按等比数列分级 $A_i = A_1 \times r^{i-1}$；④河流间距也按等比数列分级 $B_i = B_1 \times p^{i-1}$；⑤构建等比数列模式表（表6-2），间距大于的 $C_{ii}(C_{ii} = (B_i + B_{i+1})/2)$ 的全取，即对角线的右上部分；⑥对角线右下部分则根据下式分别计算：

$$C_{ij} = C_{jj} + \frac{C_{j+1,\,j+1} - C_{jj}}{1+p} \times \frac{1 - p^{i-j}}{1-p} \quad (i = 2,\ 3,\ \cdots,\ n;\ j = 1,\ 2,\ 3,\ \cdots,\ n-1)$$

$$(6\text{-}5)$$

表 6-2 等比数列模式表

间距分级＼河长分级	$B_1 \sim B_2$	$B_2 \sim B_3$	……	$B_{n-1} \sim B_n$	$B_n \sim B_{n+1}$
$> A_n$	C_{11}				
$A_{n-1} \sim A_n$	C_{21}	C_{22}			
……	……	……	……		
$A_2 \sim A_3$	$C_{n-1,\ 1}$	$C_{n-1,\ 2}$	……	$C_{n-1,\ n-1}$	
$A_1 \sim A_2$	$C_{n,\ 1}$	$C_{n,\ 2}$	……	$C_{n,\ n-1}$	C_{nn}

注：r、p 是等比数列的比值，是一种经验参数，根据河流的稠密程度和用途要求确定。

例如，河长在 $A_1 \sim A_2$ 间、河两侧平均间距在 $B_1 \sim B_2$ 间的河流，其获选的条件是其两侧的实际间距大于 $C_{n,\ 1}$。

地图概括中的数学模型比较多，这里就不逐一介绍。

(三)资格法

资格法是根据地物的数量、质量特征来确定地图内容的选取标准，目的是解决"选哪些"的问题。凡是达到选取标准的就被选中，达不到标准的就舍弃。例如，在选择河流时规定，凡是图上长度超过 0.5mm 的就选取，否则就舍去，如规定原图面图斑的面积大于 0.4mm² 作为选取居民点用地的标准，则新地图所能显示的都是原图中图斑面积大于 0.4mm² 的居民地。资格法的优点是：标准明确，简单易行，易于掌握，便于计算机制图；缺点是：由于只用一个标准作为取舍的标准，在不同区域内同一地物的重要程度很难体现。例如，中国河流分布东多西少，如果都用一个对东部地区比较合理的标准来取舍，就有可能将西部比较重要但却达不到选取标准的河流给舍弃，从而不能准确突出该地区的地理特征，同时只用一个标准进行地物的取舍的时候，也无法预测选取后地图的容量，难以控制各地区各地物的对比关系。因此，可适当对该方法进行改进，即根据制图区域的不同，在选取指标的时候可以确定一个弹性的区间，根据具体情况选择较适合的指标。比如，河流选取时在东部地区设定选取指标为 1~2cm，西部地区 0.5~1cm 的就可选择，这种方式可以避免因地物分布不均，作图时难以突出区域地理特征等问题。

(四)定额法

定额法是以地图适宜的负载量为依据，确定单位面积内地图内容的选取标准。目的是解决选多少地物的问题。选择时，地物应按照从主要到次要、从高级到低级、从大到小的顺序来选择。地图载负量是评价地图内容的数量指标，它直接影响到地图概括的程度。

地图载负量可分为面积负载量和数值负载量。地图的面积负载量是指地图上全部符号和注记所占面积与图幅总面积之比。数值负载量是指地图上单位面积内制图对象的个数或长度。它们反映了地图内容的疏密程度。当然，为了平衡地图清晰程度与详细程度之间的关系，还需要对地图的极限负载量和适宜负载量进行研究。

极限负载量是指地图上可能达到的最高负载量,超过它,地图就不能够清晰易读。显然,极限负载量还会受印刷水平、地图设色、人的视觉等多种因素的影响。适宜负载量是指适合于地图用途并能反映制图区域特点的地图负载量,适宜负载量的大小,因图因地而异。一般研究负载量先从面积负载量入手,在此基础上确定出地图的适宜负载量,最后常采用数值负载量的形式表示适宜负载量。

定额法的缺点是难以平衡地物数量与质量之间的关系。例如,编制省政区图时,要求乡镇级以上的居民点都要表示在地图上,但是中国的国情是城镇的地区分布不均,如中国东西部地区城镇密度差别非常大。用定额法对乡镇进行选取时,某些地方甚至连县居民地还没选完,就已经超出定额的范围;有的地方,即使把该地区所有的有人居住的居民地都算上,还有可能达不到定额的指标,因而用同一指标对不同区域的居民地进行选择时,很难反映该地区真实的地理特征。因此,借鉴资格法的优化方法,可以在指定指标的时候规定一临界值,即确定一个最大值和一个最小值,以调整不同区域间选区的差别。

资格法与定额法各有优缺点,在实际选择地物时,可将二者结合起来,优势互补,使地物的选择工作更趋科学化、合理化。

二、地图对象概括

地图对象概括是指因地图的用途、要求以及比例尺发生变化,通过一定的方法,对地物的类别、等级、空间关系等做适当调整的方法。目的是在保证其形状和空间位置关系的准确性前提下,提高地图的信息载负量和可读性。

(一)地物的符号抽象概括

1. 地物的符号抽象

地物的符号抽象是指通过对制图对象的数据、资料进行分类简化,根据其基本特征和相互关系,赋予有形与无形的制图对象一定形状、颜色的符号,以代替实际地物,并在地图上显示的一种地图概括措施。地图实际上就是不同形状、不同颜色的符号的集合体。地图在制作的过程中,在地图概括的过程中,都需要先把实际地物符号化(图6-3)。

图 6-3 地物符号化

符号化的原则是以实际地物的形状为蓝本,确定其地图符号的基本形状,并以符号的颜色或形状区分地物的本质属性。例如,以蓝色的线状符号表示河流,以蓝色面状符号表示湖泊、海洋,以蓝色点状表示水井。

地物符号不但可以表示有形的地物,也可以表示实际存在却用肉眼无法观测的地物,如气温分布图、降水量分布图、人口密度分布图等。

2. 地物符号化简方法

每一个符号在地图上都有自己的位置，当比例尺缩小，需要显示更大范围、更多数量的地物符号时，某些地物符号所占面积必须经过化简，才能保证其典型的区域地理特征，化简即是对符号的外部轮廓和内部结构进行的化简。其方法主要包括：

(1)删除，是指删除因比例尺缩小而无法清晰表示的细微弯曲、碎部图形部位以及次要对象的碎部的方法，使曲线趋于平滑，并能反映制图对象的基本特征。当然，这种删除必须有度，如果删除的超过这个度，使其无法真实反映地物的基本特征，就失去了地图概括的意义；删除小于这个度，也达不到概括的目的。例如，对一条弯曲的河流，如果把所有的弯曲都删除，使其成为直线型河流，就反映不出河流弯曲的事实；如果删除弯曲过少，尽管能更真实地反映该河流的特征，却很难完全转绘到新地图上。于是删除的量的确定非常关键。在如安徽省省会合肥市边界线，在较大比例尺地图能反映其细微变化，在小比例尺地图里只用少量的弯曲来表示边界线的特征(图6-4)。

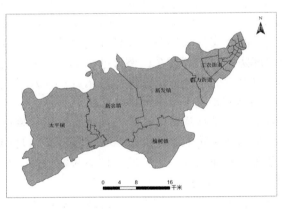

图6-4 行政区不同比例尺地图界线示意图

(2)夸大，是指一些具有特征意义和定位意义的小弯曲和非常重要的小地物在比例尺或主题发生变化时，尽管无法在新地图上显示，但是因为其重要性和定位的作用，不但不能删除，必要时还要对其夸大表示，以反映该地区的基本特征。例如，在干旱地区的小湖泊，其地位非常重要，如果严格按照比例尺缩小，将从地图上消失时，必须做适当的夸大处理，以突出其重要程度。又如弯曲的公路，如果严格按照比例尺缩小，其图形将变成近似直线的符号，失去其本质特征，也需要对其某些具有意义的弯曲作夸大处理，以保持其基本形态(图6-5)。

(3)合并，是指合并同类地物的细小碎部。当地物的细小弯曲或图形间距小到不能在图上清晰显示时，一般采用合并的方法来概括地图图形，以反映其总体特征。例如林地轮廓范围合并，居民地内部街区合并，农用地轮廓范围合并等。合并是按照一定的法则将两个以上的同类地图进行合并，并删除它们之间的碎部，因此，在合并的过程中包含着不同程度的删除（图6-6）。

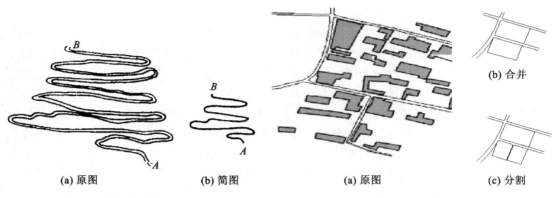

| (a) 原图 | (b) 简图 | (a) 原图 | (c) 分割 |

图6-5　蜿蜒公路表示方法　　　　　图6-6　街区地图的合并与分割

（4）分割，是指由于面积图形是由方向和形状特征的，为保证制图对象的图形特征（如排列、方向、大小对比等）不变而进行分割，并重新组合成图形的方法。它是以牺牲局部图形的真实性来换取主要特征的保持。例如居民地街区中的街道、农田内部的小道、林地内部防火通道等，在比例尺缩小到无法表示其真实的地理位置等特征时，一般将面积图形通过分割的手法，示意性地表示其存在及其走向，以利于体现其基本特征（图6-6）。

（二）地图数量特征的概括

数量特征是指物体的长度、高度、宽度、密度、深度、面积、体积等制图现象的数量指标，是描述事物的量化信息。数量特征概括是指通过减少地物的数量特征进行概括的方法，是通过对地物的分级情况的调整来实现的。具体地说，包括两方面的内容：

1. 分级表示法

分级表示法即将地物绝对的连续的数值用分级的相对的数值来表示，可以用少数几个大小不等的符号来代替无多个尺寸的符号。例如编制我国城市分布图，我国有34个省级行政区，其中包括23个省、5个自治区、4个直辖市、2个特别行政区，每个地区的城市数量、规模各异，如果每一种规模都对应一个符号，数据量将十分庞大，因此，目前我国将城市按人口分4级表示：20万人以下为小城市，20万~50万人为中等城市，50万~100万人为大城市，100万人以上为特大城市。只需要用4个大小不一的符号就可以表示中国城市的规模分布图。同样的，中国人口分布呈东西差别、南北差别，在表示中国人口分布时，一般以每平方公里人口数量作为分级指标。例如，可以按照大于400、100~400、10~100 小于1作为分级指标，表示河南省人口分布概况，如图6-7所示。

2. 扩大级差法

扩大级差法即通过合并相邻级别，减少分级数量来减少可选择地物的数量符号化数量，如在城市规模分级中，可以定义中等城市为20万~100万人为大城市，取消50万人这个分级的界值，以达到减少城市规模分级的数量。当然，在实际地图概括中，合并不是任意的，对于反映基本地理特征的重要临界线，无论何种比例尺，都必须保留。在温度分

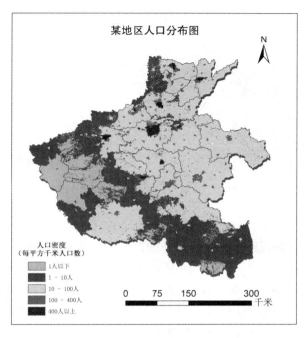

图 6-7 人口分布示意图

布图中，0 度等温线作为亚热带与暖温带分界线是非常重要的，是中国重要的地理分界线，在对分级进行合并表示时，必须保留。800 毫米等降水量线作为湿润区和半湿润区界线、400 毫米等降水量线作为半湿润区和半干旱区界线、200 毫米等降水量线作为半干旱区与干旱区界线，在降水量分布图中是非常重要的，不管级差扩大到多少，这些线都必须保留。

分级的数量不能太多，但也不能太少，通常可分为 5~9 级，分级太多，数据量太大，处理困难；分级太少，跨度太大，难以突出分布特征。

（三）地图质量特征的概括

质量特征是指描述制图对象的类别和性质。质量特征概括是指通过减少制图对象质量差别达到概括目的的方法，通常从两个方面来说明：一是用概括的分类代替详细的分类，如大比例尺河流的分布图中，河流可以分为常流河、时令河、外流河、内陆河、重要的灌溉渠道等，分类可以比较详细；而在小比例尺地图中都以河流来表示，这样可以极大地减少制图对象的质量差别。二是以概括的概念来代替具体的概念，如将大比例尺地图中细分的各种农作物用地用小比例尺地图中的耕地来表示，消除各种农作物用地中的界限，就减少了耕地中的质量差别，如图 6-8 所示。

（四）降维转换概括

地图的符号主要有点状符号、线状符号、面状符号三种类型，通常我们把点状符号代表的数据称为零维数据，线状符号称为一维数据，面状符号称为二维数据。数据纬数与其地图的载负量呈正相关关系。因此，可以通过降低地图符号的维数来达到地图概括的目的，例如随着比例尺的缩小，可以将二维的面状符号的居民地转换为零维的点状符号居民地；可以将二维有宽度的河流用一维的河流中心线来表示等，这些都属于降维转换概括。

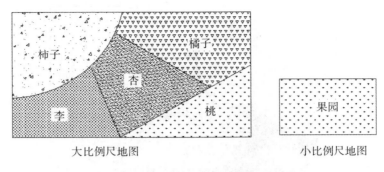

图 6-8 不同比例尺地图中耕地示意图

（五）地物移位

移位是指根据实际情况和需要对某些地物符号的位置作适度改变，在突出其基本特征的前提下使图面更清晰的方法。当比例尺缩小时，如果在一小块区域符号太多，两地物在图上的位置可能无限接近，符号间距小于符号的最小间距，势必会造成不同地物符号在布置时有叠加现象，让使用者难以判读。为了图面清晰，必须对某些符号进行移位，如图 6-9 所示，图中缩小后的居民地与铁路河流距离太近，无法辨别它们的空间位置关系，通过移位，可以清晰地显示居民地、河流、铁路的空间关系。移位的基本原则是：在尽量保证自然地理要素和重要地物位置正确前提下，移动人文要素和其他次要地物的位置。如在河流、山脉、铁路、公路等线状要素中，一般保持河流、山脉的正确位置，移动铁路和公路；如果仅有铁路公路，则保证铁路的正确位置，移动公路。

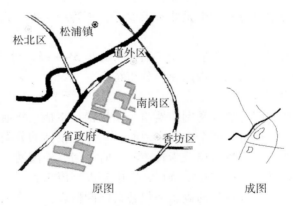

图 6-9 地图概括中的移位

三、地图概括与地图精度

地图概括的方法是取舍和化简，这些对地图内容的精度都有影响，主要表现在：

（一）描绘误差

地图用地图符号来描绘地理事物，地物在符号化的过程中，一般用简单的符号来代替复杂多变的个体。在这个过程中，地物的个体特征被忽略，导致地图误差的产生。

（二）移位误差

随着地图比例尺的缩小，为了强调某种特征，必须对某些地图符号作夸大处理。夸大的结果就是地图符号超过其本身的位置，导致地图符号之间的相互争位，图面不清晰。一般采取移位的方法加以解决，所以地图的清晰易读性是以破坏地图几何精度为代价的。地图比例尺越小，这种误差就越大。

（三）由形状概括引起的误差

地物符号化及符号化简，改变了原图的基本形状，必然导致其在长度、方向、面积和轮廓形态的变化。如图 6-4 所示合肥市边界线随比例尺的缩小，在化简的过程中省去了许多的小弯曲，使其长度发生变化，并导致其面积和形状也相应发生变化，从而使地图几何精度受损。

地图概括是地图误差产生的原因，但是在特定条件下，又必须经过地图概括，才能使地图图面清晰，突出区域地理特征。所以地图概括必须适度，才能既满足地图几何精度要求，又满足清晰易读的原则。

第三节　地图概括的现代发展

经历了漫长的历史发展阶段的地图，无论是从地图的种类、形状存在的方式，还是作图的工艺手段、技术方法、作图的流程、作图的精确程度，都有了长足的进步。地图概括随地图的产生而出现，然而地图概括作为地图制作的不可缺少的部分，对许多关键性问题还无法很好地解决，尽管遥感制图和计算机技术迅速发展，使地图制作的周期越来越短，而且制图过程中大部分工作已经可以实现完全自动化，但是自动地图概括的问题依然是目前国际上公认的世界性难题，成为制约地图自动化编制的瓶颈，是目前地图学与 GIS 领域研究的热点。如果地图概括领域的算法和数据表达形式问题不彻底解决，完全的自动地图概括就很难实现。

一、现代数字地图概括与传统的地图概括差异

现代地图学，是研究利用空间图形科学，抽象概括地反映自然和社会经济现象的空间分布、相互联系、空间关系及其动态变化，并对空间地理环境信息进行获取、智能抽象、存储、管理、分析、利用和可视化，以图形和数字形式传输空间地理环境信息的科学与技术。现代地图学的理论、技术和应用与传统地图学相比，发生了深刻的变化。地图概括的侧重点、约束条件与成果等都有所不同：

（一）地图概括内容的变化

传统的地图概括主要内容包括内容的取舍及符号的概括及移位，主要处理地图的容量与清晰程度之间的关系。现代地图概括是基于数据库的机助概括，因此数字条件下地图概括更侧重于基于地图数据库的数据集成、数据表达、数据分析和数据库派生的数据综合，以及 GIS 环境下空间数据的多尺度表达和显示问题。而且它作用于地理空间信息的采集、集成、存储、传输、分析、显示的整个过程。

（二）地图概括的主要制约因素发生了变化

传统的地图概括，不论是从实际地物到地物符号的概括，还是因地图比例尺缩小而产

生的概括，比例尺都是地图概括的重要制约因素，而基于计算机、3S 技术、互联网的数字地图概括的目的是解决空间数据的实时多尺度表达，信息的快速提取、处理、分析和在线传输问题。因此，地图概括驱动因素取决于电脑对数据处理效率的智能能力，也就是说，人脑想要的信息，电脑是否能够灵活、快速、准确地传输和提取出来，当然这个电脑是广义的包括计算机、处理器、网络、地图数据库存储等。但是，如果将数字信息再进行可视化显示或输出纸质地图，那么又与传统地图综合相似，只不过可视化显示的电子地图阅读环境发生了变化，这又给地图概括带来了一些新的问题。

（三）地图概括的方法更新

传统地图概括中的内容取舍、化简、移位等都是纯人工活动，是将人脑的思维与地图概括活动结合起来，通过人的主观判断得出结果的行为。现代地图概括是在计算机技术及数据库发展的基础之上，考虑地图概括的相关制约因素，编制相应的程序，实现自动化、半自动化的地图概括。

（四）地图概括的成果不同

传统的地图概括是通过一定的规则和数学法则，在实际地物和地图之间产生相关映射关系，在地图比例尺和主题及区域特征的约束下形成新成果，其成果是静态的、平面的图形。现代地图学基于现代科学技术，其成果可以实现在互联网上的传输以及实现无级缩放式阅读，因而是可视化的动态的地图。成果表现形式由单一的二维平面向三维、四维甚至多维方向发展。传统地图的成果基本上都是单一的纸质版，现代地图成果内容非常丰富，除了纸质版的地图成果外，还包括多媒体版、网络版等。当然，这些新形式的成果的出现也对现代地图概括提出了新的要求。

二、地图自动概括简介

地图自动概括是伴随着机助制图的发展而发展的，最早可追溯到 Perkal（1966）和 Tobler（1966）的工作。由于计算机性能的局限，早期的工作多是基于单纯线状符号概括的程序和算法设计，如线形简化（删减细节）算法设计、线形平滑（柔缓尖硬折角）程序设计等。20 世纪 70—80 年代，随着卫星遥感图像处理技术和数字高程模型（DEM）处理技术的发展，大大丰富了计算机地图概括的方法。20 世纪 80 年代中后期，计算机地图概括引入了人工智能技术（如专家系统），该技术为模拟人类地图概括过程提供了可能。自 20 世纪 90 年代以后，随着软硬件性能的提高，已出现数量众多的软件、专家系统以及相关研究论文。地图自动概括也越来越受到广大学者的重视。例如蔡司公司的 Change 系统、Integraph 公司的 MGE 制图综合系统、苏黎世工业大学的 PolyGen、德国地图研究院的针对 DLM 模型变换的 ATKIS 软件（部分涉入综合）、英国 Glamorgan 大学研制的针对空间邻近关系识别及冲突处理的 MAGE、法国地理院 IGN 的 COGIT 实验室应用 Agent 智能体技术研制完成的 Stratège 等，都为用户提供了一定的自动概括功能。

（一）地图自动概括原理

地图自动概括是指根据地图比例尺、用途和制图区域地理特征，基于一定的地图概括模型，结合计算机的相关法则和算法编制程序，以实现计算机系统的自动概括或半自动概括的地图概括方法。其研究对象是数字化的制图要素，通过对要素的选取和形状的化简，考虑多层次、多尺度的现实原则，结合计算机技术及数据库技术的相关规则和算法，得到新的概括的地图，地图概括自动化程度的智能化程度与计算机软硬件技术相关，与地图概括的效率成正比，是现代地图学研究的重点。

（二）地图自动概括的形式

地图概括也遵循传统的地图概括基本思想和原则，其形式有三种：

（1）自动化概括，又称为批量式概括。它包括面向信息的自动概括、面向滤波的概括方法、启发式概括方法、专家系统概括方法、分形概括方法、数学形态学方法，以及小波分析概括方法等。根据地图的主题，机器自动识别空间结构、自动调用匹配的综合算子、自动设定参量系数。

（2）交互式概括，是指人机协同作业下完成概括过程，这是现阶段使用最多，相对最成熟的概括形式。一般是由人完成高层次的智能决策，分析空间结构判断综合选取，而让机器完成低层次的耗时劳动型概括行为。现阶段基于 GIS 软件的地图概括，就属于这种形式。

（3）在线式概括，最早由 Oosterom 提出，它不产生真正的数据概括结果，只是将概括后的数据在屏幕上实时地可视化显示，用于电子地图浏览方法镜式的无级变焦可视化，这种概括方式要求时间响应速度快，需要相关的机制和互联网的支持。现在非常流行的网络电子地图以及形式多样的定位系统都属于这种形式，人们可以很方便地在地图中根据用途，选择提取道路、旅馆、餐厅、娱乐场所等而产生新的地图。

（三）地图自动概括的方法

地图自动概括方法包括删除和修改两个程序。

1. 删除程序

删除程序包括对点的删除和对要素的删除，其作用都是通过删除次要的要素表达的点，保留能够突出地图主旨的重要特征点，达到概括的目的。线划要素化简的算法很多，且各有特点，主要具体方法有：Nth 点算法、重距算法、角度算法等，其中 Douglass-Peucker 简化线状数据点的连接，被认为是一种很好的概括方法。这种方法是从整体出发考察一条线段，首先取线段的两端点 AB，然后计算线段内其余各点到两端点连线的垂直距离，如果这些点（如 D 点）到直线距离大于阈值就被保留，反之则删除。再从 D 点到 F 点考察有无新的大于阈值的点，设 E 点大于阈值，可以保留，新的线段由 ADEF 连接组成，如图 6-10 所示。

2. 修改程序

修改程序包括对数据的平滑运算和对数据的增强处理，其作用都是通过一定的方法使相邻点之间的差距变化更为小，使图形变得更圆滑，如图 6-11 所示。

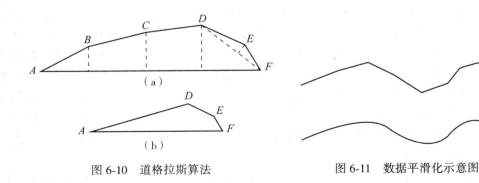

图 6-10　道格拉斯算法　　　　　　图 6-11　数据平滑化示意图

平滑的方法可采用二次多项式平均加权法，张力样条函数插值法等。

三、地图自动概括发展展望

地图自动概括已经成为现代地图概括的趋势。自动地图概括的发展方向是以地理特征为指导，以智能化的数据结构和数据模型为前提，增加过程性知识，从而知道哪些地方、什么时候、为什么要进行概括。当然，到目前为止完全的自动概括技术还不成熟，还需要改进。

（一）改进

1. 辅助技术方面的改进

自动地图概括是建立在计算机硬件技术、软件技术、地理信息系统相关技术支撑之上的地图概括，因此要想提高自动概括智能化水平，首先要提高计算机硬件的性能，以便能在更短的时间内处理海量数据。当然，互联网系统也是制约数字地图发展的一个重要因素，它决定人们通过互联网获取地图信息的信心和效率。

此外，还要解决软件在地图自动概括中的约束，地图自动概括其中一部分工作是对原始数据数据库的创建，并将其作为数据源，对地图进行取舍、化简，由此派生出新的数据库，在突出区域地理特征的前提下减少数据量，以提高数据分析的效率。因此，如何更高效、便捷的创建地图库以及数据库与地理信息系统软件的衔接与信息传递，是目前研究的方向之一。

地理信息相关技术包括对原始数据采集的外业技术，以及对外业数据进行处理、整理成为大众能识别数据的内业技术，包括卫星图航空遥感的摄像机分辨率，卫星图、航空图的智能判读与处理等，如果能提高数据源的精度和数据判读与处理的智能化程度，将有助于提高地图自动概括的效率。

2. 方法方面的改进

1）模型算法的进一步研究和完善

算法主要是解决各种综合操作。目前，地图概括过程中的很多问题还无法准确地用数学模型来描述。因此，基于算法的地图概括是实现自动地图概括的一项重要研究内容，要重视地理规律对制图综合的指导作用，应该把 GIS 与机助制图紧密结合起来，将数学模型与专家系统结合起来。

2）自动地图概括的规则

规则是指在地图概括中处理某些问题的规范化描述，通常采用"条件（如果）–结论（则）"的表达形式。规则是地图概括效率的制约因素，在地图概括中规则多则表示处理问题需要考虑的因素多，处理时比较麻烦，效率低；反之效率就高，但由于制图区域地理特征的空间差异，单一规则的地图概括不利于突出区域地理特征。同样，规则的适合程度也必须考虑，如在概括中国的水系的时候，中国东部地区的概括标准只在东部适合，而在西部就是去了其意义。合理规则的制定是建立在丰富经验基础之上的。在将来一段时间里，我们应该对各种可能出现的问题进行大量的概括试验，总结出相应"等级层次""分界尺度""阈值"等参考标准，并不断研究条件判断方法，以解决规则与区域的适合程度问题。

3）知识的归纳、描述

知识推理、归纳是地图概括的最高层次，是一个智能决策过程，解决什么时候要进行概括操作，它的基础是相关的知识库和大型地理数据库的支撑。主要工作包括制图任务、要素分析、图式符号指定、分解尺度确定、概括实施等。针对地图概括的特点，可以把概括的知识分为以下几种：事实与描述性知识、推理和过程性知识、综合评价知识。目前国外市场上已经出售自动、半自动的地图概括系统，一些地理信息系统软件提供有限的地图概括功能，能实现对线状符号的简化及面状符号的分割或合并，可以预言，在不久的将来，应用计算机处理的地图概括的算法和软件将成为地图编制中的主要工具。

（二）地图自动概括的发展

基于现有地图制图综合技术，还不能实现完全的地图制图综合。因此，有必要研究集模型、算法、规则于一体的人机协同自动制图综合系统。随着技术的进步，自动制图综合的数学建模，自动地图概括过程算法的设计，自动地图概括规则的总结和运用，模型、算法和规则的集成，自动地图概括策略与概括算子的分解，地图自动概括软件设计中地理数据模型和知识模型的混合，以及地图自动概括的策略研究等问题的解决，面向对象的、智能化程度高的地图自动综合系统将得以实现。

思 考 题

1. 制图综合的实质是什么？
2. 比例尺精度对制图综合有何意义？
3. 影响制图综合的因素有哪些？举例加以说明。
4. 实现数字制图综合的自动化需要解决哪几方面的问题？目前的困难有哪些？

第七章　地　图　编　绘

第一节　普通地图编绘

普通地图在经济建设、国防和科学文化教育等方面发挥着重要的作用。普通地图设计与编制主要有国家基本比例尺地形图的设计与编绘和普通地理图的设计与编绘两种。

一、国家基本比例尺地形图的设计与编绘

我国基本比例尺地形图是具有统一规格，按照国家颁发的统一测制规范而制成的。它具有固定的比例尺系列和相应的图式图例，地图图式是由国家测绘主管部门颁布的，是关于制作地图的符号图形、尺寸、颜色及其含义和注记、图廓整饰等的技术规定。

客观地反映制图区域的地理特点，是编绘地图内容的根本原则。而地形图的不同用途则是确定反映地理特点详细程度的主要依据。国家基本地形图比例尺系列，就是依据国家经济建设、国防军事和科学文化教育等方面的不同需要而确定的。

由于现代地形图系列化、标准化的加强，地形图在数学基础、几何精度、表示内容及其详尽程度等方面，国家统一颁发了相应比例尺地形图的不同规范和图式规定。因此，各部门在设计和测制地形图时，都要遵循地形图的相关规范和图式规定。它们是制作地形图的主要依据。

地形图在各个国家都是最基本、最重要的地图资料，都已在各自国家内部系列化、标准化，并在世界范围内趋向统一。

目前，我国的基本比例尺地形图包括 11 种比例尺系列，大比例尺地形图（1∶500~1∶50000）一般采用实测或航测法成图，其他比例尺地形图则用较大比例尺地形图作为基本资料经室内编绘而成。

二、普通地理图的设计与编绘

地理图是侧重反映制图区域地理现象主要特征的普通地图。虽然地理图上描绘的内容与地形图相同，但地理图对内容和图形的概括综合程度比地形图大得多。地理图没有统一的地图投影和分幅编号系统，其图幅范围是依照实际制图区域来确定的，如按行政单元绘制的国家、省（区）、市、县地图；或按自然区划，如长江流域、青藏高原、华北平原等编制的地图。由于制图区域大小不同，地理图的比例尺和图幅面积大小不一，没有统一的规定。

(一)普通地理图的设计特点

普通地理图一般区域范围广，比例尺较小，对地理内容往往进行了大量的取舍和概

括，所以地理图反映的是制图区域内地理事物的宏观特征，地理图的设计强调的是地理适应性和区域概括性。

由于地理图应用范围广，对不同地图的要求不相同，因此在符号和表示方法设计方面具有各自的相对独立性，即每一种图都有自己的符号系统、投影系统、分幅和比例尺及不同的图面配置，具有灵活多样的设计风格。由于地理图制图区域范围大，涉及资料多，精度各异，现势性不一，因此设计时应精选制图资料，并确定其使用程度。

(二)普通地理图的设计准备

在地理图设计之前，首先要深入领会和了解地图的用途和要求；分析和评价国内外同类优秀地图，吸取有益的经验；在此基础上，对制图资料进行分析研究，确定出底图资料、补充资料和参考资料，并在研究制图区域地理特征的基础上，确定内容要素表示的深度和广度，以及内容的表示方法等。

(三)普通地理图的内容设计

在设计准备完成之后，就要具体地设计地图的开幅、比例尺、分幅，选择和设计地图投影，确定各要素取舍的指标，设计图式、图例，确定图面配置，制定成图工艺，进行样图试验，最后编写出普通地理图设计大纲。

(四)普通地理图的编绘

地图编绘前，编辑人员应了解制图目的、用途，熟悉编图资料，领会地图设计大纲精神。编绘时，首先在裱好图纸的图板上展绘地图的数学基础(图廓点、经纬线交点、坐标网等)；然后按成图比例尺把底图资料照相、晒蓝，并将蓝图拼贴到展绘好数学基础的裱板上。完成蓝图拼贴后，遵照地图设计大纲要求，对地图内容各要素按地图概括标准进行编绘。编图可采用编绘法或连编带绘、连编带刻法。为了处理好各要素之间的相互关系，保证成图质量，编绘作业的程序是先编水系，然后依次为居民点、交通线、境界线、等高线、土质植被和名称注记等。同一要素编绘时，应从主要的开始，按其重要性逐级编绘。普通地理图的编绘过程如图7-1所示。

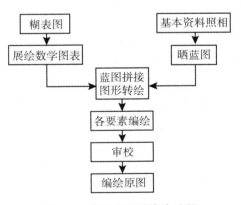

图7-1　普通地理图编绘过程

由于编绘法制作的原图线画质量和整饰很难达到出版印刷的要求，因此还需要对其进行清绘处理制成印刷原图，才能用于制版印刷。而连编带绘法和连编带刻法制作的编绘原图则可直接用于制版印刷。

第二节　专题地图编绘

一、专题地图设计的一般过程

专题地图的设计过程与普通地理图相似，包括编辑准备、原图编绘和出版前准备三个阶段。

（一）编辑准备

专题地图的种类繁多、形式各异，与普通地图相比，它的用途和使用对象有更强的针对性，要求更具体。因此，对编辑准备工作来说，首先应研究与所编地图有关的文件，明确编图目的、地图主题和读者对象。

在明确编制专题地图的任务后，首先拟订一个大体设计方案，并绘制图面配置略图，经审批同意后，即可正式着手工作。

在广泛收集编图所需要的各种资料的基础上，进行深入分析、评价和处理。通过详细研究制图资料和地图内容特点，进行必要的试验，并对开始的设计方案进行补充、修改，制订出详细的编图大纲，用以指导具体的地图编绘工作。

编图设计大纲的主要内容有：

（1）编图的目的、范围、用途和使用对象；

（2）地图名称、图幅大小及图面配置；

（3）地理底图和成图的比例尺、地图投影和经纬网格大小；

（4）制图资料及使用说明；

（5）制图区域的地理特点及要素的分布特征；

（6）地图内容的表示方法、图例符号设计和地图概括原则；

（7）地图编绘程序、作业方法和制印工艺。

（二）原图编绘

在编绘专题内容之前，必须准备有地理基础内容的底图，然后将专题内容编绘于地理底图上。由于专题图内容的专业性很强，一般情况下，专题地图还需要专业人员提供原图。这点是与普通地图编制不同的地方。制图编辑人员将专题内容编绘于地理基础底图上，或者将作者原图上内容按照制图要求转绘到基础底图上，这就是专题地图的原图编绘。

（三）出版准备

常规专题地图编制工作中的出版准备与普通地理图的方法基本相同，主要是将编绘原图经清绘或刻绘工序，制成符合印刷要求的出版原图。同时，还应提交供制版印刷用的分色参考样图。

二、专题地图的资料类型及处理方法

（一）专题地图的资料类型

专题地图的内容十分广泛，所以编绘专题地图的资料也很繁多，但概括起来，主要有地图资料、遥感图像资料、统计与实测数据、文字资料等。

1. 地图资料

普通地图、专题地图都可以作为新编专题地图的资料。普通地图常作为编绘专题地图的地理底图，普通地图上的某些要素也可以作为编制相关专题地图的基础资料。地图资料的比例尺一般应稍大于或等于新编专题地图的比例尺，且新编图的地图投影和地理底图的地图投影尽可能一致或相似。

对于内容相同的专题地图，同类较大比例尺的专题地图可作为较小比例尺新编地图的基本资料。如中小比例尺地貌图、土壤图、植被图等，可作为编制内容相同的较小比例尺相应地图的基本资料，或综合性较强的区划图的基本资料。

2. 遥感图像资料

各种单色、彩色、多波段、多时相、高分辨率的航片、卫片都是编制专题地图的重要资料。随着现代科技的发展，卫星遥感影像的分辨率越来越高（目前民用卫片的地面精度可达到1m），现势性也是其他资料所无法比拟的。因此，遥感资料是一种很有发展前途的信息源。

3. 统计与实测数据

各种经济统计资料，如产量、产值、人口统计数据等；各种调查和外业测绘资料；各种长期的观测资料，如气象台站、水文站、地震观测台站等，都是专题制图不可缺少的数据源。

4. 文字资料

文字资料包括科研论文、研究报告、调查报告、相关论著、历史文献、政策法规等，是编制专题地图的重要参考文献。

（二）专题地图资料的加工处理

1. 资料的分析和评价

对收集到的资料进行认真分析和评价，确定出资料的使用价值和程度，并从资料的现势性、完备性、精确性、可靠性，以及是否便于使用和定位等方面进行全面系统的分析评价，使编辑人员对资料的使用做到心中有数。

2. 资料的加工处理

编制专题地图的资料来源十分广泛，其分级分类指标、度量单位、统计口径等都有很大的差异性，需要把这些数据进行转换，变成新编地图所需要的数据格式。

三、专题地图的地理基础

（一）地理基础

地理基础即专题地图的地理底图，它是专题地图的骨架，用来表示专题内容分布的地理位置及其与周围自然和社会经济现象之间的关系，也是转绘专题内容的控制和依据。

地理底图上各种地理要素的选取和表示程度主要取决于专题地图的主题、用途、比例尺和制图区域的特点。如气候与道路网无关，因此天气预报图上就不需要把道路网表示出来；平原地区的土地利用现状图，无需把地势表示出来。随着地图比例尺的缩小，地理底图内容也会相应地概括减少。

普通地图上的海岸线、主要的河流和湖泊、重要的居民点等，几乎是所有专题地图上都要保留的地理基础要素。

专题地图的底图一般分为两种，即工作底图和出版底图。工作底图的内容应当精确详细，能够满足专题内容的转绘和定位，相应比例尺的地形图或地理图都可以作为工作底图；出版底图是在工作底图的基础上编绘而成的，出版底图上的内容比较简略，主要保留与专题内容关系密切，以便于确定其地理位置的一些要素。

地理底图内容主要起控制和陪衬作用，并反映专题要素和底图要素的关系。通常底图要素用浅淡颜色或单色表示，并置于地图的"底层"平面上。

专题底图的表示方法受到多方面因素的影响，如专题内容的形态和空间分布规律，制图资料和数据的详细程度，地图的比例尺和用途，以及制图区域的特点等。但其中最主要的因素是专题内容的形态和空间分布规律。

（二）图例符号设计

在地图上，各种地理事物的信息特征都是用符号表达的，符号是对客观世界综合简化了的抽象信息模型。地图符号中所包含的各种信息，只有通过图例才能解译出来，才能被人们所理解。通过地图来了解客观世界，就必须先掌握地图图例的内涵。所以，地图图例是人们在地图上探索客观世界的一把钥匙。

图例是编图的依据和用图的参考，所以在设计图例符号时，应满足以下要求：

（1）图例必须完备，要包括地图上采用的全部符号系统，且符号先后顺序要有逻辑连贯性。

（2）图例中符号的形状、尺寸、颜色应与其所代表的相应地图内容一致。其中，普染色面状符号在图例中常用小矩形色斑表示。

（3）图例符号的设计要体现出艺术性、系统性、易读性，并且容易制作。

（三）作者原图设计

由于专题地图内容非常广泛，所以其编制离不开专业人员的参与。当制图人员完成地图设计大纲后，专业人员依据地图设计大纲的要求，将专题内容编绘到工作底图上，这种编稿图称为作者原图。专业人员编绘的作者原图一般绘制质量不高，还需要制图人员进行加工处理，将作者原图的内容转绘到编绘原图上，最后完成编绘原图工作。

对作者原图的主要要求有如下几点：

（1）作者原图使用的地理底图、内容、比例尺、投影、区域范围等应与编绘原图相适应。

（2）编绘专题内容的制图资料应详实可靠。

（3）作者原图上的符号图形和规格应与编绘原图相一致，但符号可简化。

（4）作者原图的色彩整饰尽可能与编绘原图一致。

（5）符号定位要尽量精确。

（四）图面配置设计

一幅地图的平面构成包括主图、附图、附表、图名、图例及各种文字说明等。在有限的图面内，合理恰当地安排地图平面构成的内容位置和大小称为地图图面配置设计。

国家基本比例尺地形图的图面配置与整饰都有统一的规范要求，而专题地图的图面配置与整饰则没有固定模式，因图而异，往往由编制者自行设计。

图面配置合理，就能充分地利用地图幅面，丰富地图的内容，增强地图的信息量和表现力；反之，就会影响地图的主要功能，降低地图的清晰性和易读性。因此，编辑人员应当高度重视地图图面的设计。

图面配置设计应考虑以下几个方面的问题：

主图与四邻的关系：一幅地图除了突出显示制图区域，还应当反映出该区域与四邻之间的联系。如河北省地图，除了利用突出色彩表示主题内容，还以浅淡的颜色显示了北京、天津、辽宁、内蒙古、山西、河南、山东和渤海等部分区域。这对于读者了解河北省的空间位置，进一步理解地图内容是很有帮助的。

主图的方向：地图主图的方向一般是上北下南，但如果遇到制图区域的形状斜向延伸过长，考虑到地图幅面的限制，主图的方向可作适当偏离，但必须在图中绘制明确的指北方向线。

移图和破图廓：为了节约纸张，扩大主图的比例尺和充分利用地图版面，对一些形状特殊的制图区域，可将主图的边缘局部区域移至图幅空白处，或使局部轮廓破图廓。移图部分的比例尺、地图投影等应与原图一致，且二者之间的位置关系要十分明晰。另外，破图廓的地方也不宜过多。

(五)地图的色彩与网纹设计

色彩对提高地图的表现力、清晰度和层次结构具有明显的作用，在地图上利用色彩很容易区别出事物的质量和数量特征，也有利于事物的分类分级，并能增强地图的美感和艺术性；网纹在地图中也得到了广泛的应用，特别是在黑白地图中，网纹的功能更大，它能代替颜色的许多基本功能；网纹与色彩相结合，可以大大提高彩色地图的表现能力，所以色彩和网纹的设计也是专题地图的重要内容之一。

地图的设色与绘画不同，它与专题内容的表示方法有关。如呈面状分布的现象，在每一个面域内颜色都被视为是一致的、均匀布满的。因此，在此范围内所设计的颜色都应是均匀一致的。

专题地图上要素的类别是通过色相来区分的。每一类别设一主导色，如土地利用现状图中的耕地用黄色表示，林地用绿色表示，果园用粉红色表示等；而耕地中的水地用黄色表示，旱地用浅黄色表示等。

表示专题要素的数量变化时，对于连续渐变的数量分布可用同一色相亮度的变化来表示，如利用分层设色表示地势的变化；对相对不连续或是突变的数量分布，可用色相的变化来表示，如农作物亩产分布图、人口密度分布图等。

色彩的感觉和象征性是人们长期生活习惯的产物。利用色彩的感觉和象征性对专题内容进行设色，会收到很好的设计效果。

总之，为使专题地图设色达到协调、美观、经济适用的目的，编辑设计人员对色彩运用应有深入理解、敏锐的感觉和丰富的想象力；能针对不同的专题内容和用图对象，选择合适的色彩，以提高地图的表现力。

思 考 题

1. 简述普通地图的编绘过程。
2. 简述专题地图的编绘过程。

第八章　现代地图制图的技术方法

从 20 世纪 50 年代，地图学领域开始引入计算机技术。经过几十年的发展，经过理论研究、实验分析、应用验证、设备研制和软件开发等动态的发展，已全部实现各种类型地图的计算机制图。

本章主要从概念、优越性等方面初步介绍计算机地图制图技术，按照现代地图的发展进程先介绍了数字地图，着重介绍了其中的矢量数字地图、栅格数字地图以及数据的处理和编辑，并进一步阐述了赋予活力的电子地图产品，即多媒体电子地图和互联网地图。

第一节　计算机地图制图概述

传统手工绘图虽已经日臻完善和成熟，但由于其存在生产成本高、周期长、手工劳动大、更新难度大、难以共享、产品单一等不足，促使地图学与计算机技术飞速融合，形成了一种全新的计算机地图制图技术。如今，随着计算机地图制图理论和技术上的不断发展与创新，计算机地图制图已经可以代替传统的地图制图，成功地实现了地图制图史上的一次变革。

计算机地图制图又称为自动化地图制图或机助地图制图或数字地图制图，它是以传统的地图制图原理为基础，以计算机及其外围设备为工具，应用数学逻辑理论，采用数据库技术和图形数据处理方法，实现地图信息的采集、存储、处理、显示和绘图的应用科学。

计算机地图制图不是简单地把数字处理设备与传统制图方法组合在一起，而是制图环境发生了根本性的变化。与传统的地图制图相比，计算机地图制图具有如下特性：

（1）具有动态编辑性。传统的纸质地图一旦印刷完成，即固定成型，不能再变化；而计算机地图则是在人机交互过程中动态产生出来的，可以方便地根据地图用户的要求改编地图，以增加地图的适应性。

（2）具有快捷的更新性。为了充分发挥地图在国民经济建设中的作用，需要经常更新地图的内容，保持地图的现势性。对于计算机地图来说，主要保存原有的数据，通过对地图数据的再编辑，便可以轻松完成地图的更新。

（3）缩短了成图周期。计算机地图制图压缩了传统地图制图和制图印刷工艺中的许多复杂的工艺流程，极大地缩短了生产周期。如可以把地图的编辑和编绘、地图的清绘、复版、翻版等工艺合并在计算机上完成。

（4）提高了绘图的精度。计算机地图的符号及注记比传统地图的更精准、更精细，使地图制图的精度由原来的±0.1~0.3mm 提高到±0.01~0.05mm。

（5）容量大且易于存储。计算机地图的容量的大小一般只受计算机存储器的限制，因此可以包含比传统地图更多的地理信息。计算机地图易于存储，并且由于存储的是信息和数据，所以不存在传统地图中常见的纸张变形等问题，从而保证了存储中的信息不变性，提高了地图的使用精度。

（6）丰富了地图品种。计算机地图制图增加了地图品种，可以制作很多用传统制图方法难以完成的图种，如三维立体图、移动导航图、实景地图、通视图等。

（7）便于信息共享。计算机地图具有信息复制和传播的优势，容易实现共享。计算机地图能够大量无损失复制，并可以通过计算机网络进行传播。

第二节　数字地图

数字地图是地图学原理、地学空间信息技术、计算机技术、多媒体技术、虚拟现实技术和仿真技术等在地图制图领域的综合应用的结果，是地图学发展史上新的里程碑。数字地图制作方便、更新速度快、应用灵活、形式多变，比纸质地图有着更大的优越性。因此，在国民经济和国防建设、科学研究与现代生活中得到广泛应用。随着信息社会的到来，数字地图已成为一个发展迅速、应用深入、日益普及的新领域，它的编制与应用，逐渐成为现代地图发展的主流。

数字地图是存储在计算机的可识别介质上，具有确定坐标和属性特征，按一定数学法则构成的地理现象离散数据的有序集合，即以数字形式记录和存储的地图。数字地图具有如下基本特征：

（1）每个要素都有确定位置和属性特征；

（2）数字地图中的"数字"是对地理环境现象中概括表示；

（3）具有可量测性；

（4）数字地图与模拟地图之间可借助于软件进行相互转换；

（5）数字地图可借助于当代的通信设备，直接进行近距离或远距离的传输交流；

（6）任何要素及其相互关系都可用显示或隐式说明。

数字地图按数据的组织形式和特点分为矢量数字地图、栅格数字地图、数字正射影像地图和数字地面高程模型地图等几种。

1. 矢量数字地图

矢量数字地图首先依据相应的规范和标准对地图上的各种内容进行编码和属性定义，确定地图要素的类别、等级和特征，这样地图上的内容就可以用其编码、属性描述加上相应的坐标位置来表示。矢量数字地图的制作通过航空像片测图，对现有地图数字化及对已有数据进行更新等方法实现。

2. 栅格数字地图

栅格数字地图是一种由像素所组成的图像数据，所以又称为数字像素地图，它的生产通过对纸质地图或分版胶片进行扫描而获得。这种类型的数字地图制作方便，能保持原有纸质地图的风格和特点，通常作为地理背景使用，不能进行深入的分析和内容提取。

3. 数字正射影像地图

数字正射影像地图是对卫星遥感影像数据和航空摄影测量影像数据进行一系列加工处理后所得到的影像地图及数据。数字影像地图数据结构采用国际上通用的图像文件数据结构，如 TIFF、BMP、PCX 等。它由文件名、色彩索引和图像数据体组成。

4. 数字地面高程模型地图

数字地面高程模型实际上是地表一定间隔格网点上的高程数据，用来表示地表面的高低起伏，这种数字地图通过人工采集、数字测图或对地图上等高线扫描矢量化等方法生成和建立。

计算机地图制图与数字制图技术，这两个概念既有密切联系，又存在一定的区别。计算机地图制图的实质是生产数字地图的一种硬拷贝形式。数字制图的概念认为它是区别于常规地图制图工艺流程和方法，是对利用计算机技术制作与生产各类地图的原理、方法和工艺流程的总称，包括各种利用计算机制作的地图产品。

第三节　矢量数字地图

矢量数字地图是使用最广的一类数字地图，具有数据量小、使用方便、便于查询和分析等特点，含有地图要素编码、属性、位置、名称及相互之间拓扑关系等方面的信息，有特定的组织形式和数据结构。

除了编码和属性项信息以外，这些格式都是将地理信息或地图内容按要素层组织，然后在每一层中再按地理实体图形特征分为点目标、线目标和面目标，用点、线段和多边形与之对应，具有邻接、关联关系的节点、线段和多边形之间建立拓扑关系，这些拓扑关系在数据结构和数据组织上的表示有下列形式：

（1）线段与点的关系列表：建立线段与点的拓扑关系，依次包含的字段为线段号，此条线段所包含的结点个数，再依次记录从起点到终点的各坐标值，如表 8-1 所示。

表 8-1　线段与点表

线段号	点数	第 1 点坐标	第 2 点坐标	……	第 n 点坐标

（2）线段与多边形关系列表：建立线段与多边形的拓扑关系，依次包含的字段为线段号，该条线段左多边形的编号，以及右多边形的编号，如表 8-2 所示。

表 8-2　线段与多边形表

线段号	左多边形编号	右多边形编号

（3）多边形与线段关系列表：建立多边形与线段的拓扑关系，依次包含的字段为多边形的编号，构成此多边形的线段的个数，以及顺序记录（顺时针或逆时针）构成此多边形的线段的编号，如表 8-3 所示。

表 8-3　多边形与线段表

多边形编号	线段数	线段号 1	线段号 2	……	线段号 n

矢量数字地图适应计算机技术的发展及要求，具有广阔的发展前景、更受用户欢迎。

矢量数字地图具有动态性，其内容和表示效果能够实时修改，内容的补充、更新极为方便。矢量数字地图内容的组织较为灵活，可以分层、分类、分级提供使用，能够快速地进行检索和查询。矢量数字地图显示时，能够漫游、开窗和放大缩小。矢量数字地图所提供的信息能够用于统计分析，进行辅助决策。在新的技术支撑下，还能够将数字地图的内容与图像、声音、文字、录像等内容结合在一起，生成更富表现力的多媒体电子地图。

　　矢量数字地图的图形显示是指将地图数据在计算机屏幕上变成符号化地图的过程，保证计算机环境下地图的阅读、浏览和应用。数字地图显示时，既能显示较大的区域范围，起到宏观了解地理环境的作用，又能显示较小区域内的内容，详细了解地表的相关信息。矢量数字地图显示时，往往要使用各种各样的符号，使之变成符号化的地图，呈现地图本来的面目。在这样一种符号化过程中，要考虑地图投影的使用、点线面符号的处理、注记的配置及地貌立体表示等(地貌立体表示要有等高线数据或数字高程模型数据作支持)。地图投影的应用主要是进行点位的地图投影计算，并将它换算成屏幕坐标，自动生成所需的经纬线网和平面直角坐标网。点、线、面符号的处理是依据地图数据的编码、属性信息、坐标位置，它们与地图符号的对应关系及地图显示时所使用的分层管理方法来进行的，所形成的符号化地图可以放大、缩小、漫游和开窗显示。符号化后的地图内容各要素一般存放在不同的层上，以免相互之间的干扰。在符号化的过程中，符号的大小、色彩、线划粗细及相互之间的关系最好同原始地图相一致，这样符号化的地图才有较好的视觉效果。

　　矢量数字地图信息查询是按一定的要求将存储在计算机中的数字地图信息提取出来，供阅读、显示和分析使用。对数字地图信息进行查询有多种方法，可以给定一个区域范围，可以给定图幅编号，也可以在此基础上再附加对要素层和编码的规定等，总的目的是提取出所要的信息和内容。用于数字地图信息查询的主要方法有：图幅查询、空间范围查询、要素层查询、条件查询、属性查询和地理名称查询等。

　　(1)图幅查询：用图幅编号或图名作为查询条件，把该图幅内的全部地图信息显示和提取出来。如果计算机中或地图数据库中的数字地图信息是按图幅的形式来组织的，那么只要把与该图幅编号相应的所有地图数据文件的内容提取出来就行。如果计算机中或地图数据库中的数字地图信息不是按图幅的形式来组织的，比如事先进行了合并或分割等处理，这时则要根据图幅编号计算出该图幅的经纬度范围，然后根据经纬度范围再提取相对应的内容。

　　(2)空间范围查询：给定一定的区域范围或经纬度坐标，将落在该区域的内容提取和显示出来。当然，也可以给定一个点，以该点为圆心，将一定半径内的圆形区域的内容显示和提取出来。如果是给定一条线，则要将该线划两侧一定距离区域内的要素查询和提取出来。这些查询和提取的方法都建立在区域裁剪基础之上，具体执行起来要靠相应的算法来实现。

　　(3)要素层查询：对所选择的图幅或在某一确定的区域范围内，通过指定要素层，将相应层上的地图要素提取出来，供显示和分析使用。在矢量数字地图数据组织时，为了便于地图信息的管理和应用，将不同的地图要素存放在不同的层上，如植被层、地貌层、交通设施层等。采用这样的分层方法为数字地图信息的应用和分析处理提供了极大的方便。

　　(4)条件查询：通过给定某一个属性编码或某一种指标来对数字地图信息进行检索，

最后把符合要求的地图内容提取出来。例如，根据属性编码把某一区域范围内的水系全部提取出来，或给定一个河流等级，把这个等级以上的河流全部提取出来等。

（5）属性查询：选中屏幕上某一要素，将该要素的有关信息全部提取和显示出来，如选中某一城市，将城市的名称、人口数（如果属性项中有值的话）、行政区划代码全部提取出来。依数字地图信息的组织情况，对点状、线状和面状要素一般都能直接进行查询，并能提取相关的信息。

（6）地理名称查询：给定地名或要素名称，将与其对应的地图要素提取和显示出来。如给定一个城市名，将这个城市的轮廓形状提取出来，并将有关这个城市的其他信息也一同提取出来。

对数字地图信息进行查询还有其他一些方法，但它们大多用在一些非常特殊的场合。由于数字地图数据是分层、分类和分级组织的，每一种地图要素都有相应的属性编码，这就为这些信息的查询、提取和利用提供了极大的方便和灵活性。数字地图信息的查询和提取，本身就是数字地图的一种应用过程，需要什么区域的信息就可显示什么区域的信息，需要某一层要素就有某一层要素。将这样的信息投影到大屏幕上或绘制在纸张上，完全可以作为底图使用，能够在上面进行标绘和作业。所以，数字地图信息的查询和提取不仅其本身就是对数字地图的一种应用，使提取出来的内容显示在屏幕上，供了解和认识这个区域使用，而且作为一种手段，能为数字地图信息的其他应用提供服务和保障。从实现的原理和方法来看，数字地图信息的查询和提取最终都是靠软件来完成的，要么直接利用地图数据库中的功能，要么编写一段程序，在数据检索的时候对有关内容进行比对查询。

第四节　栅格数字地图

栅格数字地图是彩色地图或分版胶片通过扫描形成地图图像后，经过数字变换和图像处理所形成的地图图像数据，基本的构图单元是栅格。栅格数字地图从数据组织方式上来看是一种由点阵组成的数字地图，其特点如下：

（1）栅格数字地图是纸质地图的扫描图像，在形式和内容上保留了原彩色地图的主要特色和风格，容易被常年使用军用地图的各级指挥员、参谋人员所接受。

（2）栅格数字地图的数据结构简单，整个数据按行按列依次组成，每个像素点有一个颜色值或灰度值。图像的颜色索引数据位于整个数据块的前面或后面，记录每个颜色号所对应的红、绿、蓝三种色彩分量值。有关图像高、宽及其他一些信息存放在图像文件的最前面。

（3）栅格数字地图的应用实际上是一种图像再现过程，不需要更多的操作和处理。它主要作为地理背景使用，以显示地表的现象和客观存在，在其上面可以进行定位、标图等作业。

（4）栅格数字地图生产速度快、成本低，但数据量大，在存储和管理时应采用一定的压缩技术。

（5）栅格数字地图是一种扫描图像，使用起来方法比较单一，无法提取地图要素和内容，不能对地表现象和物体进行个体定义和描述，不能分类、分层、分要素检索和使用，因此使用起来有很大的局限性。

栅格数字地图数据的最小处理单元是像素，每个像素对应扫描图像上的一个点。像素的信息包括像素的行、列号及其属性代码(色彩代码或灰度值)。由于像素的相邻关系及对数据的有序组织，因此像素地图行列号不需要记录，被隐含表示，需要记录的仅是像素的色彩代码。当扫描图像最终所用的颜色为16色时，每个像素的色彩代码值在0~15之间变化，存储每个像素色彩代码的二进制位只需4位，也就是半个字节。当扫描图像最终所用的颜色为256色时，每个像素需8个二进制位即一个字节存储有关的内容。目前所建立的栅格地图数据库每幅地图采用的颜色是16色，每个像素所用的存储单元为半个字节。这样当采用180dpi(约70点/cm)的分辨率进行扫描时，中纬度地区的图幅(1∶50万)按54cm×45cm计算，一幅图包含3780×3150＝11.9兆像素，以每像素4个二进制位进行存储，则需5.95兆存储空间。对于地表遥感影像，由于要求层次丰富，再加上波段数比较多，所以一景图像需300兆左右存储空间。对于这样大的图像文件，在实际管理和使用时需要采用一定的数据压缩方法进行处理，像行程编码、四叉树结构等，对数据做进一步的压缩。压缩的程度视地图内容的复杂情况而有所不同，一般能节省50%~70%的存储量。当采用数据压缩技术以后，图像的再现和恢复自然要慢些。对于每一块扫描图像来讲，都有一个文件头，存放图像的说明与控制信息，比如图像高、宽、地图比例尺、图像角点高斯坐标、数据存储类型、控制点坐标等，长度一般为256个字节，位于图像文件的最前面。

栅格数字地图数据也能实现一定的检索功能，能以不同方式观察数据的内容，还能以栅格数字地图为背景进行地图量算和地图标绘。

(一)数据检索

数据检索是指按照用户的不同要求从像素地图数据文件中检索所需的地图图像，并将这些数据调出显示的过程，像素地图数据库从逻辑上把全国范围当成一个完整区域，可以对这一区域内的任一部分实施检索。数据检索是其他应用的基础。有多种检索方法可供使用，如区域检索、经纬度检索、图幅检索、索引图检索和文件检索。

1. 区域检索

首先给定区域左上角的经纬度坐标，然后指定检索区域中的图幅数目和图幅排列方式，最后按所提出的要求将有关内容显示出来。

2. 经纬度检索

某一点的经纬度坐标，把以该点为中心的某一区域内的内容显示出来。

3. 图幅检索

根据已知图幅编号，显示该图幅的地图内容，并提供其相邻图幅关系表以供显示相邻图幅使用。

4. 索引图检索

首先显示一幅用于索引的小比例尺的地图，然后用户移动光标选择自己所需位置，按选取键后，屏幕上显示出相应的内容，所选位置位于屏幕中心。

5. 直角坐标检索

根据用户所输入的直角坐标，显示其周围图像，并使该直角坐标位于屏幕中心。

6. 文件检索

打开标图文件，读取图幅编号，将所需的图像显示在屏幕上。

（二）数据观察

数据观察一般有三种方式，即开窗放大观察和缩小观察、漫游观察。

1）放大观察

用户通过调整窗口中内容放大倍数来观察区域中的图像。放大观察的目的是使用户能够方便、较为清楚地观察区域范围内的局部图像。在放大观察时，先选择待放大的区域范围，然后按指定倍数对其进行扩行、扩列，利用数据快速传输方式将经放大的区域数据送入显示卡的存储区，进而显示在屏幕上。

2. 缩小观察

主要应用方式为整屏缩小，其目的在于使用户观察更大范围的图形，从整体上观察区域的有关情况，缩小观察是对源数据进行抽行、抽列，然后将有关数据送入显示卡的存储区，进而显示在屏幕上。

3. 漫游观察

通过栅格数字地图图像在屏幕上的平滑滚动，实现大范围的地图连续显示，从而观察指定区域的地表情况，漫游功能的实现主要是通过屏幕滚动和数据拷贝来完成的。漫游时，首先使屏幕进行滚动，造成原点左右或上下的移位，从而使整个图像画面左右或上下平移。然后，再对其移动部分进行拷贝填补，从而使整个画面形成一个新的、连续的画面。漫游功能的实现在一定程度上需要硬件的支持，显示卡上必须有一个较大的存储空间存放一定数量的地图图像数据。

第五节　数字地图数据处理与编辑

数字地图数据处理是数字地图生产和应用的重要环节，也是数字地图生产和应用的主要内容。数字地图数据处理可分为三类：预处理、符号化处理和应用处理。

数字地图数据预处理是指从数据获取到数据存储前的基本处理，预处理的内容依数据获取方式不同而不同，但有一些处理是必需的。预处理的主要目的是消除数据错误和误差，进行数据变换，保证提供使用的数据的正确性和规范性。符号化处理，主要是按地图产品的制图要求将地图要素变成符号化图形所进行的各种处理。应用处理多种多样，例如数据的各种量算、分析、分类检索等。

数字地图数据必须经过预处理才能提供给用户，而符号化处理和应用处理则可由用户进行。

地图数据编辑是指用于地图数据修改的一类操作，如数据的删除、增加、合并、移位、替换等，地图数据编辑往往作为数字地图生产和应用中必不可少的工具，应用于数字地图制图的各个环节，数据获取时使用地图数据编辑可以纠正错误，数字地图应用时使用地图数据编辑可以对数据进行修改、补充和局部更新，数字地图数据管理中这种操作更是必不可少。

（一）矢量数据预处理

数据预处理是指对数字化获取的数据进行加工、变换，以便消除误差，方便存储、管理和应用。下面介绍预处理的主要内容。

1. 图幅定向

在数字化仪上放置数字化底图时，底图坐标系与数字化仪坐标系一般都不会平行，这将导致数据的系统误差，影响以后的数据处理，例如有可能带来不能正确进行图幅拼接等情况。对于扫描地图也一样，扫描时很难做到地图的正方向与轴线方向完全一致，图幅定向的目的就是使地图的坐标系与数字化仪或扫描仪的坐标系平行，保持相关位置正确，方便以后的实际应用。图幅定向往往通过坐标旋转及平移来完成，要求出旋转角和平移距离。图幅定向在数据采集前进行。

2. 几何纠正

从底图上采集数据时，由于作为原始资料的纸质地图的伸缩变形，会使数据产生误差。几何纠正就是消除这种系统误差，常用的方法有仿射变换、最小二乘法等，主要途径是建立纠正关系式，用一定已知点的理论坐标数据和实际采集的相应点坐标来确定纠正关系式中的待定系数，这样可以将所有数字化点坐标都变换成近似理论坐标值，即进行几何纠正。

3. 地图投影变换

在平面直角坐标和经纬度坐标相互转换时，地图投影变换发挥着重要的作用。另外当数字化底图的投影和数据获取要求的地图投影不同时，也必须进行地图投影变换。地图投影变换是地图投影学的一个研究领域，特别适合地图数据处理，是数字地图的一大优点。

4. 地图比例尺变换

当数字化底图的投影与数据获取要求的地图投影相同而比例尺不同时，要进行比例尺变换，常规制图比例尺变换依赖于照相缩放，成本高、精度低。数字地图的比例尺变换速度快、精度高。图形图像输出设备上的开窗、放大、缩小是一种几何上的比例变化，一般不视为数字地图比例尺变换，它只是一种临时的、过渡性变化。

5. 地图数据格式变换

数据在获取、存储、处理和输出的各个阶段，数据格式可能会有所不同，预处理中的格式变换主要是按数字地图产品要求提供规范化的标准格式的数据。

6. 数据匹配

数据匹配可以在图形编辑方式下交互进行，也可以用算法完成。数据匹配的含义很广，常用的有结点匹配和数字接边。

结点匹配是指数字化时，同一点，例如几条链的公共结点，在每一条链数字化时，其结点会有偏差，因此将得到多个不同的坐标值，而数据处理时根据自动建立拓扑关系的要求，同名点的坐标值必须相同，这时就要进行结点匹配。数字接边是指对分幅数字地图在相邻公共边上进行相同的地图要素的匹配，包括属性和坐标的匹配。分幅数字化的地图数据，在相邻图幅的公共边上不可避免地会发生地图要素本应相互连接但却错位的现象，甚至有属性不一致的情况，这时就必须进行数字接边处理，以保证坐标和属性的一致性。

7. 数据压缩

数字地图的数据压缩分两种，一种是信息量的压缩，另一种是存储空间的压缩。

信息量的压缩又称为数据简化或数据综合，是从原始数据集中抽出一个子集，在一定的精度范围内，要求这个子集所含数据量尽可能少，并尽可能近似反映原始数据信息，目的是减少存储量，删除冗余数据，常用的方法有特征点筛选法、距离长度定值比较法、道格拉斯-普克法等。数字地图中常用的另一种压缩是减少存储单元数量。例如，将通常一个单元存储一个数据，改为一个单元存储两个或多个数据，使用时再进行分离。

（二）矢量数据编辑

矢量数据编辑的对象可以是某个区域、某个要素层、某种类型或等级的地图要素，也可以是一个实体或一个目标。矢量数据编辑的最小对象是目标，并且可以对组成目标的属性数据、几何位置数据等各部分分别进行编辑。

矢量数据编辑的基本功能有：删除、增加、拷贝、替换、分割、合并、匹配等。

1. 删除

删除是数据编辑中最常用和最基本的操作。矢量数据的获取，目前多采用手工方式，偶然错误难以避免。删除是指从数据集中取消错误数据，或对错误数据做出标记，后期集中删除。删除应注意保持数据的完整性，例如一个目标的删除不能只删除其属性数据，或仅删除几何位置数据而保留属性数据。

2. 增加

增加是指对遗漏的或更新数据的重新获取，需要相应的符合数据精度的输入设备。例如，增加时，属性数据可以通过键盘或菜单进行，而几何位置数据可以借助鼠标和数字化仪进行，也可把影像和图像作为背景，在它们上面进行要素的采集。增加操作一般只是对完整的目标实施。

3. 拷贝

拷贝也称复制，是增加一个与已有目标完全相同的新目标，既包括几何位置数据，又包括属性数据。

4. 替换

替换是指改变数据值，例如将属性数据项内容进行替换，或将一类要素改变为另一类要素。几何位置数据的修改一般通过删除和增加两种操作实现。

5. 分割

分割用于目标或实体的再划分，对于线目标，分割只是确定分割处的数据点，将一个目标变为两个目标，并保留相同属性。面目标的分割要确定面分割线，并对面域范围线进行分割。分割后的目标应保持数据完整，不能缺少属性数据。分割操作可以多次进行。利用分割操作可以将正确和局部错误的数据分离，便于修改。

6. 合并

合并也称为连接，是分割的逆操作，将两个（或多个）属性相同的目标合为一个目标，合并的前提是目标几何位置相接或相邻。两个线目标的合并可减少一个属性结构的存储量。两个面目标的合并可减少一个公共边线目标和一个相同结构的数据存储量。

7. 匹配

匹配是指对多次采集的同名点数据赋以相同坐标值，保证线目标间的正确相接关系。

（三）栅格数据编辑与处理

栅格数据的编辑与处理，主要包括对像素值的修改、图像质量的改进、图像数据的变换处理等。

1. 栅格数据的基本运算

栅格数据编辑与处理中，常用的一些基本的栅格数据运算如下：

（1）平移：将栅格数据的像素值向指定的方向移动一个确定的栅格数，例如向上移两个栅格、左移一个栅格等。与一个栅格上、下、左、右相邻的栅格，称为该栅格的 4 向邻域，简称 4 邻域。若再包括 4 个对角的相邻栅格，称为 8 向邻域，简称 8 邻域。

（2）组合：将一个栅格图像置于另一个栅格图像之上，对相应的栅格值进行算术或者逻辑组合运算，称为组合，也称合并。

（3）加粗：将用一个像素数目表示的线划变为用多个像素数目表示的过程，一般通过对栅格数据进行 4 邻域方向的分别平移，然后将 4 个平移后的图像和原始数据进行逻辑组合运算来实现。

（4）减细：和加粗正好相反，减细是将用多个像素数目表示的线划宽度减少到按指定要求的像素数目。当指定像素数目为 1 时，即幅宽为 1 时，称细化，细化必须保证图像像素在 4 邻域的连通性。

（5）二值化：二值图像在数字图像中非常重要，因为二值图像便于图像的特征分析，便于表示和处理图形信息，可以定义几何学概念，而且数据量小、处理速度快。二值化就是选定一个值，将所有像素灰度值或颜色值按该阈值分为两种，一种表示图形，值为 1；另一种表示背景，值为 0。

（6）收缩与膨胀：收缩也称为侵蚀，是将给定的图像边界点全部删除从而使图像缩小一圈。收缩时，一个像素其值为 0 的条件是其本身为 0，或者其 4 邻域（8 邻域）的任何一个像素为 0，否则值为 1。膨胀也称为扩张，与收缩相反，是将图像边界扩大一圈。扩大的条件是像素本身为 1，或者其 4 邻域（8 邻域）的任何一个像素为 1 时则该像素值为 1，否则为 0。

（7）填充：让在指定的区域范围内的一些单个像素，通过"繁殖"布满这些区域。

2. 平滑去噪声

改善图像质量，提高图像信息的传输效果，是栅格数据编辑的重要内容。改善图像质量的方法很多，如增强对比度，使图像轮廓分明，对图像中各种畸变的校正处理等。平滑去噪声是改善二值化栅格数据质量常用的方法。

噪声的类型很多，在扫描获取的地图栅格数据中，常见的是因扫描底图上脏污而产生的小黑斑，面目标内的小孔洞（白点），图形线划发虚产生的缝隙，图像变换时产生的裂隙，以及线划不光滑、边缘凹陷产生的小毛刺等。消除噪声的方法很多，当噪声发生的模型已知时，可以设计滤波来有效消除噪声，也称图像复原。但更多的时候是噪声机理未知或难以模型化，这时则要根据噪声性质用平滑化方法消除噪声。

平滑去噪声技术也称模板方法，例如用一个 3×3 的模板（图 8-1）方法消除毛刺时，规则是模板中 $D_0 \sim D_7$ 中至少有 5 个栅格值连续为 0，则 n 为 1 时是毛刺，这时改赋为 0 使毛刺予以消除。消除毛刺的模板可以有如图 8-2 所示的 4 个样板。

对于黑斑和白点即黑白噪声的消除，也可用模板方法配以一定规则完成。

D_1	D_2	D_3
D_0	D_i	D_4
D_7	D_6	D_5

图 8-1　3×3 的模板

3. 栅格数据编辑处理的方式

栅格数据的编辑处理，一般分为批处理和人机交互两种方式。

批处理是指用软件工具自动实现栅格数据的编辑和处理，它建立在一定的算法基础上，能够很快完成某一类操作或某一类数据的修改和误差纠正，例如消除噪声、对扫描图

```
┌──┬──┬──┐   ┌──┬──┬──┐   ┌──┬──┐   ┌──┬──┐
│0 │0 │0 │   │  │  │  │   │0 │0 │   │0 │0 │
├──┼──┼──┤   ├──┼──┼──┤   ├──┼──┤   ├──┼──┤
│0 │1 │0 │   │0 │1 │0 │   │0 │1 │   │1 │0 │
├──┼──┼──┤   ├──┼──┼──┤   ├──┼──┤   ├──┼──┤
│  │  │  │   │0 │0 │0 │   │0 │0 │   │0 │0 │
└──┴──┴──┘   └──┴──┴──┘   └──┴──┘   └──┴──┘
```

图 8-2　去毛刺样

像进行地图投影变换或图像细化处理等，效率比较高。批处理一般是面向数据自动进行的。当地图数据较为复杂或要处理的问题软件自动实现起来有一定困难时，批处理不是很有效，则需要进行人机交互，以提高作业效率，例如要素识别、等高线的自动赋值等。

人机交互可以实现各种编辑功能，但交互过多会影响效率，工作量大。人机交互编辑一般只是在批处理后补充进行，用于修改遗留错误和批处理无法解决的编辑问题。

第六节　多媒体电子地图与互联网地图

一、多媒体电子地图

电子地图（Electronic Map）又称为屏幕地图，是一个动态发展的概念，其难度在于电子地图的显示与存储是相分离的。从多媒体信息时代角度来说，电子地图应是基于数字化地图数据的空间信息可视化表现。更确切地说，电子地图一般多指多媒体地图，是可交互、多功能的空间信息多媒体可视化集成的地图。

1991 年 Taylor 提出多媒体电子地图是在计算机技术的支持下，集文本、图形、图表、图像、声音、动画和视频等于一体的新型地图。它增加了地图表达空间信息的媒体形式，从而以视觉、听觉、触觉等感知形式，直观、形象、生动地表达空间信息。

多媒体电子地图技术的发展，使地图的特点与功能发生了深刻的变化，这些变化包括：由静态地图发展到动态地图，由平面地图发展到立体显示的地图，由无声地图发展到有声地图，地图的使用者从被动接受上升为主动定义和编辑。

（一）多媒体电子地图的特性

纸质地图在表达和传输信息方面，尤其是再多维或动态现象表达方面，是不适合的，纸制地图的生产与分发费时费力，纸制地图的使用效率较低。多媒体技术使得地图以多种更为直观的方式表达地理目标和现象，并可以高效地传输地理信息和知识。多媒体电子地图具有以下五个特性：

1. 实时动态性

多媒体电子地图具有实时、动态表现空间信息的能力，多媒体电子地图的动态性表现在两个方面：一是用具有时间维的动画地图来反映事物随时间变化的动态过程，并可通过对动态过程的分析来推演事物发展变化的趋势；二是利用闪烁、渐变、缩放、漫游等显示技术不断生成新的地图，不断改变地图图形，使没有时间维的静态现象也能吸引用户的注意力。

2. 人机交互性

纸质地图一旦印刷完成即固定成型，不再变化，用户与地图的交互受地图上所表示的信息内容的限制，不可能对地图内容做任何实质性的更改，不可能有超越地图内容的交互，所以用户通常是被动地接受信息。而多媒体电子地图具有交互性，可实现查询、分析等功能，以辅助阅读、辅助决策等。多媒体电子地图的使用更加个性化，更加具有灵活性，更加满足用户个体对空间认知的需求，同时也增加了读图的趣味性。除了用户可以对地图显示进行交互外，多媒体电子地图提供的数据查询、距离和面积量算等工具也为用户获取地图信息提供了非常灵活的交互手段。

3. 无级缩放与载负量自动调整

纸质地图一般都具有一定比例尺，其比例尺是固定不变的。多媒体电子地图则不然，在一定限度内可以任意无级缩放和开窗显示，以满足应用的不同需要。通过相应控制技术的应用，多媒体电子地图在无级缩放过程中，能动态调整地图内容的详细程度，使得屏幕上显示的地图保持适当的载负量，以保证地图的易读性。

4. 超媒体的集成性

超媒体是超文本的延伸，即将超文本的形式扩充至图形、声音、视频，从而提供了一种浏览不同形式信息的超媒体机制。在超媒体中，可以通过链接的方法方便地对分散在不同信息块间的信息进行存储、检索、游览，其思维更加符合人的思维习惯。多媒体电子地图以地图为主体结构，将图像、文字、声音等附加媒体信息作为补充融入多媒体电子地图中，地图图形信息的先天缺陷可被其他信息所弥补。通过人机交互查询手段，可以获取精确的文字和数字信息。因此，多媒体电子地图在提供不同类型信息、满足不同层次需要方面具有传统纸质地图所无法比拟的优点。

5. 快速更新与便捷再版

资料更新速度快，便于更新再版；制作成本较低，复制生产简便。

(二)多媒体电子地图的功能

多媒体电子地图的应用方式同数字地图的应用方式基本一致，多媒体电子地图在可视化、多媒体信息表示和交互性等方面特点更显著一点，多媒体电子地图通过一定的开发，可实现以下的功能：

(1)地图构建功能。由于多媒体电子地图有很好的交互性，不仅允许用户根据自己的需要和设计方案选择或调整地图显示范围、比例尺、颜色、图例和图式等，而且提供了更新或再版地图内容的技术和方法，能自动生成所需的多媒体电子地图和专题地图。

(2)检索和查询功能。根据用户需求检索有关的图形、数据和属性信息，并以多媒体、图形、表格和文字报告形式提供查询结果。

(3)显示和读图功能。包括显示、闪烁、变色、开窗、对比等功能，能对地图内容进行放大、缩小和漫游。

(4)数据的统计、分析和处理功能。对相关内容进行汇总统计，打印直方图，并可进行距离计算、多边形面积量算、最短路径分析和缓冲区分析等功能。

(5)绘图输出功能。将屏幕上的内容或计算机中的数据输出到纸张或胶片上。

(6)辅助功能。必要时，通过配置一些图例和附图，可提高多媒体电子地图的可阅读性。

二、电子地图的设计和制作

电子地图的操作界面一般比较简便，不同的电子地图往往具有相对统一的界面，而且电子地图大多连接属性数据库或属性数据文件，能进行查询、计算和统计分析。电子地图通常是系列化的，有时表现为电子地图集形式。

电子地图的用途不同，所反映的地理信息和专题内容会有很大的不同。另外，地图资料的差异和所使用工具的不同，也会影响电子地图的设计。但从整体上说，电子地图的设计和制作应遵循一些基本的原则，主要包括：内容的科学性、界面的直观性、地图的美观性和使用的方便性。电子地图的设计和制作，应重点把握界面设计、符号与注记设计及色彩设计等几个环节。

(一)界面设计

界面是电子地图的外表，一个友好、清晰的界面对电子地图的使用非常重要。它是用户实现与电子地图交互、浏览的关键环节。界面设计应尽可能简单明了，如果用图者在操作电子地图界面时感到难以掌握，他就会对电子地图失去兴趣。应增加操作提示，以帮助用户尽快掌握电子地图的基本操作，还可以通过智能提示的方式简化操作步骤。因此，电子地图的界面总体上一般应包括主显示区、信息显示区、目录工具栏、浏览工具栏和附属说明信息等几个部分构成，有的电子地图还同时包括菜单选项功能界面，构成最能反映电子地图的地理信息服务特点的设计内容，如图 8-3 所示。

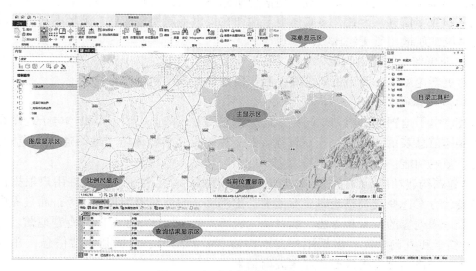

图 8-3　电子地图基本页面布局

1. 界面的形式设计

用户界面主要有菜单式、命令式和列表式三种形式。菜单式界面将电子地图的功能按层次全部列于屏幕上，由用户用键盘、鼠标或触摸等选择其中某项功能执行。菜单式界面的优点是易于学习和掌握，使用简便，层次清晰，不需要大量的记忆，便于探索式学习使用。其缺点是比较死板，只能层层深入，无法进行批处理作业；命令式界面是用几个有意义的字符所组成的命令来调用功能模块。其优点是灵活，可直接调用任何功能模块，可以组织成批处理文件，进行批处理作业。其缺点是不易记忆，不易全面掌握，给用户使用带来困难；列表式界面是将系统功能和用户的选择列表于屏幕上：用户通过选择来激活不同功能。电子地图一般常采用菜单式和列表式界面。

2. 界面的布局设计

电子地图界面布局设计是指界面上各功能区的排列位置。一般情况下，为方便电子地图的操作，工具栏设置在电子地图显示区的上方或下方。图层控制栏和查询区可以设置在显示区的两侧。为了让地图有较大的显示空间，可以将不常用的工具栏隐藏起来，只显示常用的、需要的工具栏，以方便读者阅读地图。

3. 图层显示设计

由于电子地图的显示区域较小，如果不进行内容分层显示，读者阅读和使用起来会感到比较困难。所以在电子地图设计和应用时，要对电子地图的有关内容进行分层显示，能够根据需要进行相应的控制，不同的图层还可以选择不同的显示和处理方式，使有用的信息得到突出显示。一般来说，重要的信息先显示，次要的信息后显示。另外，通过程序控制，使某些图层在一定的比例尺范围内显示，即随着比例尺的放大与缩小而自动显示或关闭某些图层，以控制图面载负量，使地图图面清晰易读。

(二) 符号与注记设计

电子地图和纸质地图一样，作为客观世界和地理信息的载体，其内容主要是由地图符号来表达。电子地图符号设计的成功与否，对电子地图的表示效果起着决定性的影响。在电子地图符号设计时要考虑和注意以下特点及原则：

1. 基础地理底图符号尽可能与纸质地图符号保持一定的联系

这种联系便于电子地图符号的设计和使用，也有利于读者进行联想。如单线河流用蓝色的渐变线状符号表示，高等级道路用双线符号表示等。

2. 符号设计要精确、清晰和形象

精确指的是符号要能准确而真实地反映地面物体和现象的位置，符号本身要有确切的定位点或定位线。清晰指的是符号尺寸大小及图形的细节要能使读图者在屏幕要求的距离范围内清晰地辨认出图形。形象指的是所设计的符号要尽可能与实地物体的外围轮廓相似，或在色彩上有一定的联系，如医院用"+"字符号表示、火力发电站用红色符号表示，水力发电站用蓝色符号表示。

3. 符号与注记的设计要体现逻辑性与协调性

逻辑性在同类或相关物体的符号在形状和色彩上有一定的联系，如学校用同一形状的符号表示，用不同的颜色区分大专院校与中小学校；协调性体现在注记与符号的设色尽可能一致或协调，应用近似色，尽量不用对比色，以利于将注记与符号看成一个整体。

4. 符号的尺寸设计要考虑视距和屏幕分辨率因素

由于电子地图的显示区域较小，符号尺寸不宜过大，大了以后会压盖其他要素，增加地图载负量。但如果尺寸过小，在一定的视距范围内看不清符号的细节或形状，符号的差别也就体现不出来。点状符号尺寸应保持固定，一般不随着地图比例尺的变化而改变大小。

5. 用闪烁符号来强调重点要素

闪烁的符号易于吸引注意力，特别重要的要素可以使用闪烁符号，但一幅图上不宜设计太多的闪烁符号，否则将适得其反。

另外，注记大小应保持固定，一般不随着地图比例尺的变化而改变大小。路名注记往往沿街道方向配置，如果表示了行政区划，一般应有行政区划表面注记，通常用较浅的色彩表示，字体要大一些。

(三)色彩设计

地图给读者的第一感觉是色彩视觉效果，电子地图也不例外。电子地图的色彩设计要充分考虑色彩的整体协调性。

1. 利用色彩来表示要素的数量和质量的特征

不同种类的电子地图要素可采用不同的色相来表示，但一幅电子地图所用的色相数一般不应该超过5~6种。当用同一色相的饱和度和亮度来表示同类不同级别的要素时，等级数一般不应超过6~7级。

2. 符号的设色应尽量使用习惯用色

这些习惯用色主要有：蓝色表示水系，绿色表示植被、绿地，棕色表示山地，红色表示暖流。

3. 界面设色

电子地图的界面占据屏幕的相当一部分面积，它的色彩设计要体现电子地图的整体风格。电子地图内容的设色以浅淡为主时，界面的设色则采用较暗的颜色，以突出地图显示区域；反之，界面的设色应采用浅淡的颜色。界面中大面积设色不宜使用饱和度过高的色彩，小面积设色可以选用饱和度和亮度高一些的色彩，应使整个界面生动起来。

4. 面状符号或背景色的设色

面状符号或背景色的设色是电子地图设色的关键，因为面状符号占据地图显示空间的大部分面积，面状符号色彩设计是否成功直接影响到整幅电子地图的总体效果。

电子地图面状符号主要包括绿地、面状水系、居民地、行政区、空地和地图背景色。绿地的用色一般都是绿色，但亮度和饱和度可以有所变化。面状水系用蓝色，亮度和饱和度可以变化。居民地和行政区的面积较大，其色彩设计也很重要。对空地设色或对地图背景面进行设色，可使电子地图更加生动。

5. 点状符号和线状符号设色

点状符号和线状符号必须以较强烈的色彩表示，使它们与面状符号或背景色有清晰的对比。点状符号之间、线状符号之间的差别主要用色相的变化来表示。

6. 注记设色

注记色彩应与符号色彩有一定的联系，可以用同一色相或类似色，尽量避免对比色。在深色背景下注记的设色可浅亮一些，而在浅色背景下注记的设色则要深一些，以使注记与背景有足够的反差。若在深色背景下注记的设色用深色时，应给注记加上白边，以保证注记的表示效果。电子地图设色从整体上讲有两种不同的风格，一种是设色比较浅，清淡素雅；另一种是设色浓艳，具有很强的视觉效果。

三、互联网地图的特点和制作

随着互联网技术的不断发展和人们对地理信息系统的需求的日益增长，在这种趋势引导之下，网络与地图相结合，产生了能在网上发布、使用的电子地图，即互联网地图。所谓互联网地图，就是以国际互联网络为载体，在不同详细程度的可视化数字地图的基础上，表示空间实体的分布，并通过链接的方式同文字、图片、视频、音频、动画等多种媒体信息相联，通过对互联网地图数据库的访问，实现查询和空间分析等功能。

目前互联网地图的类型主要有城市地图、旅游地图、公路交通图、全国与区域普通地图、专题地图、国家与区域地图集等。

（一）互联网地图的特点

互联网地图是以互联网作为传播介质的一种新型电子地图，相对于传统纸质地图或者单机版电子地图来说，它具有几点明显的特点：

1. 低成本与高度共享性

互联网地图能够避免数据的重复采集与处理，既节省了费用，又能够实现地图异地获取，即数据共享。互联网地图的数据共享特性是其区别于传统纸质地图以及电子地图的重要依据。

2. 用户使用操作简便与管理员维护方便

对于用户来说，客易直接从互联网上下载地图浏览软件，从而通过浏览器来获取感兴趣的地图数据，而不必关心地图浏览软件及互联网地图系统的开发、维护、更新和管理；对于管理员来说，只需要统一更新数据库服务器或者修改服务器端设置即可完成维护工作。

3. 具有良好的现势性

传统地图的数据不易更新或者更新周期比较长，并且费用较高，不能满足使用者的要求。互联网地图是在网上发布的，能对地图进行及时更新维护，因而人们可以通过互联网得到最新的地图。

4. 全球性浏览

由于互联网地图是基于互联网的，因而它是全球性的。地图使用者可以在地球上任意的位置用互联网终端浏览、查询任意地区的地图，这就使得人们的视野突破了区域的限制，使得我们的世界变得越来越小。

5. 终端用户获取地图信息方便

以计算机技术、多媒体技术、大规模存储技术和虚拟现实技术为基础，以宽待网络技术和现代通信技术为纽带，用户可以在客户浏览器端通过鼠标操作，足不出户就可以得到所需要的信息，充分体现出了互联网地图信息获取的便捷性。

6. 具有超媒体的结构

互联网地图采用超媒体结构，可以将分散在不同信息块间的信息进行存储、检索、浏览。互联网地图不是整体显示的，而是将屏幕分割为若干个功能区，地图显示只是其中的一个，同时，为了提高互联网地图的下载速度，地图显示区往往是比较小的，在这么小的显示范围内难以显示很多的地图内容，因此，将地图或文字信息组织在一起，或将一幅地图的内容分为几个部分，通过超链接其他相关信息的页面，通过点击链接，直接进入相关单位的网页。

7. 信息资源超巨大

互联网地图的地图数据可以存储在多个服务器上。这种分布存储技术的优势使得互联网地图能够容纳海量的信息，并且可以分块销售、分块下载，用户也可以根据自身的需要来选取局部区域的数据。

（二）互联网地图的结构与运行机制

网络地图通过互联网同时表达空间与属性一体化信息，它充分利用了 WebGIS、Web 数据库、元数据库、网络动态数据模型及互联网等多项技术，用户可通过互联网查询检索、浏览阅读所需要的地图及其他信息。

互联网地图的传输与生成，首先是建立地图数据库，而数据标准化、规范化是信息共享的必备条件。因此，所有数据都必须按照统一的分类标准和编码系统进行数据分类和编码改造；而且所有空间数据都必须同地理基础底图相匹配（包括地理坐标与河流、居民区、道路等基本地理要素）。同时，需要建立统一的数据转换标准，包括各类数据（矢量、栅格与属性数据）的统一标准格式和相互转换软件。例如，矢量地图数据统一转换为 SHP 格式，栅格数据转换为 TIF 格式。此外，还应注意数据的质量控制（包括数据精度、完整性与现势性等）。

互联网地图由服务器端和浏览器两部分构成，中间由互联网连接。服务器端用于地图数据库的建立、管理和发布，浏览器端用于数据库共享、表达和应用。服务器端软件由元数据库查询、数据分析应用、地图生成等模块组成，浏览器端软件由查询分析、地图显示、专题图制作、辅助功能等模块组成。互联网地图系统的运行机制与过程是：当从浏览器端发出信息查询与浏览网络地图请求时，服务器端响应请求，向浏览器端发送所要求的信息。浏览器端收到信息后，进行地图符号选择、地图投影转换、地图显示、普通地图与专题地图制作和地图图例生成等操作，完成网络地图传输与信息共享。

（三）互联网地图的设计

1. 功能的设计

互联网地图是通过互联网发布的地图。互联网地图系统的功能设计，主要包括空间数据的浏览、显示，属性数据的查询，空间数据到属性数据和属性数据到地理空间数据的互查与双向检索，统计数据制图与空间信息分析等。

（1）空间数据显示与图形操作功能。主要是地图的浏览、显示、放大、缩小、开窗、漫游、图层控制等。地理空间图形数据查询和显示主要通过 WebGIS 技术实现，用户可根据需要控制所要显示的地图要素或任意图层。

（2）空间信息与地图查询功能。将地图按照类型、区域或主题划分图层，以便较快地实现地图内容查询，也可以进行由地图查询属性和由属性查询地图的双向查询。

（3）交互动态制图功能。用户可以在浏览器端根据需要制作专题地图。例如，用户从属性数据库选择有关数据制作统计地图。

（4）统计分析功能。主要包括地图上点位坐标、长度与距离、面积等量算，还可以实现最短路径分析与属性信息的统计分析。例如，自动计算每种类别的面积及其在所有类别中的比例等。

（5）超链接网页功能。互联网地图在界面上设置其他相关网页的链接点，通过点击可以直接进入其他相关网页。

2. 主网页的设计

主网页的设计同多媒体电子地图集界面设计一样，非常重要，不仅使用户（读者）了解互联网地图的主题，吸引读者，而且具有引导作用，使用户迅速获得所需地图或其他信息。因此，主网页的设计在很大程度上影响网络运行效果。主网页的设计应结构清晰，内容精练，美观大方，操作便捷。

3. 图层的设计

由于互联网地图一般划分为多个功能区，地图虽是其中主要的功能区，但由于数据传输与地图生成的速度较慢，所以不能像普通电子地图那样，所有地图内容都能全部快速显示和漫游，必须划分许多图层，这在数据库结构设计中已有所考虑。图层的设计要考虑地图的用途和地图内容结构的特点。每个图层应有相对独立的质量特征与数量指标，以便于地图的阅读、分析和利用。当然，用户也会根据需求选择或组合自己需要的图层。

4. 地图符号、色彩与注记的设计

互联网地图也是在计算机屏幕上显示的地图。因此，地图的符号、色彩与注记的设计同多媒体电子地图的设计一样，除了传统地图整饰的一般原则外，还需考虑屏幕地图的优点和不足，要发挥屏幕地图的优势，克服屏幕地图的不足。

符号的设计，首先要考虑屏幕地图分辨率和视距。符号尺寸不能太大，也不能过小，以在合适的屏幕视距范围内、能清晰地辨别各种符号为准；注记大小也是同样的原则。同时，符号和注记最好不要随地图比例尺的变动而变化。为了使符号与注记清晰可分，需要充分发挥符号多种变量（点状符号的形状、大小、亮度、方向、结构、色彩等变量；线状符号的粗细、形状、结构与色彩等变量；面状符号的线画疏密、网纹角度结构、色彩等变量；注记的字体、等级、方向、色彩等变量）的作用；必要时还可采用闪烁的方式突出少数重要地物或重要注记。

互联网地图色彩的设计也非常重要，同常规纸质地图及电子地图比较，其表示质量特征的类型及其设色不能太多，表示数量分级的等级也不宜太多，一般不超过 7 级；小块面积设色的亮度和饱和度（浓度）可高一些，而大面积设色其饱和度则低一些。背景色可采用浅淡或深暗的色调，前者可突出主图，后者则衬托主图。

符号和注记的设色原则：在深色背景（底色）下，符号与注记的设色可浅淡、明亮一些；而在淡色背景下，符号和注记的设色则应深暗一些。

第七节　利用 ArcGIS 制作专题地图

专题地图的制作是一项繁琐复杂的工作，在对众多地图要素制作后，都或多或少存在一些错误。在地图印刷出版之前，必须修改处理这些错误，以保证地图的质量。但是，一幅地图上的要素有很多，如果采用自修的方法，工作量非常大。而用计算机地图制图后修改地图数据就便捷多了，操作简单，效率高，用户可以根据具体的情况采取不同的地图数据修改处理方法。

ArcGIS 是美国 ERSI 公司出品，是目前 GIS 的主流软件，用来制作专题地图具有便捷，效率高等优点。

ArcGIS Pro 是 Esri 提供的最新专业桌面 GIS 应用程序。借助 ArcGIS Pro，用户可以探索、可视化和分析数据；创建 2D 地图和 3D 场景；在 ArcGIS Pro 中，相关工作主体（包括地图、场景、布局、数据、表格、工具和与其他资源之间的连接）通常组织在工程中。

默认情况下，工程存储在其自己的系统文件夹中。工程文件具有".aprx"扩展名。工程也具有其自己的地理数据库(扩展名为".gdb"的文件)和工具箱(扩展名为".tbx"的文件)。当用户启动 ArcGIS Pro 时，可以通过 4 个系统模板之一来创建工程。每个模板都会创建一个工程文件，该文件在不同的状态下启动该应用程序。

现在以 ArcGIS Pro 软件(图 8-4)为例，说明制作专题地图的流程。

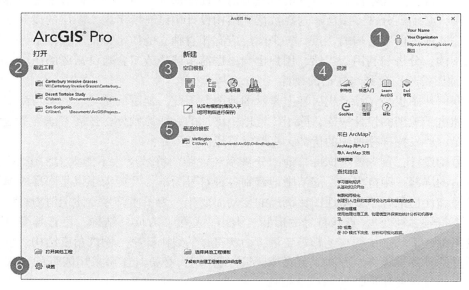

图 8-4　ArcGIS Pro 界面

一、数据来源

专题地图的数据来源广泛，作为地图数据，可以来自扫描的地形图、矢量化的电子地图、遥感影像等。本例采用卫片作为底图数据进行制图。

二、新建地理数据库

为了使自己所做的项目在一个数据库中，要新建一个地理数据库。地理数据库包括个人地理数据库和文件地理数据库两类。文件地理数据库是磁盘上某个文件夹中文件的集合，可以存储、查询和管理空间数据和非空间数据。文件地理数据库可同时由多个用户使用，但一次只能有一个用户编辑同一数据。因此，一个文件地理数据库可以由多个编辑者访问，但他们必须编辑不同的数据。默认情况下，文件地理数据库中数据集的最大为1TB。大型数据集(通常为栅格数据集)最大可增加到 256 TB。个人地理数据库是可存储、查询和管理空间数据和非空间数据的 Microsoft Access 数据库。由于个人数据库存储在 Access 数据库中，因此其最大为 2GB。此外，一次只有一个用户可以编辑个人地理数据库中的数据。

本例是使用 ArcCatalog 在目标文件夹中新建文件地理数据库。

(1)单击文件菜单，选择链接文件夹，选择你新建数据库的位置点击确定结束，如

图 8-5 所示。

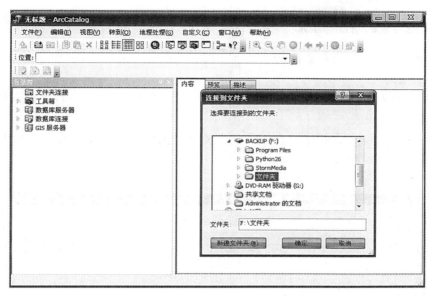

图 8-5　建立文件夹连接

　　(2)在 ArcCatalog 目录树中选择建立好连接的文件夹，单击文件菜单，或在选中的文件夹上单击右键，单击新建，选择文件地理数据库，如图 8-6 所示。

图 8-6　新建文件地理数据库

（3）输入文件地理数据库的名称，完成数据库的建立。这时，该数据库是不包含任何内容的空的文件地理数据库。

三、制图要素的新建与添加

专题地图的制图要素主要包括点、线、面三类要素。在 ArcGIS 中新建要素是通过 ArcCatalog 实现的。

在已建好的文件地理数据库中新建要素类。在新建要素类时，可以不设置地理属性，以后在图层中进行设置。

（1）在 ArcCatalog 目录树中，在需要建立要素类的数据库上单击右键，单击"新建"，选择要素类，如图 8-7 所示。

图 8-7　新建要素类

（2）弹出"新建要素类"对话框，如图 8-8 所示，输入名称，并确定要素类型。

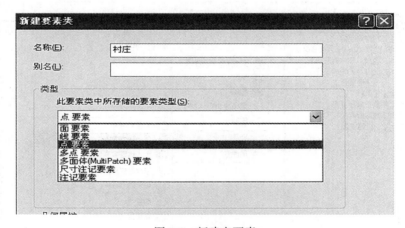

图 8-8　新建点要素

（3）单击"下一步"按钮，弹出确定要素投影对话框，如图 8-9 所示。

218

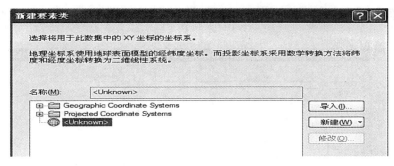

图 8-9　选择坐标系统

(4)单击"下一步"按钮，弹出容差设置对话框，设置相应容差值，如图 8-10 所示。

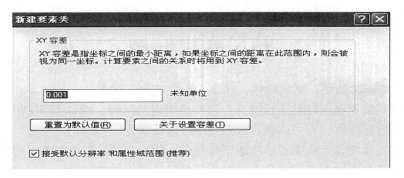

图 8-10　设置容差

(5)单击"下一步"按钮，弹出储存配置对话框，设置相应属性，如图 8-11 所示。

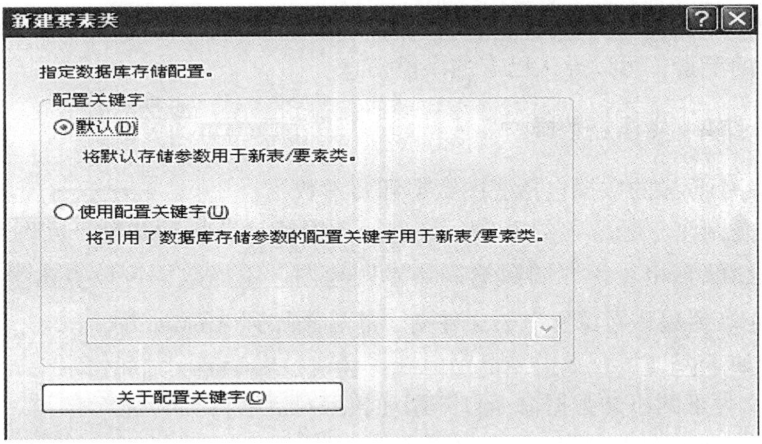

图 8-11　存储库配

（6）单击"下一步"按钮，弹出确定要素类字段名及其类型与属性对话框，如图 8-12 所示。如要添加新字段可在字段名下的空白处添加名称，在数据类型下添加类型。

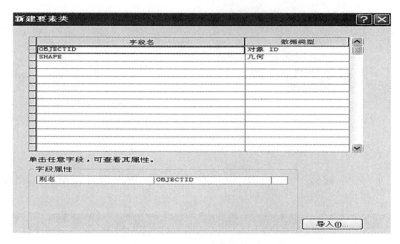

图 8-12　新建要素添加字段

（7）单击"完成"按钮，完成操作，建立一个简单的要素类。

新建要素类按照底图信息进行设置。如果底图时地形图，可以按图例内容进行新建；如果底图是遥感影像图，则可以按目视判读结果进行新建。

新建点状要素类，点状要素是在地图面积中比较小，可以用点状表示的地物。一般不依比例表示，符号表示在几何中心上，如小比例尺地图中的村庄等。

要素类的 *XY* 容差是指坐标之间的最小距离，当坐标之间的距离小于容差时，视为同一坐标。容差不宜过大也不宜过小，过大时，会出现错误，很多坐标被视为同一坐标；过小时，相距近的点不能融为一个坐标，达不到设置容差的目的。一般按默认设置即可。

存储未知也按默认处理。

要素类的字段也可以暂时使用默认状态，在编辑完要素后可以再添加字段和记录。如果是已有记录的要素，可以导入已有的字段信息。

四、向 ArcMap 中添加数据

向 ArcMap 中添加的数据包括底图数据和要素数据。

底图数据是制作专题地图的基础，是进行数据统计分析的基础。底图数据的来源广泛，本例以遥感航测相片为底图数据制作专题地图。添加数据可以点击 ✚ 图标进行添加。选择 ⛁ 连接到遥感影像所在的文件夹，然后添加到 ArcMap 中。

具体步骤如下：

（1）单击文件下的添加数据命令打开添加数据对话框。

（2）点击 ⛁ 连接到文件所在文件夹位置，如连接"F：\ 文件夹"，如图 8-13 所示，按下 Shift 键，可选多个文件。

（3）点击添加按钮，添加数据层。

图 8-13 连接文件夹

　　在 ArcCatalog 中新建好要素类后，添加到 ArcMap 内容列表中进行编辑，拖动要素类到内容列表即可。由于在新建要素类时没有设置地图投影信息，在添加到 ArcMap 中时会出现未知空间参考的提示，这时可以先确定，以后在图层中设置投影和坐标系信息。

　　设置数据框投影和坐标系信息，右击数据框，选择属性中的坐标系，可以设置地图的投影和坐标系。一般遥感影像处理后带有投影，可以变换到需要的投影和坐标系，如图 8-14~图 8-16 所示。

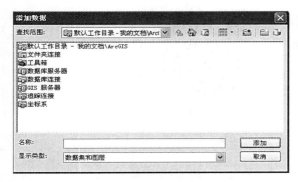

图 8-14 添加数据

图 8-15 添加底图数据

五、底图矢量化

　　按照底图的信息进行矢量化。一般按点、线、面要素顺序进行矢量化，不要拘泥于顺序，按自己的习惯进行。首先将编辑工具条调出，点击 ，调出编辑器工具条 ，在编辑器下点击开始编辑，进行矢量化。

　　具体步骤如下：

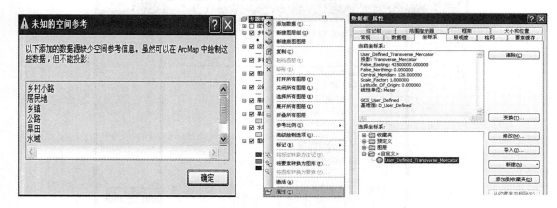

图 8-16　设置投影和坐标系

（1）在工具栏的空白处单击右键，选择编辑器工具，如图 8-17 所示。

图 8-17　编辑器工具栏

（2）单击编辑器工具栏的下拉菜单，选择开始编辑，然后在内容列表中勾选要进行矢量化得要素，如图 8-18 所示，即能对图层进行编辑。

图 8-18　编辑要素

在内容列表中选择要进行矢量化的要素，前面的 ✔ 选中时，要素显示在窗口中，在创建要素列表中选择要素进行编辑。

六、拓扑关系检查

当建立一个地理要素模型时，必须建立一些模型要素，这些要素与它周围的其他要素存在着一定的空间关系。例如，为一个政府或省会建模，需要考虑它们要坐落在某个区域内的关系。为街道建模，就要考虑两条街道会有交汇地，但不会有公共区域。为公交车站建模，就要考虑它们必须位于街道旁的位置关系。在地理数据库中这些相关联的联系，称为拓扑。

拓扑关系描述各要素之间的几何关系，也是一种建立和管理要素间相关联关系的机制。拓扑作为一种或更多种的关系储存在地理数据库中，这种关系定义了各要素如何共享同一种几何特征的。拓扑关系中的各要素仍然是简单的要素类，而没有改变要素类的定义，拓扑描述的是各要素具有怎样的空间关系。

拓扑结构是由要素数据集中一种或几种要素类间的关系构建规则组成。创建拓扑结构时，必须说明将哪种要素类添加到拓扑关系中，用什么规则管理要素间的相互作用。所有要素类要添加到同一要素数据集中。

创建拓扑关系的过程：使用 ArcCatalog 下载数据到地理数据库的要素数据集中；为要素类建立拓扑关系；为拓扑命名；为拓扑设置容差；选择要添加到拓扑中的要素类；选择在拓扑中的要素类等级；将拓扑规则添加到要素空间关系结构中；创建拓扑关系；使用 ArcMap 确认拓扑，并检查误差；修改错误。

使用 ArcCatalog 在已建的文件数据库中要素数据集，将以编辑的要素类复制到数据集中。

在 ArcMap 中添加要素数据集，并创建拓扑。选择目录窗口，打开目录；在要素集上右键打开快捷方式，选择新建中的拓扑。

在新建拓扑的向导中，选择拓扑的名称和拓扑容差；点击"下一步"，选择参与到拓扑中的要素类；点击"下一步"，为要素类指定一个等级；点击"下一步"，添加要素类的拓扑规则；确认后点击完成。

要验证拓扑规则，需要把含有拓扑关系的要素集重新添加到 ArcMap 中，这时除了原有的要素，还多加了一个要素(图 8-19)，即拓扑关系类，含有面错误、线错误、点错误

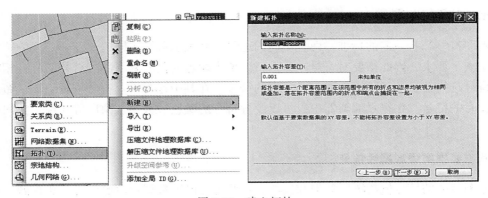

图 8-19　建立拓扑

三个要素，同时在地图中显示出来。修改这些错误，然后重新验证，直到没有错误。这时地图的拓扑关系才是正确的。如图 8-20~图 8-23 所示。

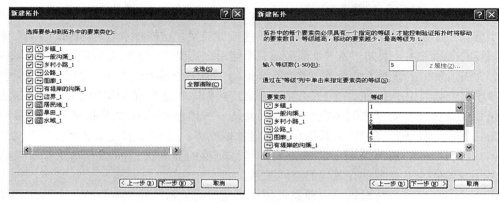

图 8-20　拓扑要素的选择

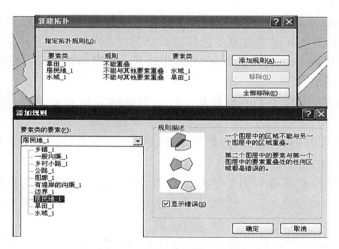

图 8-21　拓扑关系建立规则

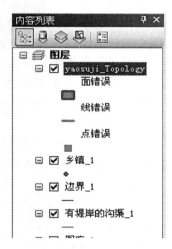

图 8-22　拓扑结果

七、符号标准化

地图符号都有一定的标准，而且不同的地图符号表示都是不同的。新建要素的符号并不一定满足要求，因此需要对符号进行编辑。单击内容列表要素下面的符号，进入相应类别的符号选择器，从中可以选取符合要求的符号。在其中还可以对符号进行编辑，做出默认中没有的符号。在符号编辑器中，可以设置符号的颜色、大小、角度等属性。如图 8-23所示。

八、要素类添加属性信息

专题地图的信息包括图形数据和属性数据两类。图形数据通过底图矢量化得到，属性数据要通过数据库录入来获得。

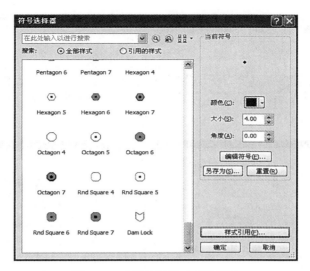

图 8-23　地图符号的选择及设计

在停止编辑的条件下，打开要素的属性表，添加属性字段；添加字段的名称和类型，设置字段属性；然后开始编辑条件下，双击开始录入属性信息。如图 8-24 所示。

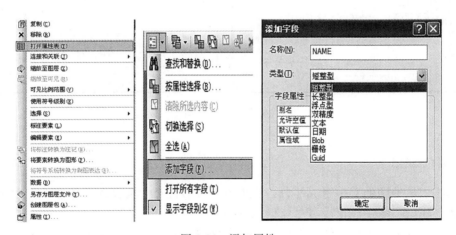

图 8-24　添加属性

九、创建专题图

专题地图为了突出每一个或几个要素，因此要做统计图。

在视图标签下选择"图→创建"，出现创建图向导的对话框，在其中选择统计图的属性。本例以居民地面积为例创建面积统计图。

选择好属性后，点击"下一步"，添加图的属性。单击"完成"，完成居民地面积统计图的创建。该统计图可以导出成图片格式。在图上单击右键，出现快捷方式，选择"导出"，在对话框中选择图片格式，然后保存选择保存路径即可。这样就完成了单独创建统计图的工作。如图 8-25 所示。

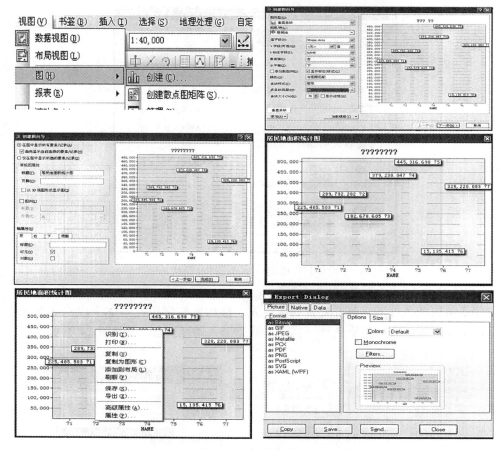

图 8-25 创建专题图

十、添加注记

地图注记是地图的有机组成部分，用于说明图形符号无法表达的定量或定性特征，通常包括文字注记、数字注记、符号注记三种类型。

地图注记的形成过程是地图的标注，根据标注对象的类型及标注内容的来源，可以分为三种：交互标注、自动注记、链接注记。完成地图标注的主要问题包括：注记内容的确定，注记方式的选择，注记字体、大小、方向、颜色、位置等。

（一）交互标注

可以使用绘图工具栏或是新建的注记要素类进行交互添加注记。不管使用哪种工具，方法都是相同的，主要包括注记参数设置、标记内容放置、注记要素编辑等几个步骤。

在绘图工具栏中可以设置注记参数，例如字体、大小、颜色等属性。

使用注记要素类添加注记，在注记构造框中输入注记内容，可以修改注记的属性信息。如图 8-26 所示。

放置标注时，可以在要标注的地方直接放置，也可以编辑好后通过绘图工具栏的选择要素按钮选择要素，然后移动到要标注的地方。

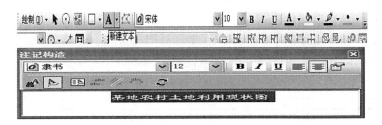

图 8-26　添加注记

（二）自动标注

如果需要标注的内容布满整个数据层，甚至分布在若干数据层，而且编辑的内容包含在属性表中，就可以应用自动标注方式放置地图注记。而且可以根据需要将属性表中的一项属性内容全部标注在图上，也可以按照条件选择其中的一个子集进行标注。操作顺序可以分为标记参数的设置、注记内容的放置和注记要素的编辑三个步骤。

右键点击要添加标注的数据层，打开属性，选择标注选项卡。在标注选项卡中选择标注方法、标注字段、文本符号和其他选项中的放置属性、比例范围等内容。如图 8-27 所示。

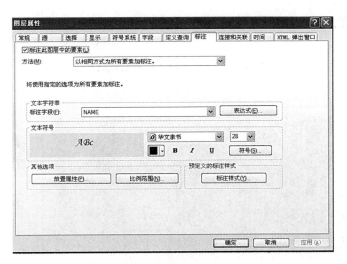

图 8-27　图层属性标注

十一、整饰地图

一幅完整的地图应有整饰要素，包括比例尺、图例、指北针、图廓等。

完成地图后，在布局视图中，添加这些要素。点击 布局视图(L) ，可以进入布局视图。在插入中选择要插入的要素，在布局视图中摆放到合适的位置。

十二、导出地图

在地图完成后，可以使用 ArcMap 直接打印地图，但很多时候打印地图时是打印图片格式，因此要把地图导出图片格式。

　　选择文件下的导出地图命令，在对话框中选择图片格式、存储路径及其他选项，这样就可以把所做的地图导出成图片，如图 8-28、图 8-29 所示。

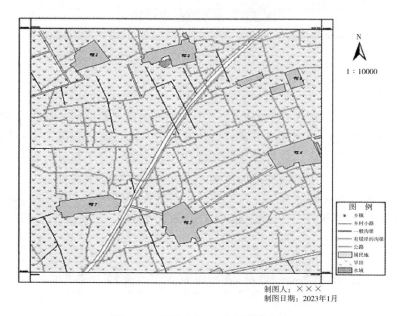

图 8-28　某地农村土地利用现状图

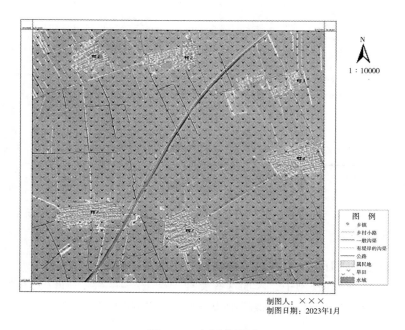

图 8-29　专题成果图

思 考 题

1. 解释说明电子地图。
2. 解释说明数字地图。
3. 运用新技术制作普通地图或专题地图。

第九章　地形图应用

地图是地理信息世界的再现与表象，是人类认识和改造现实世界的工具。对测绘工作者而言，地图更是不可缺少的工具。只有学会和掌握地图的应用方法，才能担当起未来的重任，成为一名出色的测绘工作者。

第一节　地形图阅读

地形图是按照特殊的图形语言——地形图符号系统建立的客观环境的模拟模型，是制图区域地理环境信息的载体。制图者将经过概括的信息，用地形图图形语言——符号系统存储在地图上，地形图的阅读就是用图者通过对地形图符号的识别，分析各类图形符号的组合关系，获得地形图上基本要素的位置、分布、大小、形状、数量与质量特征的空间概念。不能深入到研究区域的现场，其替代的办法就是阅读地形图，即在室内借助地图进行地理考察，以代替实地考察或为实地考察作准备。地图可以帮助人们延伸足迹，扩大视野。从地图上提取信息的丰度和深度取决于读图者的知识水平，取决于读图者所采用的地图分析方法。一般读图者主要解决"位置""分布"的问题，获得图形直接传输的简单信息。而专业性读图者，则可结合专业要求充分利用地图与专业知识，采用各种地图分析法，将从图上获取的各类信息数量化、图形化、规律化，找出各类信息相互依存、相互制约的关系，并推断出在时间及空间上的变化规律及原因。

一、地形图的选择

地形图的选择必须根据用图者对精度的要求，分析其比例尺、等高距、测图时间、成图方法及地物地貌的精度能否满足需要。

比例尺：比例尺大的地形图，每幅地形图包括的实地范围小，内容比较详细，精度比较高；比例尺较小的，每幅地形图所包括在实地范围大，内容概括性强，精度比较低。

等高距：基本等高距小，等高线密，地形表示得比较详细；基本等高距大，等高线稀，地形表示得比较概略。

测图时间：地形图图边注有测图（编图）时间，地形图测制时间越早，现势性越差，与实地不完全符合的可能性越大。使用时最好选择最新测制的地形图。

成图方法：地形图测制方法不同，精度也不同。一般来说，在我国 $\geqslant 1 : 5$ 万比例尺地形图是实测的，$\leqslant 1 : 10$ 万比例尺地形图是根据大比例尺地形图编绘而成的。由于比例尺缩小，地物、地形都有一定程度的综合。

地物、地形的精度：精度是指平面位置和高程的最大误差，测量（编图）规范均有规定。现在使用的地形图，地物与附近平面控制点的最大位置误差，在平地和丘陵地区是不超过图上 1mm，在山地、荒漠地和高山地区不超过图上 1.5mm。等高线与附近高程控制点的误差不超过等高距的一半。

二、读图程序

阅读是从地图整体开始，从外到内，逐步深入了解图幅内的有关情况。

（一）了解图幅辅助说明

了解图名、图号、接图表、密级、行政区划、图式、图例、资料略图、测图方式和时间、高程和平面坐标系、三北方向图、比例尺和坡度尺、地形图图廓及图廓内外注记等各项辅助要素，如图 9-1 所示，可以帮助我们更仔细、更正确地读出图内各项内容，提高读图效率。

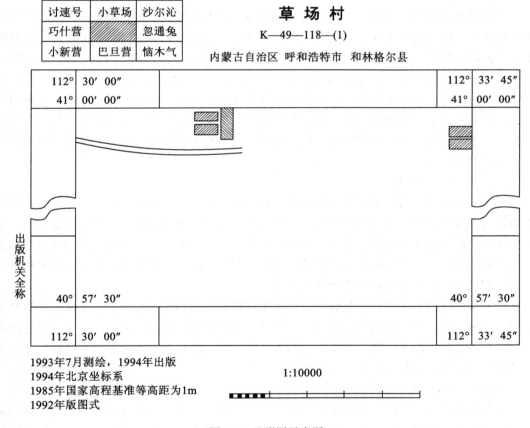

图 9-1 地形图示意图

（二）熟悉坐标网

地形图上地理坐标可以指示物体在地球体面上的确切位置；平面直角坐标便于确定两点间的位置关系、量测距离、面积、方位。

（三）概略读图

了解各处地理要素的一般分布规律和特征，建立起整体的概念。

(四)详细读图

详细读图是对区域进行深入的研究。必要时可作剖面图，显示和了解地面起伏状况，观察和量测河谷的宽度、山坡坡度和其他距离与面积等，认识地貌及其与地质构造的关系；研究居民地的分布、道路的联系以及它们与地形的关系；了解其他社会经济现象及其与居民地、道路和地形的联系。

三、地物要素的阅读

(一)水系

主要了解水系分布特点，包括形状特征、水流速度及方向、各河流从属关系及流域范围等。有海洋的地图，要注重海底要素，特别是海岸要素的阅读分析。

(二)植被和土质

植被的种类和分布受制于气候，同时森林又是"地球的肺"，可以调节气候，改善人类生存环境。树林既是军事上展望和行动的障碍，又是防空、掩蔽和伏击敌人的良好掩体；突出树是军队行进、量测距离和射击方位的重要标志。读图时，要读出植被的类型、分布、面积大小以及植被与其他要素的关系；了解森林的林种、树种、树高、胸径；在中、小比例尺地形图上还要分析植被的垂直变化规律；读出土质的类型、分布、面积以及与其他要素的关系。在此基础上，综合分析制图区土地利用类型、土地利用程度、土地利用特点、土地利用结构，找出影响土地利用的因素，指出存在的问题，提出合理利用和保护土地资源的建议。

(三)城镇、居民地

居民地与地理环境关系密切，居民地的最初建立的地方，常在防御、给水和食物供应上都较为方便的地方。在两河汇合点、山隘和峡谷之口、港湾附近、水陆交通会合点、道路交叉点逐渐发展成大城镇；近代又在煤田、油田、水电站和矿山附近不断涌现出一些新兴的工业城市。一般居民地多位于平原、河谷、盆地，除热带地区外，地形图上居民地的这种分布状况反映了与这种地理环境的关系。

读图时，应重点了解居民地的类型(城镇或乡村)、行政等级；分析不同区域的密度差异、分布特征；从平面图形特征研究居民地外部轮廓特征、内部通行状况及其用地分区，以及各类公共服务设施，如车站、码头、电信局、邮局、学校、医院、厂矿、旅游景点及娱乐设施等；分析居民地与其他要素的关系。

(四)道路与管线

道路与管线所取方向与地貌关系最密切。主要交通线通常在坦地或循谷而行，翻山越岭时必须择其坡度最小的山隘。铁路的穿山隧道总是选在山岭两侧坡度不大、山体厚度较小之处。公路和大道翻山越岭时，为减小坡度，常以"S"或"之"字形迂回盘旋而过。因铁路和公路要求地面最大坡度分别在 1°和 3°以下，且无冲淹等危害，所以在地形图上根据铁路、公路的分布就可以解译出那里的地面坡度、水患和区域经济状况等地理条件。读出道路的类型、等级、路面质量、路宽等信息，分析其分布特征和道路与居民点的联系，以及其与水系、地貌的关系；分析道路网对制图区域交通的保障程度。读出各种管线的类型及其对制图区经济发展的影响，了解通信网的分布以及对地区通信保障的相对程度。

（五）政区界线

国际上，除非洲少数国家、美国与加拿大西段国界，以及美国境内一些州界依据经纬线划分外，绝大多数政区界线的走向都与地貌、水系有关，一般以山脊线、分水岭、河流、主航道线为界。根据此种规律可以分析政区界线的走向，确定其位置，以避免出现政治性差错。

（六）人工建筑物与人口

凡是人口稠密或是平原、矿产与动力资源地、对外联系方便的地区，人工建筑物既多又大；反之，则小而少。水电站必定建在瀑布、急流峡谷或有大量水源可以拦河筑坝的地段。军事设施贵在利用有利地形，多建于制高点处。读图时，应读出工矿企业的类型、分布，分析其在制图区域中的经济地位和作用；读出土地利用类型及分布特点，工业、农业用地面积大小、比例以及分布等。

（七）地名

地名具有民族性、区域性、历史性和科学性等多种特性，因而蕴含民族的烙印、区域的特色、历史的痕迹和科学的内涵。地名蕴含着得名时期的某种信息，是我们研究历史地理、自然和社会环境的演变不可多得的线索和资料。

四、地貌要素的阅读

地貌识读前，要正确理解等高线的特性，根据等高线了解图内的地貌情况。首先要知道等高距是多少，然后根据等高线的疏密判断地面坡度及地势走向，进而从地貌有关符号特征来判断地貌的一般类型（平原、丘陵、山地等），研究每一种类型的地形分布地区和范围，山脉的走向、形状和大小，地面倾斜变化的情况，各山坡的坡形、坡度，绝对高程和相对高程的变化。在地形起伏变化比较复杂的地区，可以绘剖面图，作为分析地形的资料。

五、整理读图成果

（一）位置和范围

首先说明所读地图的图名图号，其次用经纬度表述研究区域的地理位置，然后说明该区所在的各级行政区划名称、空间范围，以及区内的主要地貌、水系、居民地和道路等。

（二）水系和地貌

先从水系分布和等高线图形及疏密特征，说明该区地貌的基本类型，进而详细叙述平原、丘陵、山地、河谷等每一种地貌单元的分布位置，绝对高程和相对高程，范围，走向，发育阶段，以及形态特征，尽可能读出地貌与地质构造的联系；对地貌起伏较复杂地区，作一些剖面图，以显示地貌起伏变化特征。对于水系，要着重说明河网类型及从属关系，水流性质，河谷的形态特征及其各组成部分的状况，河谷中有无新的堆积物，阶地与河漫滩、沼泽、河曲等的发育程度，以及它们的高程和比高等。

（三）土质植被

说明该区各种土质植被的类型、规模、数量和质量特征，地带性特点，与地貌、水系、居民地的关系，对气候和土地利用的影响等。

（四）居民地

说明该区内居民地类型、密度、分布特点，在政治、经济、交通、文化等方面的地位，以及与地貌、水系、交通和土地利用的联系。

（五）交通与通信

说明该区交通与通信设施的类型、等级、密度，以及与地貌、水系、居民地、工矿的联系，对本区经济发展的保障程度。

（六）土地利用和厂矿

说明该区土地利用和厂矿的类型、规模、数量和分布状况，工农业和交通用地的比例，本区土地利用程度，以及与地貌、水系、居民地和气候的关系。

最后，综上所述，给该区自然和社会经济条件作一综合性评价，并根据读图的任务和要求，提出有利和不利条件，以及改造不利条件所要采取的措施。

第二节　地形图应用

一、野外应用地形图

（一）准备工作

当使用的图幅较多时，为了野外使用方便，可进行图幅的拼接和折叠。拼接的方法有两种：一是根据接图表拼接；二是根据图幅编号拼接。为保留原图，可应用复印件拼接。拼图时，可先按图幅接图表或邻图幅的编号将图幅间的位置关系排列好，以左压右、上压下的顺序，沿图廓线截去东、南图廓边，即可进行拼贴。野外使用地图时，常将地图加以折叠。折叠的方法是，按背包或图夹的大小折叠成手风琴式，将不用的部分折向背面；折叠棱角要整齐，尽量避免在图幅拼接线上折叠。为避免遗漏，保证野外考察工作顺利进行，需要用彩色铅笔在地形图上标注出考察的路线、观察点和疑难点等。

上述准备工作是野外用图的必备工作，一定要充分做好。此外，出发前，还要准备好铅笔、橡皮、三角板、圆规等常规绘图工具，以及野外要用到的绘图板、罗盘仪、钢卷尺/皮尺、高度计、照相机等设备，以及背包、水壶、餐具、衣物等生活用品。

（二）地形图实地定向

在野外，必须使地形图与实地的空间关系保持一致，这就要求在每一个观察点开展工作之前先要进行地形图的实地定向，其方法有下列两种：

1. 用罗盘仪依三北方向线定向

（1）依真子午线定向：将罗盘仪置于地形图上，使其南北线（0°～180°）与地形图的东（西）内图廓线一致，然后转动地形图，使磁针指示出偏角图中所注的磁偏角值，此刻地图就与实地空间位置关系取得一致了（图9-2）。

（2）依磁子午线定向：将罗盘仪置于地形图上，使其南北线与地形图上的 *PP′* 线一致，然后转动地形图，使磁针亦与 *PP′* 线一致，此刻地形图就与实地空间位置关系取得一致了（图9-3）。

（3）依坐标纵线定向：将罗盘仪置于地形图上，使其南北线与地形图的方里网某一纵线一致，然后转动地形图，使磁针指示出偏角图中所注的磁坐偏角值。此刻地形图就与实

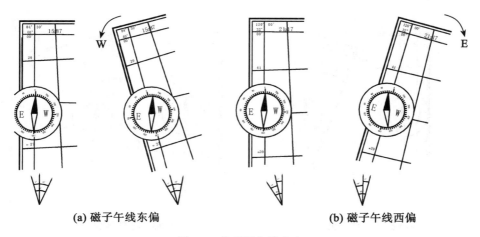

(a) 磁子午线东偏　　　　　　　　　(b) 磁子午线西偏

图 9-2　依真子午线定向

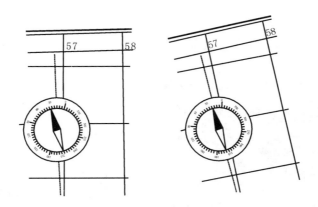

图 9-3　依磁子午线定向

地空间位置关系取得一致了(图 9-4)。

2. 依据地物定向

根据站立点周围明显的地物/地貌标定地形图的方向。作业时，首先在实地找到与地形图上相对应的、具有方位意义的明显地物/地貌；然后在站立点转动地图，当地形图上的地物/地貌与实地对应的同名点地物/地貌位置关系完全一致时，即完成了地图定向(图9-5)。该方法可用于野外定向的明显地物/地貌方位物有独立树、建筑物、高地、桥梁、河流拐弯处等。依地物定向，是野外地理工作中实施地形图定向的主要方法，只有在无明显地物可参照时才需要用罗盘仪定向。

3. 太阳、手表定向

在野外，也可用手表的时针对准太阳确定方向。方法是：用一根细针紧靠在手表的边缘，太阳照射细针时投射到手表面上有一条影子，转动手表，使细针的影子与时针相重合，取时针与手表面上 12 时半径的分角线，即为真子午线的方向(图 9-6)，其中，与时针构成的较小角的分角线指南，另一端指北。当实地南北向确定后，即可转动地形图，使其南北向与实地一致。

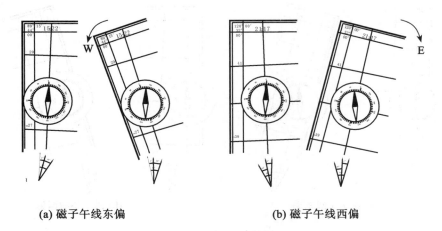

(a) 磁子午线东偏　　　　　　　　　　(b) 磁子午线西偏

图 9-4　依坐标纵线定向

图 9-5　用地物/地貌方向定向　　　　　　图 9-6　利用太阳和手表定向

4. 依据线状地物定向

当站点位于直线状地物(如道路、渠道等)或直线地形线上时，可依据它们来标定地形图的方向。具体方法是：先将照准仪(或三棱尺、铅笔)的边缘放置在图上线状符号的直线部分上，然后转动地形图，用照准仪的视线或三棱尺、铅笔的棱线瞄准地面相应线状地物，这样就完成了地形图定向(图 9-7)。这种方法，与平板仪测图中用已知测线标定测图板的方向是一样的。

5. 利用地物特征简单定向

有些地物、地貌由于受阳光、气候等自然条件的影响，形成了某种特征，可以利用这些特征来概略地判定方位。在北半球中纬度地带，可用来定向的这些特征主要有：

(1)独立大树。通常南面枝叶茂密，树皮较光滑，北面枝叶较稀少，树皮粗糙，有时还长青苔。砍伐后，树桩上的年轮，北面间隔小，南面间隔大。

(2)地面突出的物体。如土堆、土堤、田埂、独立岩石和建筑物等，这些地物南面干燥，青草茂密，冬季积雪融化较快；北面潮湿，易生青苔，积雪融化较慢；土坑、沟渠和林中空地则相反。这些都可以用来概略地确定方向。

（3）建筑物的正门朝向。建筑物的正门向南开，尤以北方典型，庙宇、宝塔的正门多朝正南方；广大农村住房的正门一般也多朝南开，可利用其朝向大致判断方向。

6. 利用北极星定向

北极星是正北天空一颗较亮的恒星，夜间找到北极星就找到了正北方向（图9-8）。地形图经过定向，则图上的东西南北就与实地的东西南北方向一致了。

图9-7　根据线状地物定向

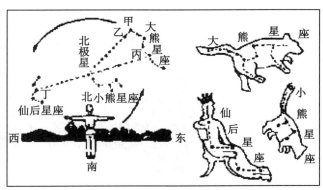

图9-8　利用北极星定向

（三）确定站立点在地形图上的位置

野外实地使用地形图，要确定立足点在地形图上的位置。由于地形和通视情况不同，确定立足点的方法也不同。

1. 根据地形、地物特征点确定立足点

如果立足点附近有明显地形特征点，则在标定地形图方位后，可以根据附近的地形特征点确定立足点。图9-9所示为考察者站立在一平缓山梁的分水岭上，位于两侧大冲沟头连线的南侧，据此在地形图上依等高线图形和地貌符号定出站立点的位置。如果立足点附近的地形特征不明显，可在定向后的地图上，从立足点到实地一个明显的地形特征点和图上相应的地形特征点瞄准方向线，然后目测立足点至该明显地形特征点的距离，依比例尺在方向线上确定立足点。图9-10所示为考察者立于小河北岸、村舍正右方，左距公路150m远处，依此方位关系，在地形图上定出站立地点的位置。

2. 后方交会法确定立足点

当在站立地点附近没有明显地貌或地物时，多采用后方交会法，即依靠较远处的明显地貌或地物来确定站立地点在地形图上的位置。其做法是：考察者站在未知点上，用三棱尺等照准器的直尺边靠在地形图上两三个已知点上，分别向远方相应地貌或地物点瞄准，并绘出瞄准的方向线，其交点就是立足点（图9-11）。如果方向线的交角是相当小的锐角，则可用第三条方向线瞄准，由三条方向线组成小三角形，则三角形的中心点即为立足点。

图 9-9　依地貌确定站立点

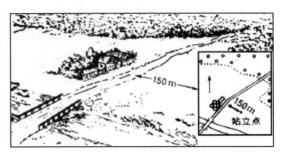

图 9-10　依地物确定站立点

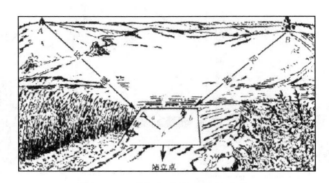

图 9-11　后方交会法确定站立点

3. 截线法确定立足点

运用此法的前提是立足点在直线状地物上(如道路、堤坝、渠道、陡坎等)或在两个明显特征点的连线上。这时，在该线状地物侧翼找一个图上和实地都有的目标(如方位物或地物特征点)，将照准工具切于图上该物体符号的定位点上，以此定位点为圆心转动照准工具照准实地目标，照准线与线状符号的交点即为立足点在图上的位置。这样确定站立点在图上位置的方法称为截线法(图 9-12)。

4. 磁方位角交会法确定站立点

在隐蔽地区(如丛林中)确定站立点在地形图上的位置时，可用磁方位角交会法。先设法登高，从远方找到两个以上图上与实地都有的目标，用罗盘仪测定观测者与这些目标的磁方位角；然后到地面，借助罗盘标定地形图方向，再将罗盘仪的直边切于图上一个已知的目标符号定位点上，以该点为中心旋转罗盘仪，使磁针北端指向相应磁方位角值，绘出方向线；以同样方法绘出另外目标的方向线。各方向线的交点，就是站立点的图上位置(图 9-13)。采用此法，相邻两方向线交会角亦应大于30°、小于150°。

(四)实地对照读图

确定了地形图的方向和立足点位置以后，就可根据图上立足点周围的地形、地物，找出实地对应的地形、地物，或者观察实地地形、地物，来识别其在地形图上的位置。进行地形图和实地对照工作时，一般采用目估法，由右至左，由近至远，分要素、分区域判别，先识别主要和明显的地形、地物，再按相关位置识别其他地形、地物。对地形复杂，目标不易分辨的地段，可以用照准器瞄准与地形图上符号相应的某一物体，沿视线依其相关位置去识别那些不易辨认的物体，确定它们的位置。

图 9-12 截线法确定站立点位

图 9-13 磁方位角确定站立点位

实地对照读图时须特别注意考察现场所发生的一切变化。这些变化正是考察的关键所在。通过地图和实地对照，可以达到如下目的：

（1）通过研究调查地区的地物、地貌特点，了解和熟悉周围地物、地貌情况，积累读图经验，提高读图水平；

（2）通过比较地图内容与实地情况，了解地物、地貌发生了哪些变化，为制订地图修测计划做准备，为外业填图作业打基础。

1. 利用地形图行进

（1）沿道路行进。应根据地形图研究行进路线及其两旁的地物、地貌。行进时要随时对照地物、地貌，避免走错路线。在乘车行进时，因车速快，观察粗，易走错路线，行进前更应熟悉行进路线、里程和沿途地物、地貌特征，并在图上标出行进路线，按顺序依次叠放，以便沿途对照使用。

（2）不沿道路行进。应事先在图上画出行进路线，并在一定的距离范围内找出明显的地物、地貌，以备用来在行进过程中判读方向。

（3）在森林、沙漠、草地等特殊地区行进。可以用行进时间判断距离，然后根据所走距离寻找和验证行进路线。

2. 在地形图上标定点位

（1）辐射线法标定点位。地图定向和确定站立点位置之后，使地图图形保持水平状态，然后方向不变，过图上站立点向欲定点瞄准和描绘方向线，用目估或步测两点距离，依地图比例尺在描绘方向线上截取、标定该点在图上的位置（图 9-14）。

（2）前方交会法标定点位。前方交会法在距离较远或难以到达欲定点的情况下使用。首先在一站点进行地形图定向、定位，过定位点向欲定点描绘方向线；然后移至下一站点，定向、定位后，过定位点再向欲定点描绘方向线；两站点绘出的方向线的交点即为欲定点在图上的位置（图 9-15）。

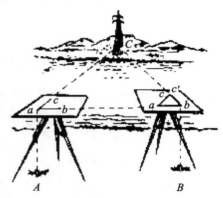

图 9-14　辐射线法标定点位　　　　　　　图 9-15　前方交会标定点

（3）垂支距法标定点位。沿道路行进时可使用垂支距法，首先根据道路进行地图定向，并在地图上确定站立点位；然后过站立点位向欲定点作垂线，在图上截取、标定该点。如图 9-16 所示，新增地物为渠（AB），图上已有地物为道路，则可利用道路，采用垂支距法测定。作业时，先在道路上选定 a、b 两点，自 a、b 点作到道路的垂线，交于渠道 A、B 点；然后测量 aA、bB 线段，并自道路交叉口量测 Oa 及 ab 线段，便可定出渠道位置。测定线状地物时，要注意不能用一个端点和该直线的方位角来确定，必须测出两端点的位置。若线状地物有转弯，在转弯处还需测点。

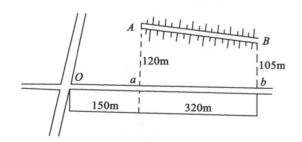

图 9-16　垂直距法标定点

（五）野外调绘与填图

填图即根据野外需补测地物、地貌的类型，选用设计好的符号，在野外勘测的基础上，按规定在图上绘制出符号，并书写注记。填图时，必须保证实测点位的相对准确。点状地物，其定位点要在实测点上，线状地物的定位线要通过实测的特征点，面状地物的轮廓界线要通图 9-16 所示垂直距法标定点过实测特征点。

野外填图是地理考察工作的一个重要组成部分。其主要目的是给地理考察成果予以确切的空间位置和形态特征，以保证考察成果具有实际价值，这是任何文字记述所不可比拟、无法替代的。另外，填图的成果亦是供室内分析研究和编制考察成果地图的基础资料。填图过程中，应该经常注意沿途的方位物，随时确定站立地点在地形图上的位置和地形图的定向。站立地点应该尽量选择在视野开阔的制高点上，以便观测到更大范围内的填图对象，洞察其分布规律，依其与附近其他地貌、地物的空间结构关系，确定其分布位置或范围界线；对于地形图上没有轮廓图形或无法以空间结构关系定点定线的填图对象，需要用罗盘仪或目估法确定其方位，用钢尺或皮尺目估或步测确定其距离。根据经验公式，一个人正常步伐的步长等于身高的 1/4 加 0.37m。目估距离时，可以参照一些地物间的固定距离或视觉极限效果的距离，例如通信电线杆间距 50m，高压电线杆间距 100m；人的眼睛、鼻子和手指的清晰可辨最大距离为 100m，衣服纽扣的可辨最大距离为 150m，面部、头颈、肩部轮廓的可辨最大距离为 200m，两足运动的清晰可见最大距离为 700m，步兵与骑兵的可辨最大距离为 1000m，将军队远望如黑色人群的最大距离为 1500m。另外，还要注意光线明暗和位置高低对目估距离的影响，如在颜色鲜明的晴朗天气，由低处向高处观测，易将成群的目标估计得偏近；而在昏暗的雾天，由高处向低处观测，易将微小目标估计得偏远。目估误差的大小，各人不一，需要通过实地多次测试验证，求出个人习惯的偏值常数，目估时给予改正，即可以求得较准确的距离。获得观测数据后，按填图的比例尺在地图上标出填图对象的位置或范围界线，并填绘以相应的图例符号，填图的要求是：标绘内容要突出、清晰、易懂，做到准确、及时、简明。准确就是标绘的内容位置要准确；及时就是要就地（现场）标绘，以免遗忘；简明即图形正确，线划清晰，注记简练，字迹端正，图面整洁，一目了然。

1. 野外填图方法

1）极坐标法

极坐标法是以站立点为中心，向周围碎部点瞄方向，根据方向和站立点至碎部点的距离来确定碎部点在图上平面位置的方法。如图 9-17 所示，M 为站立点，为确定地面 A、B、C 等碎部点的图上位置，先将地形图铺贴在图板上，在站立点 M 安置填图板（大、小平板仪或轻便平板），整平和定向后，确定站立点 M 的图上位置 m，在 m 点上垂直插一根细针，用照准工具的直边与细针相切，分别照准地面目标 A、B、C 等，测定 MA、MB、MC 的水平距离，按地形图比例尺沿各相应方向线分别截取 ma、mb、mc，图上所得 a、b、c 等点，就是地面碎部点 A、B、C 等在地形图上的平面位置。极坐标法适用于通视良好的开阔地区，是野外调查填图中确定目标平面位置的主要方法。

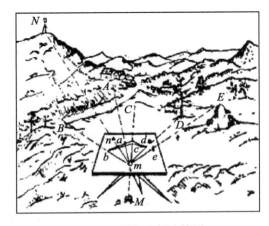

图 9-17　用极坐标法填图

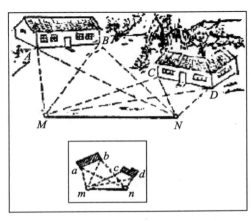

图 9-18　用距离交会法填图

2）距离交会法

用碎部点到两个已知点的距离来确定碎部点图上平面位置的方法，叫做距离交会法。如图 9-18 所示，A、B、C、D 为实地碎部点，M、N 为地面上两个已知点，分别量出点 M 和点 N 到各碎部点的距离 MA、MB、MC、MD 和 NA、NB、NC、ND，将其按地形图的比例尺换算为图上长度 ma、mb、mc、md 和 na、nb、nc、nd，分别以 M、N 点的图上位置 m、n 为圆心，以各相应图上长度为半径画弧，各对同名弧线（如 ma 与 na、mb 与 nb 等）交点 a、b、c、d 即为碎部点在地形图上的位置。在隐蔽地区，碎部点距站点的距离不太长而又便于量距的情况下，可用此法测定碎部点的平面位置。

3）方向交会法

从两个已知站点向碎部点描绘方向线，以同名方向线确定碎部点图上平面位置的方法，称为方向交会法。如图 9-19 所示，先在站点 M 上安置图板，定向、整平、确定站点的图上位置后，在 M 点的图上位置 m 处竖插一细针，用照准工具切于细针依次照准各碎部点 A、B、C 等，并在图上绘方向线 ma、mb、mc；依同法在 N 点上摆站，确定站点图上位置后仍瞄准原碎部点，在图上绘方向线 na、nb、nc，两条同名方向线的交点即为碎部点的图上位置。此法适用于通视良好、距离较远而量距不便情况下的碎部点定位。为了保证交会精度，交会点上的交角一般大于 $30°$，小于 $150°$。

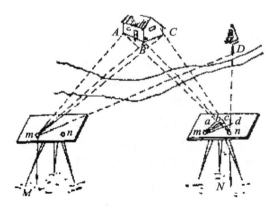

图 9-19　用方向交会法填图

在野外调绘中，仅用一种方法是不够的，应根据实际情况，采用不同的方法确定地物的图上位置。

2. 整理野外调绘成果

实际外业作业时，能够做到的就是把调查情况详细地记载到外业手簿上，并勾画草图。待回到室内后，才能进行资料的整理、表格的填写，并把调绘成果标绘到变更底图上。

3. 校改并着墨清绘

着墨整饰的方法有三种，一是按调绘路线着墨；二是按颜色顺序着墨，如按黑、绿、棕、红的顺序；三是按地类顺序着墨，先重点，后一般，如按居民点、水系、道路、地类界、名称注记这样的顺序进行。

4. 地图整饰工作

整饰的次序是先图内、后图外，图内应先注记后符号，先地物后地貌，依次把图上不需要保留的线条和数字，如地性线和各地形特征点的高程等擦掉，把地物按规定符号重新描绘。注记字体要合乎要求。在整饰时，应一片一片有次序地进行，边擦边描边写注记，最后绘图廓线，写出比例尺、图名、图例、测图单位或绘图者及绘图日期等。完成上述工作，整个野外调绘填图即告结束。

二、室内分析、使用地形图

（一）量测地面点的高程

点的高程可根据等高线或高程注记点来确定。若待测定高程的点位于等高线上，则等高线的高程即为该地面点的高程；若这点不在等高线上，则据等高线算之，欲求如图 9-20 所示突出树所在的 F 点，先由等高距、计曲线和已知高程点的高程推算出 F 所邻等高线 a、b 的高程，分别为 160m 和 170m，再根据坡度一定时，等高线平距与高差成正比例关系，按下式量算出 F 点的高程：

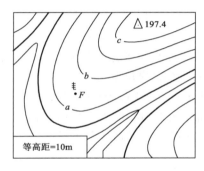

图 9-20　量测高程

$$H_F = H_a + h_{aF} = H_a + \frac{aF}{ab} \cdot h \tag{9-1}$$

式中，H_a 为 a 等高线的高程；ab 为 a、b 两等高线间过 F 点的平距；aF 为 a、b 两等高线平距上 a 等高线至 F 点的距离；h 为地图的等高距；h_{aF} 为 F 点对 a 等高线的高差。由图 9-20 可知，$h = 10m$，量出 $ab = 10mm$，$aF = 4mm$，计算结果 F 点的高程 $H_F = 160 + 4 = 164(m)$。要测定两地面点的高差，则须按上述方法先求出两地面点的高程，再求其高差。

（二）量测地面点的坐标

1. 测定平面直角坐标

根据地形图上的方里网及其注记，确定待测点所在方里网格西南角点 a 的坐标值 Xa 和 Ya；过待测点 P 作平行于方里网纵线和横线的直线，交方里网西、南两边分别为 b、c 两点（图 9-21）。用分规截取方里网西边、南边，以及 ab、ac 长度，分别移至到地形图的直线比例尺上读距，得待测点 P 在此方里网内的坐标增量 X 和 Y；若图纸已有变形，则需按图纸变形影响坐标增量计算公式计算其坐标增量：

$$\Delta X(\Delta Y) = \frac{L}{l} \cdot l' \tag{9-2}$$

式中，L 为方里网边线的理论长度；l 为图上量得的方里网边线实际长度；l' 为相应截取的增量边线长度。最后按下式得待测点 P 的坐标值：

$$\begin{cases} X_P = X_a + \Delta X \\ Y_P = Y_a + \Delta Y \end{cases} \tag{9-3}$$

2. 地理坐标量算

因大比例尺地形图上的经纬线近于直线，故可以过 P 作平行于经线边和纬线边的直线，交经纬网格西、南两边分别于 b、c 两点(图 9-22)，若在中小比例尺地形图上，则应过 P 作经线和纬线的垂直线。然后，分别连待测点 P 所邻地形图图廓中对应的经度分度带和纬度分度带，构成经纬网格；根据地形图图角点经纬度注记，确定待测点 P 所在经纬网格西南角点 A 的坐标 λa 和 ϕa；先用两脚规量取该点至下方纬线的垂直距离，保持此张度移两脚规到西(或东)图廓(或邻近经线的纬度分划)上去比量，即得 λ；以同样方法从南(或北)图廓(或邻近纬线)上量出比量，即得 ϕ。最后按下式得待测点 P 的地理坐标值：

$$\begin{cases} \lambda_P = \lambda_a + \Delta\lambda \\ \phi_P = \phi_a + \Delta\phi \end{cases} \tag{9-4}$$

图 9-21 所示为测定地面点平面直角坐标，图 9-22 所示为测定地面点地理坐标，由于纬度不同，图上不同纬线和南北图廓的长度也不一样，故在量算点的 ϕ 时，应在邻近该点的纬线和南、北图廓上去比量。在采用正轴等角圆锥投影的 1:100 万地形图的经纬网格中虽然只有经线为直线，而纬线为同心圆弧，但因其曲率很小，故在测定地理坐标时，就将弯曲的纬线作为直线进行量测。如果精度要求较高，还应考虑图纸伸缩的影响。

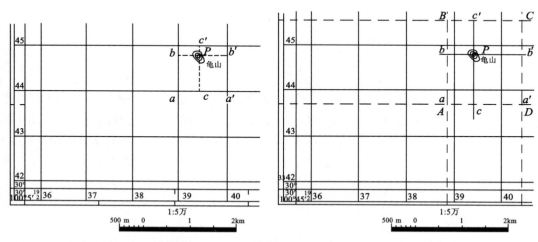

图 9-21　测定地面点平面直角坐标　　　　　图 9-22　测定地面点地理坐标

(三) 量测地面坡度

坡面陡缓的程度称为坡度，测定地面坡度通常是指测定地面沿某一方向线的坡度，因此要作出某一方向的地势剖面线，如图 9-23(a)所示；依等高线图形特征分析剖面线上的坡形，按等高线疏密程度的异同划分若干地段分别量测，如图 9-23(b) 中分 5 段进行，如图 9-23(b) 所示为读数。

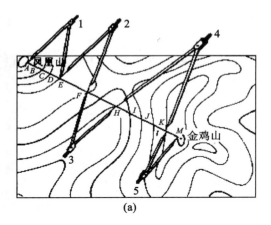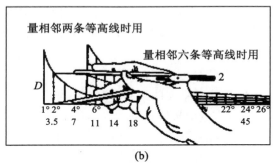

图 9-23　利用坡度尺测角度

（四）量测长度

1. 直线长度的量测

在地形图上，两地面点间的距离表现为直线，在地形图上量取直线长度的方法有多种，现介绍以下几种：

（1）用直角坐标计算水平距离。首先在地形图上用依方里网求地面点坐标的方法，求出待测距离的两端点直角坐标，如图 9-24 所示；然后将求出的坐标值 X_a、Y_a 和 X_b、Y_b 代入下式：

$$D_{a-b} = \sqrt{(X_b - X_a)^2 + (Y_b - Y_a)^2} \tag{9-5}$$

即可求得实地距离，无须顾及地图比例尺的大小。此法适用于量算跨图幅的较长直线距离。

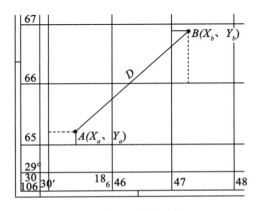

图 9-24　直角坐标计算直线长度

（2）用直尺或三角板量取水平距离，在地图上用直尺或三角板等尺子量取地物的长度，并移至所量地图的直线比例尺或斜分比例尺上比量，读出其相应的实地水平距离，或将量取的长度乘以地图比例尺的分母，求出实地水平距离。

（3）用分规量取距离。先用分规截取两地面点相距的长度，保持分规两脚的开度，并移至所量地图的直线比例尺或斜分比例尺上，直接读取其相应的实地水平距离。

（4）求地面倾斜直线长度。先用依等高线测定地面点高程的方法求出斜坡直线两端点的高差 h，再用上述任一方法求出这一两点间水平距离 D，然后用下式求出斜坡的长度 d：

$$d = \sqrt{h^2 + D^2} \qquad\qquad (9-6)$$

2. 曲线长度的量测

1）弯曲较平缓曲线的量测

（1）作近似折线量算。以尽量小的矢径结合曲线方向变化特征点，将弯曲较平缓的曲线划分成若干段，并标出曲线方向变化特征点，连成折线，如图 9-25 所示；然后用直尺或三角板、两脚规，用在地图上量测直线长度的方法量取各折线段的长度，最后累加，即得该曲线的近似长度。

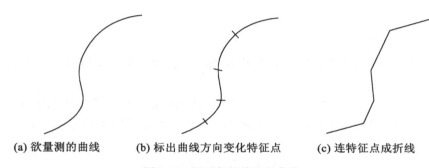

(a) 欲量测的曲线　　　(b) 标出曲线方向变化特征点　　　(c) 连特征点成折线

图 9-25　用近似折线法量曲线

（2）用曲线量测仪量算。曲线量测仪是一种由测轮、字盘、指针和把柄构成的量距仪器（图 9-26）。借助机械传动原理，当测轮沿曲线滚动时，利用齿轮带动指针在字盘面上转动，指针所指字盘分划数即表示测轮滚动的距离。字盘上刻注有 8 种常用比例尺的距离分划，每面各有 4 种，每种比例尺的每一分划格均为实地 1km 长度，使用方便。

用曲线量测仪量测曲线长度时，先针对所量地图比例尺择定字盘上相应比例尺的距离分划圈；若字盘上无相应于所量地图比例尺的距离分划圈，则可选用与地图比例尺有相应整倍数关系的其他比例尺距离分划圈，亦可选用任一比例尺距离分划圈，但在计算时一定要将采用的字盘比例尺代入长度计算公式。然后，将指针归零或其他任一数值，作为始读数 n_1，并将测轮端点对准待量曲线的起点，在保持曲线量测仪垂直条件下，严格沿曲线的中心线或边线滚动，不能跑线，直至曲线的终点，读取终读数 n_2，终读数与始读数

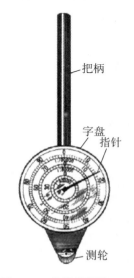

把柄

字盘
指针

测轮

图 9-26　曲线量测仪

之差(n_2-n_1)，即为曲线长度。为了提高量测精度，需要往返量测 4 次，每次量测的起讫点须保持一致；取其均值作为该曲线的长度。其实地长度计算的通用公式为：

$$L = \left(\sum_1^4 \frac{n_2 - n_1}{4} \right) \cdot \frac{M}{m} \tag{9-7}$$

式中，M 为地图比例尺分母；m 为择用的字盘某一比例尺分母。

　　由于曲线量测仪测轮的直径较大，加之转弯不太灵活，故量测的精度不高，其误差一般为±6%。

　　2）多急剧小弯曲曲线的量测

　　由于曲线量测仪因测轮转弯很不方便而不宜采用，通常用弹簧两脚规（图 9-27）或分规，按一定的脚距来量取其长度。量测时先利用地图上的方里网或直线比例尺作试验基线，将弹簧规脚距调至规定的长度（1mm 或 0.2mm 等），并在试验基线上往返量若干次，以基线长度除以每次截取的脚距数，使其商数恰好等于规定的弹簧规的脚距；然后固定弹簧规的脚距 1，并从曲线的一端开始，以前方一只脚作圆心旋转 180°，两只脚交替向前的方式连续截取，直至曲线的终点，同时记下截取脚距的次数 n，目估末端不足一个脚距的长度 y；为提高量测精度，须按上述方法往返量测 4 次，取其均值，按下式计算曲线的实地长度：

$$L = \left(\sum_1^4 \frac{l \cdot n + y}{4} \right) \cdot M \tag{9-8}$$

式中，M 为地图比例尺分母。为保证量测精度，在量测的运行过程中必须使弹簧规与图面保持垂直，着力要轻，以不刺破图纸为宜，弹簧规脚尖要落在曲线线划的中心线上；脚距的大小要视曲线弯曲的程度而定，以不大于曲线最小弯曲的单边边长为宜。

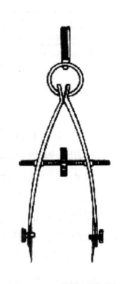

图 9-27　弹簧两脚规

　　3. 小比例尺地图上长度的量测

　　小比例尺地图的量测必须考虑投影变形及其规律，作出量距的复式比例尺（图 9-28），求出投影变形改正数，方可得到较正确的量测结果。量测时，在地图上将待测距离的两端点间连成直线 L，或按地物线性特征点连成折线 L_i，按这些直线或折线接近于经线或纬线方向的程度，确定各线段的方向是为经线方向还是为纬线方向，凡属经线方向的线段均用经线比例尺量测；属纬线方向的线段则都用纬线比例尺量测；在地图上以纬差 30″或 15′将量测线段所在经纬网的经线边等分，以便目估各量测线段中点的纬度 ϕ_m（即平均纬度），若线段两端点间的纬度差超过 5°，则应分段量算；依据各线段的平均纬度 ϕ_m 值，在经线或纬线比例尺的相应两纬线间内插出 ϕ_m 线；最后，用两脚规将待测直线 L 或折线 L_i 移至相应的 ϕ_m 横线上，使两脚规的右脚尖落在复式比例尺主尺的某一分划线上，左脚尖落在副尺部分，读出 L 或 L_i 的长度，若待测线段的长度短于基本尺段，则用副尺部分量算。对于小弯曲线状地物，可先用弹簧规量出总长度，再移至经纬线比例尺上进行改正，以求其长度。

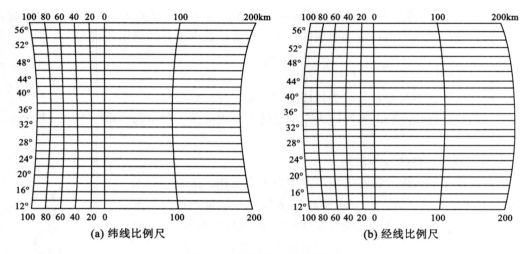

(a) 纬线比例尺　　　　　　　　(b) 经线比例尺

图 9-28　在复式比例尺上量距

4. 数字化仪法量测长度

利用计算机地图制图中的数字化仪，将曲线上连续点的直角坐标记录在磁盘或磁带上，输入电子计算机计算其长度。

(五) 量测面积

在地图上量测面积的方法颇多，可归纳为图解法、求积仪法和电子仪器法三类。本书仅对图解法、求积仪法作简单介绍。

1. 几何图形法

若图形是由直线连接的多边形，可将图形划分为若干个简单的几何图形，如图 9-29 所示的三角形、矩形、梯形等；然后用比例尺量取计算所需的元素 (长、宽、高)，应用面积计算公式求出各个简单几何图形的面积；最后取代数和，即为多边形的面积。

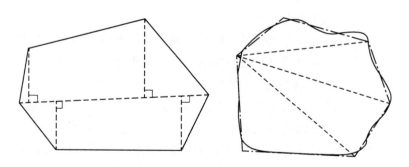

图 9-29　几何图形法求面积

图形边界为曲线时，可近似地用直线连接成多边形，再计算面积。

2. 透明方格网法

对于不规则曲线围成的图形，除了采用上述的几何图形法，亦可采用透明方格网法进行面积量算。如图 9-30 所示，用透明方格网纸 (方格边长一般为 1mm、2mm、5mm、

10mm)覆盖在要量测的图形上，先数出图形内的完整方格数，然后将不完整的方格用目估折合成整格数，两者相加乘以每格所代表的实地面积，即为所量算图形的面积，即

$$S = N \times A \times M^2 \tag{9-9}$$

式中，S 为所量图形的面积；N 为方格总数；A 为 1 个方格的面积；M 为地形图比例尺分母。

3. 平行线法

方格网法的量算精度受到方格凑整误差的影响，精度不高，为了减小边缘因目估产生的误差，可采用平行线法。

如图 9-31 所示，量算面积时，将绘有间距 $d = 1mm$ 或 2mm 的平行线组的透明纸覆盖在待量算的图形上，并使两条平行线与图形的上下边缘相切，则整个图形被等高的平行线切割成若干近似梯形，梯形的高为平行线间距 d，量出各个梯形的上、下底长度 L_0，L_1，L_2，$\cdots$，L_{n-1}，L_n，则图形的总面积 $S(\text{mm}^2)$ 为：

$$S = \frac{1}{2}\left(L_0 + 2\sum_{i=1}^{n-1} L_i + L_n\right) dM^2 \tag{9-10}$$

式中，M 为地形图的比例尺分母。

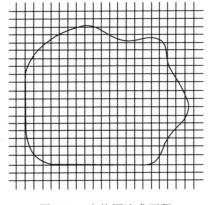

图 9-30　方格网法求面积

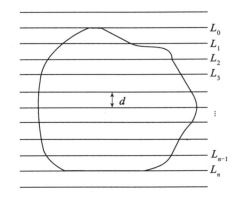

图 9-31　平行线法求面积

4. 计算机面积量算法

设待测图形边界数字化后各转折点的平面坐标为 (x_1, y_1)，(x_2, y_2)，$\cdots$，(x_n, y_n)，因为是闭合图形，所以(x_n, y_n) 与 (x_1, y_1) 相同。利用这 n 个点的坐标，引入计算面积方法，如梯形法、矩形法、辛普森法、三角形面积累加法等，可自动计算出被测图形面积。下面以梯形法为例介绍计算机面积量算的原理和过程。

在平面直角坐标系中，按多边形各点顺序依次求出多边形所有边与 x 轴(或 y 轴)组成的梯形的面积，然后求其代数和。对于没有空洞的简单多边形，如图 9-32 所示，图中微分梯形 $BCC'B'$ 的面积为

$$S_{BCC'B'} = S_{BCNM} - S_{B'C'NM}$$

而

$$S_{BCNM} = \frac{1}{2}(x_C + x_B)(y_C - y_B)$$

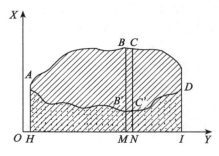

图 9-32　梯形法计算面积

依此类推，多边形的面积为

$$S_{ABCDC'B'A} = S_{ABCDINMHA} - S_{AB'C'DINMHA}$$

故多边形面积的计算公式为

$$S = \frac{1}{2} \sum_{i=1}^{n} (y_{i+1} - y_i)(x_{i+1} + x_i)$$

式中，当 $i = n$ 时，令 $i + 1 = 1$。

5. 权重法

权重法是指用分析天平确定蒙在待测面积图形上透明纸(亦称描图纸)的单位面积 S' 的重量 g，然后将同规格的透明纸蒙在待测面积的图形上，精确地绘出图形的轮廓线，再用锋利的手术刀精确地刻下所测的图形，称其重量 G，按下式计算待测图形的面积：

$$S = S' \cdot \frac{G}{g} \tag{9-11}$$

此法的精度取决于透明纸厚薄均匀的质量和恒定的温湿环境。实践证明，在恒定的温度和湿度条件下精细地沿轮廓线刻下图形，就能够取得理想的量测精度，其精度甚至可以超过电子数字求积仪的量测结果。

6. 求积仪法

求积仪是适用于量测不规则图形面积的仪器，以其操作方便、速度快和精度较高而成为目前广泛用于面积量测的仪器。常见的为定极求积仪。定极求积仪由极臂、航臂和计数器三部分组成，如图 9-33 所示。

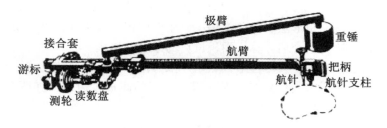

图 9-33　机械式求积仪

极臂的一端有重锤，重锤下方有一短针，依其重力刺入图纸，成为极点；另一端有一圆头短柄，当它插入航臂上接合套的圆孔内时，就使极臂与航臂连为一体；极臂长度为极点至短柄旋转轴心的距离。航臂的一端有航针和把柄，把柄下方装有支柱；航臂另一端有接合套，其上装有计数器，航臂上刻有 0.5mm 级分划线，航臂长度为航针尖端至短柄旋转轴心的距离。计数器由测轮、游标和读数盘三部分组成，当航臂移动时，与图纸平面接触的测轮随着转动，测轮转动一周，读数盘转动一格，读数盘由 0~9 共分 10 个格，测轮分为 10 等份，每一等份又分为 10 个小格；在测轮旁边附有游标，其上 10 个小格相当于测轮上 9 个小格的间距，即游标上每一个小格为测轮一个小格的 9/10，故借助游标可以直接读出测轮上一个小格的 1/10。因此，根据计数器可以读出四位数字，即先从读数盘上读出千位数，然后从测轮上读出百位和十位数，最后按游标与测轮完全对齐的分划线读出个位数。使用求积仪求面积时，先将地图固定在图板上，使图面保持平整；检查仪器各部件是否完好无损，运转正常，即测轮能自由转动，且无摆动现象，测轮与游标之间无摩擦和相距太远等现象，然后安置仪器，通常以极点放在图形轮廓线外侧，并根据待测面积图形的形状和大小定好航臂长度和极点位置，再将航针对准待测图形轮廓线上某一点，作下记号，读取始读数 n_1 后，使航针以均匀速度沿图形轮廓线绕行一周回到起点，再读取终读数 n_2；为消除仪器构件偏心差，提高量测精度，须以极臂安置在航臂左边和右边，分别顺时针和逆时针方向各航行一次，取各次读数差值绝对值的平均值，按下式计算图形实地面积：

$$S = \left(C \sum_1^4 \frac{|n_2 - n_1|}{4} \right) \cdot M^2 \tag{9-12}$$

若极点安放在图形轮廓线内侧，则式(9-12)改为：

$$S = \left(C \sum_1^4 \frac{|n_2 - n_1|}{4} + Q \right) \cdot M^2 \tag{9-13}$$

式中，M 为地图比例尺分母；C 为每一分划代表的图上面积，对某一长度的航臂而言，C 是一个常数，称求积仪乘常数；Q 为基圆面积，即求积仪运行中因某些位置使测轮处于滑动状态而使计数器无法计上的图上面积，称为求积仪加常数，它们均可以从仪器盒内 C 和 Q 及其相应航臂长度对应表中查取，若无此表，则先以地形图方里网或绘 $10\text{cm} \times 10\text{cm}$ 正方形，以极点在图形轮廓线外侧和某一航臂长度，将航针按上述方法绕图形轮廓运行四周，读取各次的始读数 n_1 和终读数 n_2，按下式计算乘常数：

$$C = \frac{S}{\sum_1^4 \frac{|n_2 - n_1|}{4}} \tag{9-14}$$

或用仪器盒内的检验尺求之，以检验尺一端的小短针 M 将尺固定，航针插入尺的另一端小孔 G 内，以尺长作半径，绕行一周，获得 n_1、n_2 两读数和以尺长为半径的圆面积 S，代入式(9-14)求出 C；若要求出 Q，则须再绘一个已知面积较大的正方形，以极点安放在待测图形轮廓线内侧，按上述同样方法运行、读数，用下式计算加常数：

$$Q = S - C \sum_1^4 \frac{|n_2 - n_1|}{4} \tag{9-15}$$

为使求积仪量测结果比较准确，应注意以下事项：因求积仪量测面积的精度与待测面积图形的大小、形状有关。图形过大，则要将极点放在图形轮廓线内侧，此法精度不高；

图形过小或愈近于狭长，其量测误差愈大。因此，要尽量避免上述情况。求积仪用于量测 $10 \sim 100 \text{cm}^2$ 以内的图上面积，精度较好。对于面积较大和狭长的图形，可以用简单曲线分割成若干块，分别量测（图 9-34）；对图上面积约为 15cm^2 的图形，在图面平整等良好条件下，其量测的相对误差为 0.25%。求积仪极点的位置要适当，为此，在图形轮廓线外侧定下极点位置后，要先使航针大致绕图形轮廓线一周，若运行中遇到某种障碍和困难、两臂夹角出现小于 30° 的锐角或大于 150° 的钝角，则要调整极点位置，以夹角近于 90° 为最理想。航针起航点要定在两臂近于垂直，并使始航时有一段距离的行进方向与测轮的旋转轴保持平行的位置上（图 9-35）。安置好仪器，握住把柄轻着图面，靠支柱使航针似着非着图纸，目视航针脚下前方的图形轮廓线，中途不停顿，一直匀速前进，准确地跟踪图形轮廓线，一旦出现向一侧偏离的跑线，则必须立即给予补偿，使航针向另一侧作同样大小的偏离后立即回到图形轮廓线上运行（图 9-36）。

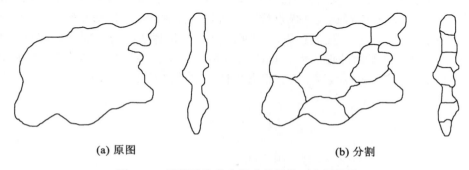

(a) 原图　　　　　　　　　　　**(b) 分割**

图 9-34　用简单曲线分割成若干块，分别量测

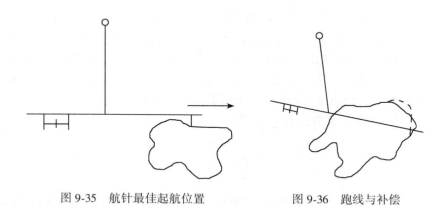

图 9-35　航针最佳起航位置　　　　　图 9-36　跑线与补偿

　　每一个极臂位置的顺逆时针两次测得的数值之较差值要求不大于 6，否则要重新量测。

　　当读数盘在它前进方向上（即为数字注记增大的方向）转动时，读数盘零分划线越过指标线 x 次时，则终读数 n_2，应等于在仪器上第二次读得的 n_2'，加上 x 乘以 10000，即

$$n_2 = n_2' + x \cdot 10000 \qquad (9\text{-}16)$$

　　若读数盘在它后退方向上转动时，零分划线越过指标线 x 次时，其终读数应等于在仪

器上第一次读数 n_1，加上 x 乘以 10000，再减去第二次读数 n_2'，即

$$n_2 = n_1 + x \cdot 10000 - n_2' \tag{9-17}$$

（六）量测体积

山、水是人类生产和生活取之不尽、用之不竭的自然资源，是进行自然资源调查、区域综合评价必须考虑的因素。在科学研究和工农业生产建设的规划设计、城市规划、风景区建设规划，以及国防建设中，经常需要用到湖泊、水库、谷地的容量，山丘的体积，开河、筑路、平整地基等的土石方工程量，矿体储藏量等数据。这些无法计量的庞然大物，要想在实地量得它们的体积，简直是可望而不可即。但是到了地形图上，依据等高（深）线图形量测体积，却成了小事一桩。鉴于待测体积的对象形状各异，工作条件和精度要求的不同，采用的量测方法不尽相同。常用的量测方法有等高线法、微方均高法和微段均长法等。

1. 等高线法

等高线法是依据等高（深）线将山（水）体分割成以等高（深）距为高的若干正截锥体和山顶或水底锥体这一特性（图9-37），求出这些正截锥体体积之和，再加上山顶或水底锥体的体积，即得山（水）体的体积。量测时先用任一种求面积的方法，求出各层等高（深）线圈图形的实地面积 $S_i(\text{m}^2)$，再按下式计算每层正截锥体的实地体积 V_i 和山顶或水底锥体的实地体积 V'：

$$V_i = \frac{S_i + S_{i+1}}{2} \cdot h$$

$$V' = \frac{h'}{3} \cdot S_n$$

式中，h 为等高（深）线的等高（深）距；h' 为山顶或水底锥体的高（深）。按下式计算山（水）体的实地体积：

$$V = V_i + V' = \frac{h}{2}(S_1 + 2S_2 + 2S_3 + \cdots + 2S_{n-1} + S_n) + \frac{h'}{3}S_n$$

$$= h\left(\frac{S_1 + S_n}{2} + \sum_{i=2}^{n-1} S_i\right) + \frac{h'}{3}S_n \tag{9-18}$$

2. 微方均高法

微方均高法是以某一边长的小方格网将待测体积的山体所占范围面积细分，用依等高线测定任一点高程的方法内插出各小方格4个角点的高程，取其均值得平均高程，以此平均高程减去零线高程（即体积起算面的高程，见图9-38中50m等高线），得平均高差，再乘以小方格面积得各方格柱体的体积，各方格柱体累加后即得山体的体积。量测时，先用小方格网微分待测山体图形的面积，依比例尺求出微分面积相应实地面积 $S'(\text{m}^2)$，并分别求出每个微分面积的平均高差 $h_i(\text{m})$，按下式求出每个正方柱体的实地体积：

$$V_i = S' \cdot h_i \tag{9-19}$$

对边缘不足1方格的碎部，用方格法或目估法确定其占微分面积的十分之几，并用3点或5点内插法计算其平均高程及高差 h_i'，按下式求出每个碎部柱体的实地体积：

$$V_i' = \frac{x}{10} \cdot S' \cdot h_i' \tag{9-20}$$

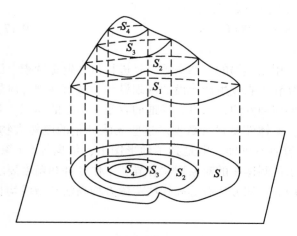

图 9-37　等高线法求体积

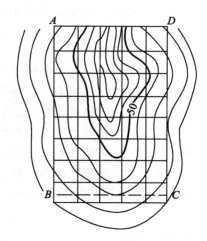

图 9-38　微方均高法求体积

再按下式求山体的实地体积:

$$
\begin{aligned}
V &= V_i + V'_i \\
&= V_1 + V_2 + \cdots + V_n + V'_1 + V'_2 + \cdots V'_n \\
&= S'\left(\sum_{i=1}^{n} h_i + \sum_{i=1}^{n} \frac{x}{10} h'_i \right)
\end{aligned}
\tag{9-21}
$$

平均高时,高于零线部分的平均高差为正值,记"+"号,为挖土地段;低于零线部分的平均高差为负值,记"-"号,为填土地段,用上式分别计算出挖和填的总土石方量。

3. 微段均长法

微段均长法是将待测体积的山体划分成若干等长地段,并作每个断面的断面图,以每段的前后两断面面积平均值乘以等间距长度,得该地段体积,各段体积累加即得整个山体的体积。量测时,首先要在地形图上以某等间距 d 将待测体积的范围划分成 n 段[图 9-39(a)],然后在每条等分线上作断面图[图 9-39(b)],断面图中高于零线(67m)的为挖土部分,低于零线的为填土部分,依比例尺分别量算出高于零线各断面的实地面积 S_i 和低于零线各断面的实地面积 S'_i 与 S''_i;再按下式分别求出各段的挖、填土石方量 V_W 和 V_T:

$$
V_{W1-2} = \frac{S_1 + S_2}{2} \cdot D, \qquad V_{T1-2} = \frac{S'_1 + S'_2}{2} \cdot D + \frac{S''_1 + S''_n}{2} \cdot D
$$

$$
V_{W(n-1)-n} = \frac{S_{n-1} + S_n}{2} \cdot D, \qquad V_{T(n-1)-n} = \frac{S'_{n-1} + S'_n}{2} \cdot D + \frac{S''_{n-1} + S''_n}{2} \cdot D
$$

式中, D 为由 d 换算的实地距离(m)。最后按下式求出实地的挖、填总土石方量:

$$
\begin{cases}
V_W = V_{W1-2} + V_{W2-3} + \cdots + V_{W(n-1)-n} = D\left(\dfrac{S_1 + S_n}{2} + \displaystyle\sum_{i=2}^{n-1} S_i \right) \\[3mm]
V_T = V_{T1-2} + V_{T2-3} + \cdots + V_{T(n-1)-n} = D\left(\dfrac{S'_1 + S''_1 + S'_n + S''_n}{2} + \displaystyle\sum_{i=2}^{n-1} (S'_i + S''_i) \right)
\end{cases}
\tag{9-22}
$$

(七)量测角度

角度,在地图上主要体现为反映地物空间关系的方位角。地面上的万事万物都是相对

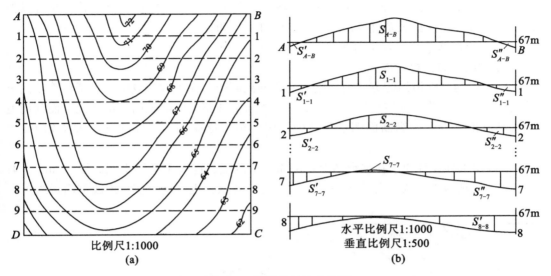

图 9-39　微段均长法求体积

地存在于一定的空间，通过各种方式彼此密切联系着，方位的角度大小即为其中一项重要标志，掌握了一事物的方位，就可以很快地从繁杂的事物中寻到它。无论是在室内还是在野外的综合地理考察中，要寻察地理实体，分析和综述它的性质和特征，均离不开方向，因此，测绘工作者必须掌握从地图上测定地理实体方位的方法。正如第二章第十二节所述，常用真方位角、磁方位角和坐标方位角标定地物所处的方位。现在要测定地物的方位，自然是测定其真方位角或磁方位角、坐标方位角。如图 9-40 所示，要测定地物 B 相对于地物 A 的方位，则过 A 作地图东(西)内图廓线或 PP' 线、方里网纵线的平行线 AN 或 AN'、AN''，以 AN 或 AN'、AN'' 为起始边，使量角器圆心对准 A 点，顺时针量至 AB 方向线的夹角即为 B 点相对于 A 点的真方位角或磁方位角、坐标方位角，若地物 B 位于第或第

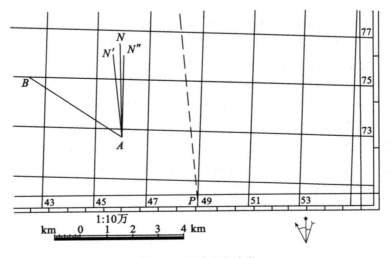

图 9-40　测定地物方位

IV 象限，则方位角值等于量角器的读数加 180°。另外，在测得某种方位角后，亦可以根据偏角图和方位角换算关系计算出另一种或两种方位角。

（八）地形图在工程建设中的应用

1. 绘制已知方向纵断面图

纵断面图是反映沿给定方向地面起伏变化的剖面图。在工程建设中，为了计算填挖土石方量以及进行道路的纵坡设计等，需要详细了解沿线路方向的地面起伏情况，而利用地形图绘制沿指定方向的纵断面图最为简便，因而被广泛应用。具体的绘制方法如下（图9-41）：

（1）按照工程设计要求在地形图上定出 M、N 两点，连接 MN 绘出剖面线，如图 9-41 中的 MN，分别与等高线相交于 a、b、c、d、e、f 各点，也可定出多点绘成剖面折线。

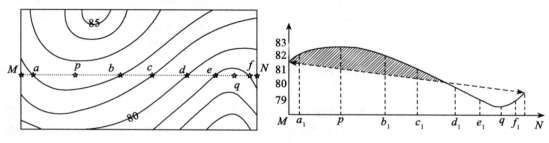

图 9-41　纵断面图的绘制

（2）根据地势起伏情况，确定剖面图的水平比例尺和垂直比例尺。通常为了突出地形起伏情况，垂直比例尺比水平比例尺大 5 ~ 20 倍。

（3）在图纸上或方格纸上绘一条水平线，在地形图上沿剖面线 MN 量 Ma、ab、bc、cd、de、ef、fN 各段的距离，按剖面图的水平比例尺将量出的各段距离转到 MN 轴线上，得 a_1、b_1、c_1、d_1、e_1、f_1 各点，通过各点作垂线，垂线长度是按各点高程依垂直比例尺计算出来的。

（4）将剖面线所经过的极高点和极低点处的高程依垂直比例尺表示出来，然后将垂线各端点依次连成平滑曲线，注出水平比例尺、垂直比例尺和剖面线的方向，即成剖面图。地形剖面图除了能显示地面起伏，还有助于了解观测点的通视情况。由观察点 M 向目标点 N 画直线，如果直线没有被任何地物所切断，则表示通视良好，而图 9-41 中 M 与 N 之间是不能通视的，因视线被山头 P 所切断，图上绘有斜线的部分，是不能通视的部分。

2. 按设计坡度选定最短线路

在工程规划设计中，经常要求按限制坡度选定一条最短线路或等坡度线。假设从 A 点要修一条公路上山，要求坡度为 2%，地形图比例尺为 1:5000，具体设计路线的选定可以按如下方法进行（图9-42）：

（1）根据设计坡度，计算确定线路上两相邻等高线间的等高线平距，其值为

$$d = \frac{h}{M \times i} = \frac{1\text{m}}{5000 \times 2\%} = 0.01\text{m} = 10\text{mm} \tag{9-23}$$

式中，h 为等高距；M 为地图比例尺分母；i 为设计坡度；d 为等高线平距。

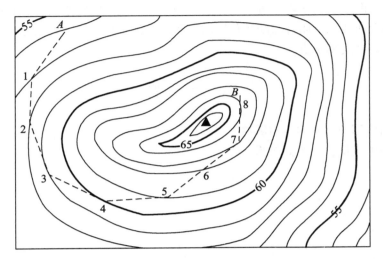

图 9-42　按设计坡度选定最短路线

（2）把两脚规张开 d，本例中先以 A 点为圆心画弧，交 57m 等高线于 1 点，为 10mm；然后以 1 点为圆心，以 d 为半径画弧，交 58m 等高线于 2 点；以此类推，交各条等高线于 3、4、5、6、7、8 各点，直到山顶。

（3）在图上将各点按顺序用光滑曲线连接起来，此曲线即为按坡度选定的设计路线。

3. 确定汇水面积

在工程设计建设过程中经常要计算汇水面积，比如兴修水库筑坝拦水，修建桥梁或涵洞等排水工程。地面上某个区域内雨水注入同一山谷或河流，并通过某一断面，这个区域的面积就称为汇水面积，也就是分水线（山脊线）与水利设施围成的面积。确定汇水面积首先要确定出汇水面积的边界线即汇水范围，边界线是由一系列分水线（山脊线）连接而成的。

如图 9-43 所示，虚线与大坝所围成的区域就是这个水库的汇水范围。确定汇水面积

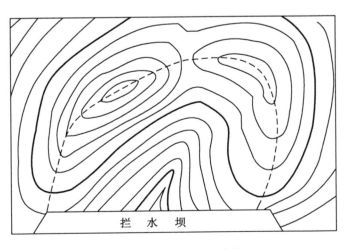

图 9-43　汇水范围的确定

257

的方法：在地形图上从拦水坝一端开始，连续勾绘出该流域的分水线，直到拦水坝的另一端，组成一闭合曲线，该闭合曲线所包围的面积即为汇水面积。在勾绘分水线时，应注意分水线处处与等高线相垂直。

<h1 align="center">思　考　题</h1>

1. 地形图应用的基本内容有哪些？
2. 选择一项应用，计算其结果。

参 考 文 献

1. 卢良志. 中国地图史[M]. 北京：测绘出版社，1984.

2. 廖克. 现代地图学[M]. 北京：科学出版社，2003.

3. 廖克. 地图学的研究与实践[M]. 北京：测绘出版社，2003.

4. 陆权，喻沧. 地图制图参考手册[M]. 北京：测绘出版社，1988.

5. 杰里米·布莱克. 地图的历史[M]. 张澜，译. 广州：希望出版社，2006.

6. 祝国瑞. 地图学[M]. 武汉：武汉大学出版社，2003.

7. 蔡孟裔，毛赞猷，田德森，等. 新编地图学教程[M]. 北京：高等教育出版社，2000.

8. 张力果，赵淑梅，周占鳌. 地图学[M]. 第二版. 北京：高等教育出版社，1990.

9. 陆漱芬. 地图学基础[M]. 北京：高等教育出版社，1986.

10. 田德森. 现代地图学理论[M]. 北京：测绘出版社，1991.

11. 陈述彭. 地学的探索(第二卷：地图学)[M]. 北京：科学出版社，1990.

12. 王家耀，孙群，王光霞，等. 地图学原理与方法[M]. 北京：科学出版社，2006.

13. 高俊. 地图的空间认知与认知地图学. 中国地图年鉴[C]. 北京：中国地图出版社，1991.

14. 张荣群，袁勘省，王英杰. 现代地图学基础[M]. 北京：中国农业出版社，2005.

15. 俞连笙，王涛. 地图整饰[M]. 第2版. 北京：测绘出版社，1995.

16. 孙以义. 计算机地图制图[M]. 北京：科学出版社，2000.

17. 祝国瑞. 地图设计与编绘[M]. 武汉：武汉大学出版社，2001.

18. 焦健，曾琪明. 地图学[M]. 北京：北京大学出版社，2005.

19. 田青文. 地图制图学概论[M]. 武汉：中国地质大学出版社，1995.

20. 马永立. 地图学教程. 南京：南京大学出版社，2000.

21. 蔡孟裔，毛赞猷，田德森，等. 新编地图学教程[M]. 北京：高等教育出版社，2002.

22. 袁勘省. 现代地图学教程[M]. 北京：科学出版社，2007.

23. 王光霞. 数字环境下制图综合概念和方法的拓展[J]. 测绘学院学报，2005，22(3)：207-211.

24. 刘志勇，许捍卫，柯红军. 数字环境下的自动制图综合探讨[J]. 数字江苏论坛——电子政务与地理信息技术论文专辑，2005：191-194.

25. 杨国清，祝国瑞，喻国荣. 可视化与现代地图学的发展[J]. 测绘通报，2004(6)：40-42.

26. 陈金美，王慧麟，等. 现代地图学主要理论与方法探析[J]. 现代测绘，2006，29(1)：10-13.

27. 祝国瑞，郭礼珍，尹贡白，等. 地图设计与编绘[M]. 武汉：武汉大学出版社，2000.

28. 马耀峰，胡文亮，张安定. 地图学原理[M]. 北京：科学出版社，2004.

29. 马俊海，王文福，祁向前. 现代地图学理论与技术[M]. 哈尔滨：哈尔滨地图出版社，2008.

30. 王家耀著. 地图学与地理信息工程研究[M]. 北京：科学出版社，2005.

31. 龙毅，温永宁，盛业华，等. 电子地图学[M]. 北京：科学出版社，2006.

32. 孙以义主编. 计算机地图制图[M]. 北京：科学出版社，2001.

33. 尹贡白，等. 地图概论[M]. 北京：测绘出版社，1991.

34. 王琪，等. 地图概论[M]. 北京：中国地质大学出版社，2002.

35. 徐庆荣，杜道生. 计算机地图制图原理[M]. 武汉：武汉测绘科技大学出版社，1993.

36. 李汝昌，等. 地图投影[M]. 北京：中国地质大学出版社，1992.

37. 胡毓钜，等. 地图投影[M]. 北京：测绘出版社，1991.

38. 黄仁涛，等. 专题地图编制[M]. 武汉：武汉大学出版社，2003.

39. 方炳炎. 地图投影学[M]. 北京：地图出版社，1978.

40. 姜美鑫，徐庆荣，等. 地形图绘制[M]. 北京：测绘出版社，1994.

41. 刘光运，韩丽斌. 电子地图技术与应用[M]. 北京：测绘出版社，1996.

42. 吴信才. 地理信息系统原理、方法及应用[M]. 北京：电子工业出版社，2002.

43. 张克权，等. 专题地图编制[M]. 北京：测绘出版社，1991.

44. 方炳炎. 地图投影学[M]. 北京：地图出版社，1978.

45. 艾廷华. 大数据驱动下的地图学发展[J]. 测绘地理信息，2016，41(2)：1-7.

46. 武芳. 地图设计与制图综合[M]. 北京：测绘出版社，2019.

47. 赵军. 地图学[M]. 北京：科学出版社，2021.

48. 王家耀，何宗宜，蒲英霞，等. 地图学[M]. 北京：测绘出版社，2016.

49. 王家耀，孙群，王光霞，等. 地图学原理与方法[M]. 第2版. 北京：科学出版社，2014.